全国高职高专机电类专业规划[illegible]材

电气二次部分

主　编　陈金星
副主编　高爱云　汪　锋
主　审　杨　萍

黄河水利出版社
·郑州·

内容提要

本书是全国高职高专机电类专业规划教材,是根据教育部对高职高专教育的教学基本要求及全国水利水电高职教研会制定的电气二次部分课程标准编写完成的。本书主要讲述了电气设备二次接线的工作原理,主要内容包括:二次回路的基本知识,测量、控制及信号回路,输电线路相间短路的电流电压保护、方向电流保护,中性点非直接接地系统的接地保护,电力变压器的继电保护,电动机、电力电容器的继电保护,变电所的自动装置(如备用电源自动投入、自动重合闸装置等)原理及应用等。

本书为高职高专院校供用电技术专业、电气工程自动化专业的主干课程教材,也可供变配电所及企业用电单位从事电气二次运行和管理工作的技术人员学习参考。

图书在版编目(CIP)数据

电气二次部分/陈金星主编.—郑州:黄河水利出版社,2013.1 (2022.1 修订重印)
全国高职高专机电类专业规划教材
ISBN 978-7-5509-0394-4

Ⅰ.①电… Ⅱ.①陈… Ⅲ.①电气回路-二次系统-高等职业教育-教材 Ⅳ.①TM645.2

中国版本图书馆 CIP 数据核字(2012)第 307807 号

组稿编辑:王路平 电话:0371-66022212 E-mail:hhslwlp@163.com
简 群 66026749 w_jq001@163.com

出 版 社:黄河水利出版社
地址:河南省郑州市顺河路黄委会综合楼 14 层 邮政编码:450003
发行单位:黄河水利出版社
发行部电话:0371-66026940、66020550、66028024、66022620(传真)
E-mail:hhslcbs@126.com
承印单位:河南承创印务有限公司
开本:787 mm×1 092 mm 1/16
印张:13
字数:300 千字 印数:4 101—6 100
版次:2013 年 1 月第 1 版 印次:2022 年 1 月第 2 次印刷

定价:27.00 元

前　言

本书是根据《教育部关于全面提高高等职业教育教学质量的若干意见》(教高[2006]16号)、《教育部关于推进高等职业教育改革创新引领职业教育科学发展的若干意见》(教职成[2011]12号)等文件精神,由全国水利水电高职教研会拟定的教材编写规划,在中国水利教育协会指导下,由全国水利水电高职教研会组织编写的机电类专业规划教材。该套规划教材是在近年来我国高职高专院校专业建设和课程建设不断深化改革和探索的基础上组织编写的,内容上力求体现高职教育理念,注重对学生应用能力和实践能力的培养;形式上力求做到基于工作任务和工作过程编写,便于"教、学、练、做"一体化。该套规划教材是一套理论联系实际、教学面向生产的高职高专教育精品规划教材。

由于微机技术、信息技术和通信技术的发展,继电保护、自动装置的原理和技术都发生了深刻的变化。本书在编写过程中注重基本理论知识、基本技能,始终将微机技术贯穿于所有内容中,力求重点突出,理论联系实际。本书的图形及文字符号均采用最新国家标准。

本书主要内容包括:二次回路的基本知识,测量、控制及信号回路,输电线路相间短路的电流电压保护、方向电流保护,中性点非直接接地系统的接地保护,电力变压器的继电保护,电动机、电力电容器的继电保护,变电所的自动装置(如备用电源自动投入、自动重合闸装置等)原理及应用等。

本书编写人员及编写分工如下:福建水利电力职业技术学院陈金星编写前言、第2章的2.5节、第3章、第4章、第5章、第12章、第13章、每章课后习题及附录,沈阳农业大学高等职业技术学院刘吉祥编写第1章、第2章的2.1~2.4节,长江工程职业技术学院汪锋编写第6章、第8章,长江工程职业技术学院刘娇娇编写第7章,广东水利水电职业技术学院高爱云编写第9章、第10章、第11章。本书由陈金星担任主编,并负责全书统稿;由高爱云、汪锋担任副主编;由四川水利职业技术学院杨萍担任主审。主审对书稿认真把关,在审阅过程中提出了许多宝贵的意见,在此深表感谢。

由于作者水平有限,书中的错误和不足之处在所难免,请读者批评指正。

编　者

2012年10月

前言

目　录

第 1 章　二次回路的基本知识

教学要求

了解二次回路的含义及内容；理解二次设备的表示方法，二次回路接线图的分类；掌握二次回路图形符号中的触点状态，二次回路接线图基本读图方法。

1.1　概　述

二次回路是电力系统安全、经济、稳定运行的重要保障，是发电厂、变电所电气系统的重要组成部分。随着变(配)电所电压等级的提高，电气控制正向自动化、弱电化、微机化和综合型方面发展，使二次回路显得越来越重要。

1.1.1　二次回路的含义及内容

发电厂、变电所的电气设备通常分为一次设备和二次设备，其控制接线又可分为一次接线和二次接线。

一次设备是指直接用于生产、输送、分配电能的电气设备，如发电机、变压器、输电线、电力电缆、断路器、隔离开关、母线、电流互感器、电压互感器、避雷器等。由这些设备连接在一起构成的电路，称为一次接线或主接线。描述一次接线的图纸称为一次主接线图。

二次设备是指对一次设备的工作状况进行监视、测量、控制、调节和保护所必需的电气设备，如监控装置、继电保护装置、自动装置、信号装置等，通常还包括电流互感器、电压互感器的二次绕组引出线和站用直流电源。这些二次设备按一定要求连接在一起构成的电路，称为二次接线或二次回路。描述二次接线的图纸称为二次主接线图或二次回路图。

二次回路是一个具有多种功能的复杂网络，包括高压电气设备和输电线路的控制、调节、信号、测量与监察、继电保护与自动装置、操作电源等系统。各系统分述如下：

(1)控制系统由各种控制器具、控制对象和控制网络构成。按自动化程度的不同分为手动控制、半自动控制和自动控制；按控制方式的不同分为分散控制和集中控制；按控制距离的不同分为就地控制和远方控制；按操作电源的不同分为直流控制、交流控制、强电控制和弱电控制等。控制系统的主要作用是对变配电所的开关设备进行就地或远程跳、合闸操作，以满足改变电力系统运行方式及处理故障的要求。

(2)调节系统由测量机构、传送设备、执行元件及其网络构成。调节方式分手动、半自动和自动三种。其作用是调节某些一次设备的工作参数，以保证一次设备和电力系统的安全、经济、稳定运行。

(3)信号系统由信号发送机构、接收显示元件及其网络构成。信号系统按信号性质的不同分为事故信号、预告信号、指挥信号、位置信号、继电保护及自动装置动作信号等;按信号的显示方式不同分为灯光信号、音响信号和其他显示信号;按信号的响应时间不同分为瞬时动作信号和延时动作信号;按信号的复归方式不同分为手动复归信号和自动复归信号。其作用是准确、及时地显示出相应一次设备的工作状态,为运行人员提供操作、调节和处理故障的可靠依据。

(4)测量与监察系统由各种电气测量仪表、监测装置、切换开关及其网络构成。其作用是指示或记录主要电气设备和输电线路的运行参数,作为生产调度和值班人员掌握电气一次系统的运行情况、进行经济核算和故障处理的主要依据。

(5)继电保护与自动装置系统由互感器、变换器、各种继电保护及自动装置、选择开关及其网络构成。其作用是监视电气一次系统的运行状况,一旦出现故障或不正常状态,便自动进行处理,并发出信号。

(6)操作电源系统由直流电源设备和供电电网构成。其作用是供给上述各二次系统的工作电源,高压断路器的跳、合闸电源及其他重要设备的事故电源。

1.1.2 二次设备的表示方法

二次回路图的图例、设备符号及回路标号已有国家标准,在国际上有IEC标准。标记的原则是简单易懂。

1.1.2.1 二次设备的图形符号

图形符号可以形象地表示设备、器具及其线圈和触点的类型,它包括基本符号、一般符号和明细符号。

(1)基本符号:一般不代表独立的设备和器具,它标注于设备和器具符号之旁(或之中),以说明某些特征或绕组的接线方式等。

(2)一般符号:用以表示设备或元件类别,或与其他图形符号、物理符号、文字符号相结合,派生出明细符号。

(3)明细符号:用以代表具体器具和设备。

在二次回路中,继电器及其他电器触点位置均以一定的状态表示。电器通常有以下几种状态:

(1)工作状态,是指电器动作时的状态。例如,电气一次系统发生短路时电流继电器动作。

(2)原始状态,是指电器的线圈已投入工作,但尚未使电器动作的状态。例如,过电流继电器在正常工作时属于此状态。

(3)失势状态,是指电器的线圈尚未通电的状态。

二次回路图中表示设备是按失势状态作为继电器与电器的正常状态,例如:继电器线圈内没有通电时作为正常状态,电气设备断开(如断路器跳闸)时作为正常状态。

通常继电器线圈在没有输入量的状态下,处于断开状态的触点称为动合触点(或常开触点)。当继电器线圈的输入量达到整定值时,其触点闭合。反之,继电器线圈在没有输入量的状态下,处于闭合状态的触点称为动断触点(或常闭触点)。当继电器线圈的输入量达到整定值时,其触点断开。

1.1.2.2 二次设备的文字符号

在二次接线图中，二次设备除以一定图形表示外，为了更好地表达和传递图纸信息，还在图形上增注文字符号。电气常用文字符号见附表 2。

1.屏面布置图上的文字符号

在屏面布置图上，为便于看出各设备安装单位及型号规格，还增加了安装单位编号及设备表的顺序号。例如：

I_2

3KA

其中 Ⅰ 表示设备安装单位编号（如变压器保护）；2 表示设备表的顺序号；3KA 表示设备数字符号，此编号写于设备图内且与原理图一致。

2.原理接线图上的文字符号

在原理接线图上文字符号用以表示电工设备的名称、用途和特征。不同的设备应标以不同的文字符号。同一电路图中相同型号的设备和器具也应在其文字符号前标以数字符号，以示区别。文字符号由基本符号、辅助符号、数字符号和附加符号四部分组成。

（1）基本符号：用以标志电工设备及电路的基本名称。例如：继电器用 K 表示，开关用 S 表示。

（2）辅助符号：用以标志电工设备及线路的用途和主要特征。例如：电流用 A 表示，电压用 V 表示。

（3）数字符号：用以区分出现在同一电路图上的几个相同设备或线路的顺序编号。

（4）附加符号：用以标志同一电工设备或线路某些元件的附加特征或区分特征相同，但出现在不同电工设备或线路上的元件。

例如：$2TA_b$ 表示 2 号电流互感器的 B 相。

3.安装接线图上的设备标号

在安装接线图上的设备标号必须与原理图和展开图一致，如图 1-1 所示。

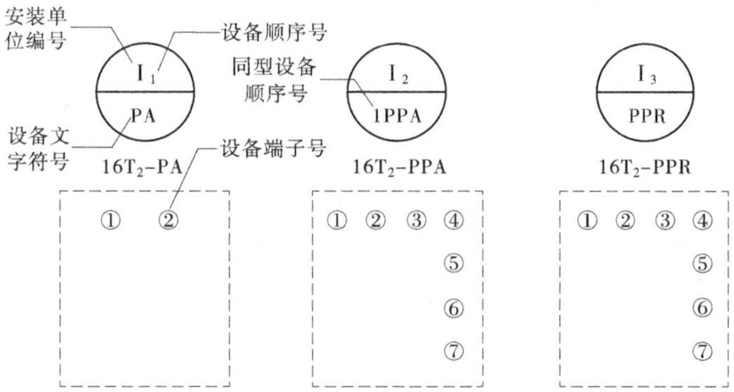

图 1-1　安装接线图上的设备标号

（1）安装单位编号：安装单位编号是为了区别装在同一屏上不同一次设备所对应的二次设备而设置的。安装单位编号以罗马字符 Ⅰ、Ⅱ、Ⅲ 等来表示，如图 1-1 中，三个设备属于同一路馈线的有关二次设备，均标以“Ⅰ”。

(2)设备顺序号:根据同一安装单位所用设备在屏上的位置,自左而右,自上而下,用数字编号。图 1-1 中,从左到右依次编号为 1、2、3。

(3)设备文字符号:表示的是安装在屏上设备的符号。图 1-1 中“PA”表示电流表,“PPA”表示有功功率表,“PPR”表示无功功率表。

(4)同型设备顺序号:在设备文字符号前加上数字编号,以区别同一安装单位中的几个相同的设备,如 1PPA、2PPA、3PPA 表示的是同一屏上安装的 3 个有功功率表。

此外,还规定了设备型号及设备端子号等。

1.2 二次回路接线图

二次回路接线图是表明二次接线的图,它通常以国家规定的通用图形符号和文字符号表示二次设备的互相连接关系。二次回路接线图中所有开关电器按照它们断开时的状态来表示,继电器和接触器的触点都按照它们线圈无电压失磁的状态来表示。

二次回路接线图包括原理接线图、安装接线图(屏面布置图、屏后安装接线图、端子排和小母线布置图)。二次回路的原理接线图是用来表示二次接线各元件(仪表、继电器、信号装置、自动装置及控制开关等二次设备)的电气连接及其工作原理的电气回路图。二次接线的原理接线图分为归总式原理接线图和展开式原理接线图。

二次回路读图时一般遵循如下“六先六后”的读图方法,即:

“先一次,后二次”,当图中同时存在一次接线和二次接线时,先看一次部分,弄清是什么设备和工作性质,再看二次部分,看二次部分具体对一次部分起什么监控作用。

“先交流,后直流”,当图中同时存在交流回路和直流回路时,先看交流回路反映出的一次接线的运行状况,再看直流回路,看直流回路对交流回路各参数变化所产生的监控和保护作用。

“先电源,后接线”,在图中应先找到电源(交流回路中电流互感器和电压互感器的二次绕组),再顺此回路接线往后看,直流应从正电源沿接线找到负电源,并分析各设备的动作。

“先线圈,后触点”,先找到继电器或装置的线圈,再找到其相应的触点。根据触点的通断引起回路的变化,进一步分析整个回路的动作过程。

“先上后下”,针对端子排图和屏后安装图而言,纵向从上往下看。

“先左后右”,针对端子排图和屏后安装图而言,横向从左往右看。

以上读图方法是二次回路接线图读图的基本方法和一般规律,对于个别情况,还需具体分析。

1.2.1 归总式原理接线图

归总式原理接线图(简称原理图)是将全部仪表、继电器等设备以整体的形式来表示的,将交流电压、电流回路和直流电源之间的联系综合地表达在一起;一次回路的有关部分也画在接线图中,这样可清晰地表明二次回路对一次回路的辅助作用。其缺点是不能表明元件的内部接线、端子标号及导线连接方法等,不能用作施工图纸。

下面以图 1-2 所示的 6～10 kV 线路过电流保护原理接线图为例，说明归总式原理接线图的特点。

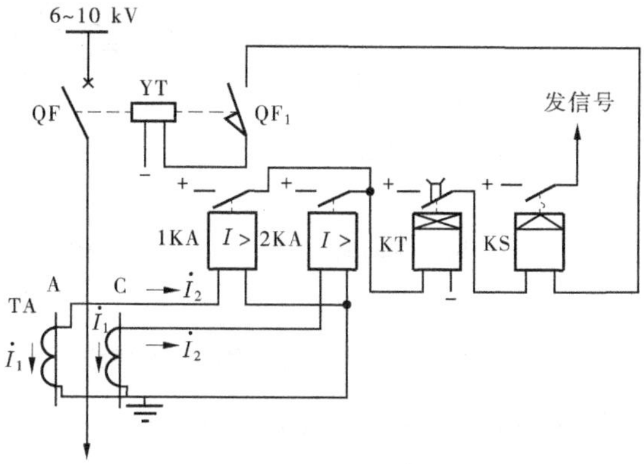

图 1-2　6～10 kV 线路过电流保护原理接线图

由图 1-2 可见，电流继电器 1KA、2KA 经电流互感器 TA 的二次绕组接入一次系统的 A、C 相线路，当 A 相(或 C 相)发生短路时，TA 一次绕组流过短路电流 $\dot{I}_1$，其二次绕组感应出的电流 $\dot{I}_2$ 流经 1KA(或 2KA)线圈而使其动作，常开触点闭合，+→1KA(或 2KA)→KT 线圈→-构成回路，KT 线圈通电，经延时其延时常开触点闭合，+→KT 触点→KS 线圈→QF_1→断路器的跳闸线圈 YT→-构成回路，断路器 QF 和信号继电器 KS 同时启动，使断路器跳闸，并经 KS 常开触点发出保护装置的动作信号。

1.2.2　展开式原理接线图

展开式原理接线图(简称展开图)是将二次设备按线圈和触点的接线回路展开分别画出，组成多个独立回路。其特点是：交流电流回路、交流电压回路、直流回路分别画成几个彼此独立的部分；同一仪表的线圈、同一元件的线圈和触点分开画在各自相应不同的回路中，但采用相同的文字符号；图形右边有对应的文字说明，表明回路名称、用途等；各导线端子有统一规定的回路编号。其优点是清晰，便于了解整套装置的动作程序和工作原理。

图 1-3 是根据图 1-2 所示的原理接线图绘制的 6～10 kV 线路过电流保护展开接线图。下面对图 1-3 进行分析：

主电路中电流互感器 1TA 用做保护回路，2TA 用于监视和测量的表计。

(1)在交流回路(b)中，电流互感器 1TA(A 相和 C 相)的二次绕组为该回路的电源。在 A、C 相各接入一只电流继电器线圈 1KA、2KA，由公共线 N411 连成闭合回路。

(2)在直流回路(c)中，正电源(用 101 标示)在左，负电源(用 102 标示)在右。第一行左侧为电流继电器常开触点 1KA、2KA，两者并联作为右侧的时间继电器 KT 线圈的启动信号。第二行为断路器跳闸回路。

(3)在信号回路(d)中，M703、M716 为"掉牌未复归"光字牌小母线。

(4)整套保护装置动作分析如下：当线路发生相间短路时，电流互感器 1TA 的一次侧

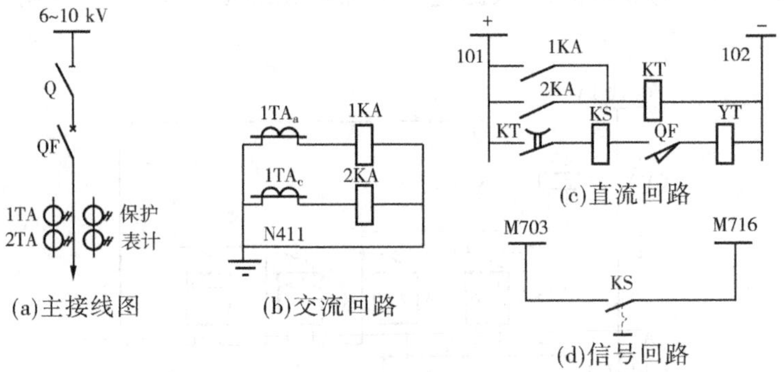

图 1-3　6~10 kV 线路过电流保护展开接线图

流过短路电流,其二次侧绕组感应出相应的电流,使电流继电器 KA 动作。在直流回路(c)中,短路相电流继电器 1KA(或 2KA)常开触点闭合,接通时间继电器 KT 的线圈,经一定延时后 KT 延时常开触点闭合,接通断路器跳闸回路;跳闸线圈 YT 和信号继电器 KS 线圈中有电流流过,使断路器跳闸,切断故障线路;同时信号继电器 KS 动作,发出保护装置动作的信号。

比较一下原理接线图及展开接线图,可知展开图表示清晰,易于阅读,在复杂的电路中尤为突出。因此,展开图比原理图用途更为广泛,它不但便于安装施工时接线,在正常运行时,查线、维护和检修也离不开它。

1.2.3　安装接线图

安装接线图用来表示二次接线的实际安装情况,是控制屏(台)、保护屏制造厂加工和现场安装施工用图,依据展开式原理图绘制。安装接线图包括屏面布置图、屏后接线图和端子排图,有时屏后接线图和端子排图画在一起。

1.2.3.1　屏面布置图

屏面布置图是标明二次设备在控制屏(台)、保护屏上安装布置情况的图纸。图上应按一定的比例绘出屏上各设备的安装位置、外形尺寸及中心线的尺寸,并附有设备明细表,以便制造厂备料和安装加工。

1.控制屏的屏面布置

控制屏的屏面布置应满足下列原则:

(1)屏面设备的布置要清晰、紧凑。

(2)相同的安装单位布置形式要统一。

(3)要尽量使模拟母线连贯并与电气主接线一致。

(4)要考虑运行人员监视、操作和调节的方便。

控制屏屏面布置的设备自上而下为:测量仪表、光字牌、辅助切换开关、模拟母线、控制和调整开关等。

变压器控制屏屏面布置图如图 1-4(a)所示。

当采用控制屏台时,在屏面上布置仪表、光字牌、辅助开关;在台面上布置模拟母线、

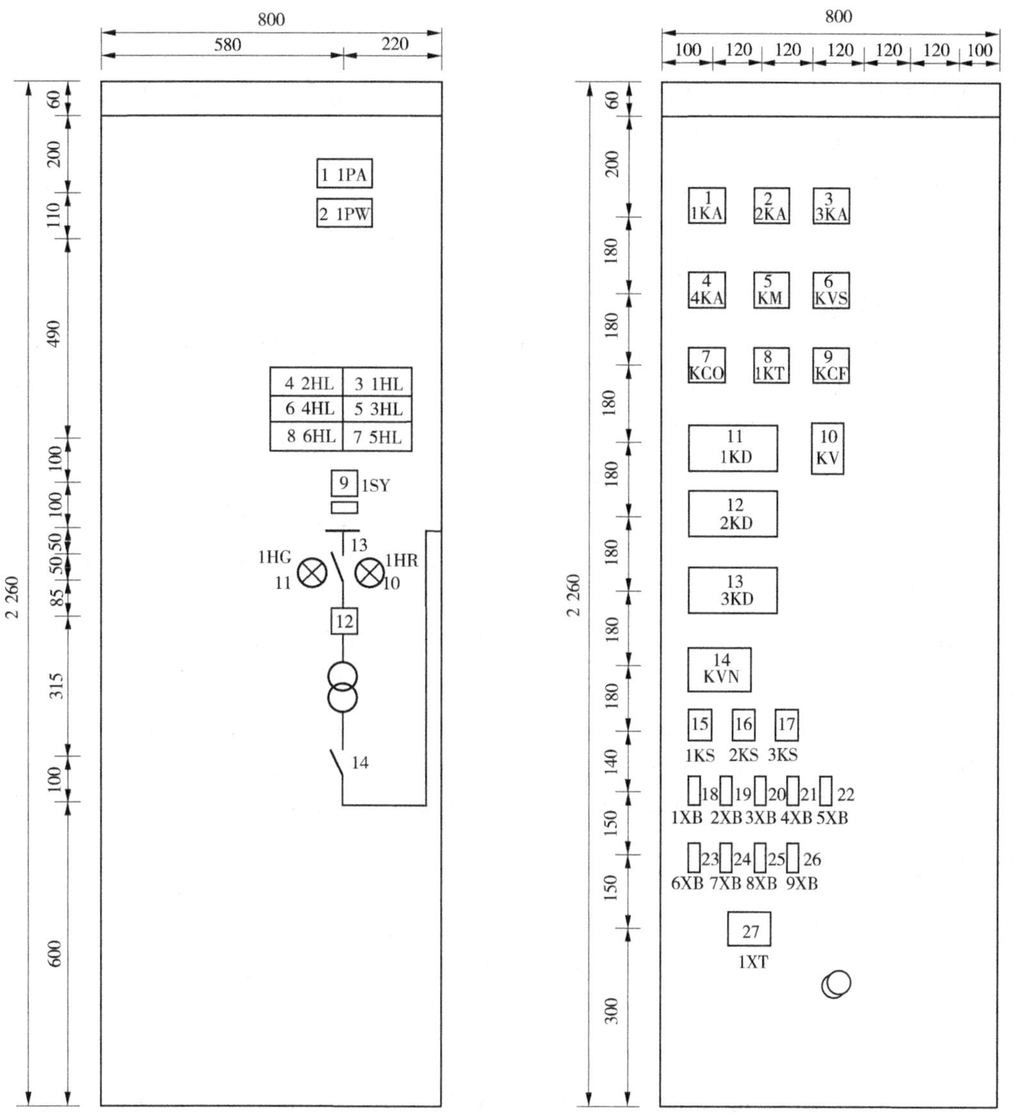

(a)控制屏屏面布置图　　(b)保护屏屏面布置图

图 1-4　屏面布置图　(单位:mm)

操作器具及指挥信号设备。屏的上方应标明安装单位名称。

2.保护屏的屏面布置

对保护屏的屏面布置要求,除要考虑观察、试验与检修的方便外,还要布置美观、紧凑,充分利用屏面的面积。

相同安装单位的屏面布置要尽量一致,同一屏内有两个安装单位时要尽量对称布置。同一屏上有两个或两个以上安装单位的设备时,一般要按纵向划分开。

各屏上继电器的安装高度应保持一致,横向与纵向排列均以继电器的中心线为准。调整、检查工作较少的继电器布置在屏的上部,工作多的布置在中部。信号继电器、连接片、试验部件布置在屏的下部。中间变压器、附加电阻等不需经常观察、调整的二次设备安装在屏后。

屏面各设备之间的距离应满足安装和接线的要求。

试验部件与连接片的中心线对地距离不应小于 400 mm。在屏面下部距地面 250 mm 处应有直径 50 mm 的圆孔，供试验时穿线使用。

在屏正面布置继电器时，要考虑到屏后安装端子的数量。屏的上方应标明安装单位名称。

变压器保护屏屏面布置图如图 1-4(b)所示。

1.2.3.2 屏后接线图

屏后接线图用以表明屏内各设备之间的连接情况，以及和端子排的连接情况；标明各设备的代号、安装单位和型号规格，较复杂的设备应绘出设备内部接线图。它既可被制造厂用于指导屏上配线和接线，也可被施工单位用于现场二次设备的安装。

屏后接线图显示的是从屏的背后看到的设备图形，按实际位置和基本尺寸画出，其位置与屏面布置图的左、右正好相反。端子排图则画在屏后接线图的两侧。

画屏后接线图时，应根据屏面布置图，将各设备的背视图和它们之间的间隔及相对位置尽量符合实际地画出来。

为配线方便，在这种接线图中，对各设备和端子排一般都采用相对编号法来表示设备间的相互连线。所谓相对编号法，就是如果甲、乙两个端子应该用导线相连，那么就在甲端子旁标上乙端子的编号，而在乙端子旁标上甲端子的编号。这样，在接线和维修时就可以根据图纸，对屏上每个设备的任一端子，都能找到与其连接的对象。如果某个端子旁没有标号，就说明该端子是空着的；如果一个端子旁标有两个标号，则说明该端子有两条连线，有两个连接对象。这样编号的优点是看到这个标号，就知道这根导线连接到何处，便于今后的查线、对线。

1.2.3.3 端子排图

端子排图是表示屏内设备和屏外设备连接关系以及屏上需要装设的端子类型、数目以及顺序的图。

1.端子排的种类与用途

接线端子是二次接线不可缺少的配件，各种接线端子的组合称为端子排。控制屏与保护屏使用以下几种端子：

(1)普通端子。普通端子用以连接屏内设备与屏外设备，也可与连接端子相连。

(2)连接端子。连接端子主要用以进行相邻端子间的连接，以达到电路分支的作用。

(3)试验端子。试验端子用于需要带电测量电流的电流互感器二次回路及有特殊测量要求的某些回路。利用此端子可在不停电的情况下接入或拆除仪表。

(4)连接试验端子。连接试验端子是具有连接与试验双重作用的端子。

(5)终端端子。终端端子安装在端子排的两端及不同安装单位的端子排之间，用以固定端子排。

(6)标准端子。供直接连接屏内外导线用。

(7)特殊端子。特殊端子通常在需要经常开断的电路中使用。

接线端子允许电流一般为 10 A。端子排的表示方法如图 1-5 所示。

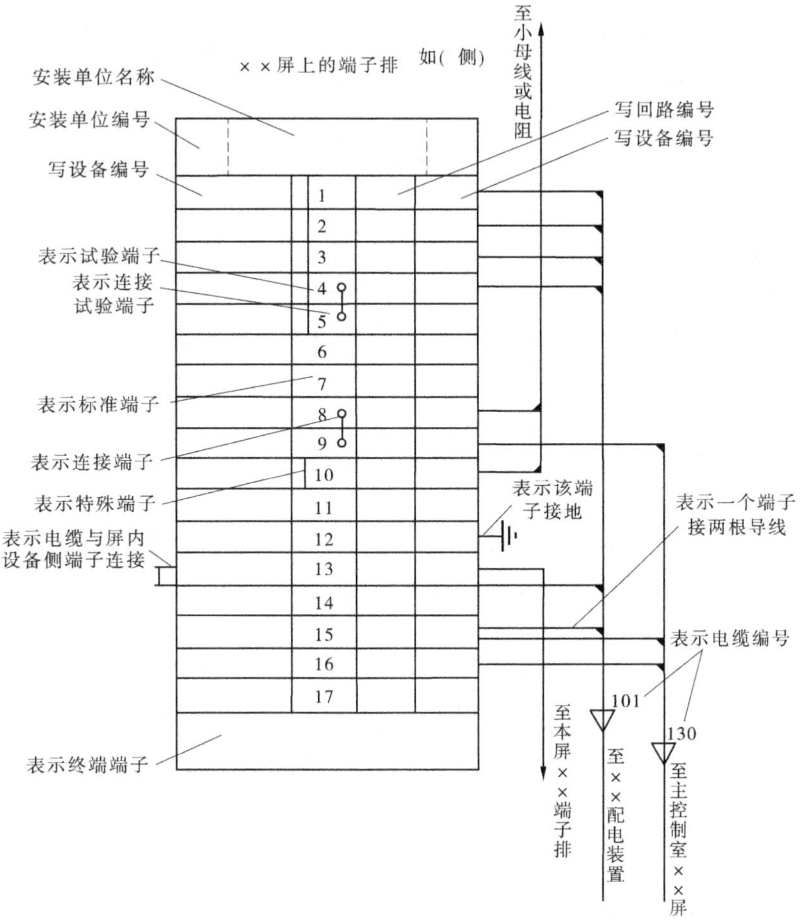

图 1-5　端子排表示方法示意

2.端子排设计原则

二次接线是否经过端子排连接,应以检修、运行、接线和调试方便为原则。

(1)端子排的设置应与屏内设备相对应,如靠近屏左侧的设备接左侧端子排,右侧设备接右侧端子排,上方和下方的设备也应与上下端子排相对应,以便节省导线,便于查线和维修。

(2)各安装单位之间的连接、屏内设备与屏外设备之间的连接以及需经本屏转接的回路(称过渡回路),应经过端子排。

(3)同一屏上相邻设备之间的连接不经过端子排;而两设备相距较远或接线不方便时,应经过端子排。

(4)正电源应经端子排引接,负电源应在屏内设备间形成环路,环路的两端应接至端子排。

(5)屏内设备与直接接至小母线的设备(如熔断器、小刀闸或附加电阻)的连接一般应经过端子排。

(6)端子排的上、下两端应装终端端子,且在每一安装单位端子排的最后预留 2~5 个端子作为备用。

(7)接线端子的一侧一般只接一根导线,最多不超过两根。

3.端子排设计顺序

为接线方便,端子排按回路性质由上至下依次排列,其顺序如下:

(1)交流电流回路,按每组电流互感器分组,且按 A、B、C、N 相序,数字由小到大排列。

(2)交流电压回路,按每组电压互感器分组,且按 A、B、C、N、L 排列。

(3)信号回路按预告、事故、位置及指挥信号分组。

(4)控制回路按各组熔断器分组排列,每组先排正极回路(单号,由小到大),再排负极回路(双号,由小到大)。

(5)其他回路和转接回路。

端子排图中的连线和编号也根据相对编号法的原则进行。下面举例说明相对编号法的应用。

图 1-3 中 6~10 kV 线路过电流保护交流回路的展开接线图相应的电流继电器 2KA 和 1KA 的端子排图和背视图如图 1-6 所示。

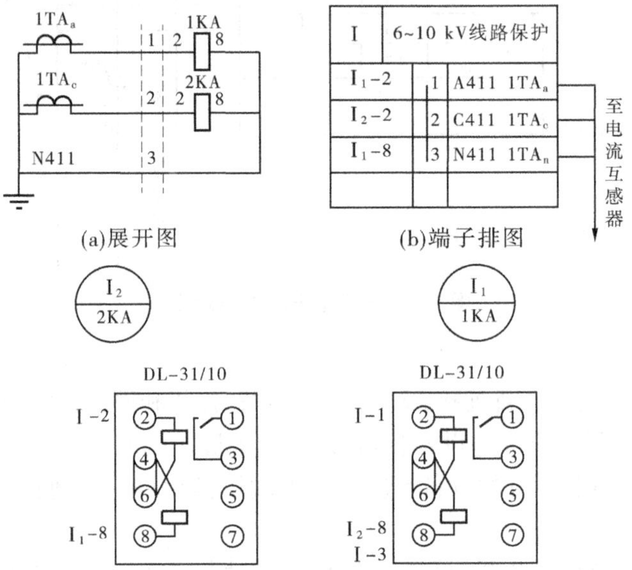

图 1-6 相对编号法的应用

1KA 和 2KA 的设备编号分别是 I_1 和 I_2。从图 1-6(a)中可看出,电流互感器 $1TA_a$ 和 $1TA_c$ 的三根电缆芯(编号分别为 A411、C411、N411)通过端子排与 1KA 和 2KA 连接。端子排①应与 1KA 的端子②连接,1KA 的编号为 I_1,其端子②的符号为 I_1-2,那么在端子排①的左侧应标上 I_1-2,在 1KA 的端子②处应标上 I-1。同理,在端子排②的左侧应标上 I_2-2,在 2KA 的端子②处应标上 I-2。端子排③处应接两条线,即 1KA 端子⑧和 2KA 端子⑧,一般先将接线引至 1KA,再引至 2KA;那么在端子排③的左侧应标 I_1-8,而在 1KA 的端子③上标两个符号，一个端子排③的符号即 Ⅰ-3，另一个是 2KA 的端子③即 Ⅰ_2-8；然后在 2KA 的端子③上标上 1KA 的端子③的符号 Ⅰ_1-8 即可。

小　结

本章是学习二次接线的基础，介绍了一次设备、二次设备、一次回路、二次回路的概念，二次回路图形符号中的触点状态，并围绕如何识图这个主题展开。二次接线图主要有：原理接线图（包括归总式原理接线图和展开式原理接线图）、安装接线图。

安装接线图包括屏面布置图、屏后接线图和端子排图。成套接线图是厂家在屏、柜内配线、接线的依据，也是发电厂或变电所在二次系统维护、检修过程中查线、对线的重要参考图纸。屏后接线图的接线在原理上必须与原理图完全一致，设备的相对位置应与屏面布置图一致。屏后接线图中表示二次设备间的相互连线的两端必须标注，标注的方法采用相对编号法。

习　题

一、填空题

1.一次设备是指______________________电气设备。

2.二次设备是指______________________电气设备。

3.安装接线图用来表示二次接线的实际安装情况，含有____________________图。

二、问答题

1.二次回路包括哪些内容？各部分有什么作用？

2.何谓常开触点？何谓常闭触点？

3.什么叫相对编号法？

4.端子排的设计按哪些顺序进行？

5.对图 1-3 进行编号，并设计端子排图。

第 2 章　二次回路的操作电源

教学要求

了解操作电源的基本要求、种类及适用场合，掌握蓄电池直流操作电源的浮充电运行方式的工作原理，掌握硅整流电容储能式直流电源的工作原理，理解直流绝缘监察装置的作用及原理，掌握智能高频开关电源系统的工作原理，了解蓄电池容量及模块的选择。

2.1　概　述

发电厂及变电所中，供给二次回路的电源称为操作电源。对开关电器的控制回路、信号回路、继电保护和自动装置控制回路等，设置专门的供电电源。

操作电源主要用于供电给各种电气设备的操作、控制、保护、信号及自动装置控制回路，同时还作为独立的事故照明电源。

2.1.1　对操作电源的基本要求

对操作电源的基本要求是：

(1)保证供电的可靠性，装设独立的直流操作电源，如蓄电池操作电源，避免交流电网故障时影响操作电源的正常供电。

(2)具有足够的容量，能满足各种工况对功率的要求。

(3)具有良好的供电质量。正常运行时，操作电源母线电压波动范围应小于额定值的 5%；事故时不低于额定值的 90%；失去浮充电源后，在最大负载下的直流电压不低于额定值的 80%；波纹系数小于 5%。

(4)满足经济和实用的要求。要求其使用寿命长、维护工作量小、设备投资省、布置面积小等。

2.1.2　操作电源的分类

操作电源按电源性质分为直流操作电源和交流操作电源，以直流操作电源为主。直流操作电源(以下简称直流电源)又分为独立电源和非独立电源两种。独立电源是不受外界影响的固定电源，如蓄电池组直流电源；非独立电源有复式整流和硅整流电容储能直流操作电源等。其电压等级分为 220 V、110 V、48 V 和 24 V 等。

各种操作电源分述如下。

2.1.2.1　蓄电池组直流电源系统

蓄电池是一种可多次充电使用的化学电源。由多节蓄电池组成一定电压的蓄电池组,作为与电力系统运行状态无关的独立可靠的直流操作电源,即使变配电所交流系统全部停电,仍能在一段时间内可靠地给部分重要设备供电,是最稳定、最可靠的直流电源。

蓄电池组的电压通常采用 110 V 或 220 V。

2.1.2.2 电源变换式直流电源系统

电源变换式直流电源系统,是由 220 V 交流电源经可控硅整流变为 48 V 直流电源,供变配电所全部 48 V 操作用电并对蓄电池进行浮充电,同时可经逆变装置将直流电源变为交流电源,再整流为 220 V 直流电源的多功能新型独立电源,在中小型变配电所中得到广泛应用。

2.1.2.3 复式整流直流电源系统

复式整流直流电源系统是一种以所用变压器、电压互感器的二次电压、电流互感器的二次电流等作为输入量的复合式整流设备。在正常运行状态下,由所用变压器或电压互感器二次电压经整流后供电;在事故状态下,由电流互感器的二次短路电流,通过铁磁谐振稳压器变为交流电压,经整流作为事故电源,供继电保护装置、断路器跳闸线圈等重要负荷使用。复式整流直流电源容量大,可用于复杂的二次系统中。

2.1.2.4 硅整流电容储能直流电源系统

硅整流电容储能直流电源由硅整流设备和电容器组构成。在正常运行时,所用交流电源经硅整流设备变为直流电源,作为变配电所全部的操作电源,并向电容器充电。在事故情况下,将电容器储存的电能向继电保护、自动装置以及断路器跳闸回路供电,以确保继电保护装置及断路器可靠动作。硅整流电容储能直流电源不独立,容量小,事故时只能短时向重要负载供电,主要用于中小型变配电所。

2.1.2.5 交流操作电源

交流操作电源就是直接使用交流电源作二次接线系统的工作电源。采用交流操作电源时,一般由电流互感器供电给反映短路故障的继电器和断路器的跳闸线圈;由自用电变压器供电给断路器合闸线圈;由电压互感器(或自用电变压器)供电给控制与信号设备。这种操作电源接线简单、维护方便、投资少,但其技术性尚不能完全满足大中型变电所的要求,与直流电源相比可靠性低,所以主要用于不重要的终端变电站或发电厂的辅助设施。

2.1.3 直流负荷的分类

发电厂和变配电所的直流负荷通常可分为经常性负荷、事故性负荷和冲击性负荷三类。

2.1.3.1 经常性负荷

要求直流电源在各种工况下均应可靠不间断供电的负荷,称为经常性负荷。如信号灯、控制及保护用正常电源、记录仪表以及直流照明灯等。这类负荷容量较小,约占直流总负荷的 5%。

2.1.3.2 事故性负荷

事故性负荷指正常运行时由交流电源供电,当发电厂和变电所的自用电源消失后由直流电源供电的负荷。如事故照明、汽轮机润滑油泵、载波通信备用电源等。

2.1.3.3 冲击性负荷

冲击性负荷是指直流电源承受的短时最大电流,它包括断路器合闸时的冲击电流和当时所承受的其他负荷(包括经常性负荷与事故性负荷)电流的总和。

2.2 蓄电池组直流系统

蓄电池组直流电源属独立式操作电源,由多个蓄电池串联组成,与电力系统的运行方式无关,适用于发电厂、大中型变电所。

2.2.1 蓄电池概述

2.2.1.1 蓄电池的分类

按电极材料和电解液的不同,蓄电池可分为酸性蓄电池和碱性蓄电池两种。

1.酸性蓄电池

酸性蓄电池的电极是以二氧化铅为正极板和绒状铅为负极板的特制绒状铅板,其电解液是27%~37%的硫酸水溶液,所以又称为铅酸蓄电池。

铅酸蓄电池的特点是端电压相对较高(2.15 V)、冲击放电电流大,因而很适用于断路器跳、合闸的冲击负荷。其主要缺点是电池寿命较短,充电时会逸出有害的硫酸气体,蓄电池室需做较复杂的防酸和防爆的建筑处理。

目前,在变配电所中常用的有固定型防酸隔爆式铅酸蓄电池(GGF)、密闭防酸隔爆式铅酸蓄电池(GGM)等。

2.碱性蓄电池

碱性蓄电池的电解液是20%的氢氧化钾水溶液,正极用氢氧化镍制成,用镉作为负极时叫做镉镍蓄电池,用铁作为负极时叫做铁镍蓄电池。碱性蓄电池额定电压1.2 V,与同容量的铅酸蓄电池相比,具有体积小、寿命长、无有害气体污染等优点。

2.2.1.2 蓄电池的主要参数

(1)额定电压:分为额定开路电压和额定工作电压。额定开路电压是指蓄电池在开路状态下的端电压。额定工作电压是指蓄电池接通负载后,在放电过程中显示的电压。蓄电池在接通负载后,由于欧姆电阻和极化过电位的存在,工作电压要低于开路电压。

(2)终止电压:为了保护蓄电池,要求放电至某一电压值时应该停止放电,此电压值称为终止电压。终止电压与放电电流的大小有关,电流越小,终止电压越高。

(3)蓄电池的容量:在指定的放电条件下所放出的电量称为蓄电池的容量,单位用A·h(安培·小时)表示。容量是蓄电池蓄电能力的重要标志。

(4)放电率:蓄电池放电至终止电压的时间称放电率,单位为h(小时)率。蓄电池的放电率是指蓄电池放电至终止电压的快慢。采用不同的放电率,其蓄电池的容量是不同的,铅酸蓄电池规定以10 h率为标准放电率。以10 h率放电到终止电压时的容量约是以1 h率放电到终止电压时容量的2倍。

蓄电池不允许用过大的电流放电,但是它可以在几秒钟的短时间内承担冲击电流,此电流可以比长期放电电流大得多。因此,蓄电池可作为电磁型操作机构的合闸电源。每一种蓄电池都有其允许的最大放电电流值,其允许的放电时间约为 5 s。

2.2.2 蓄电池组直流系统的运行方式

蓄电池组直流系统的运行方式有两种,即充电—放电运行方式和浮充电运行方式。目前,多数直流系统都采用浮充电运行方式。

2.2.2.1 充电—放电运行方式

充电—放电运行方式是用充好电的蓄电池组供给直流负荷,这时充电装置断开,蓄电池逐渐放电到规定值后再进行充电。

为了保证直流系统供电的可靠性,应根据蓄电池组的使用情况来决定蓄电池组的充放电时间,最好在蓄电池组放电到保证容量的 75%~80%时,即自行停止放电,准备充电。

图 2-1 所示为按充电—放电方式运行的蓄电池组直流系统原理图。它的主要组成部分有蓄电池组、硅整流装置、端电池调整器、母线、开关和控制电器等。

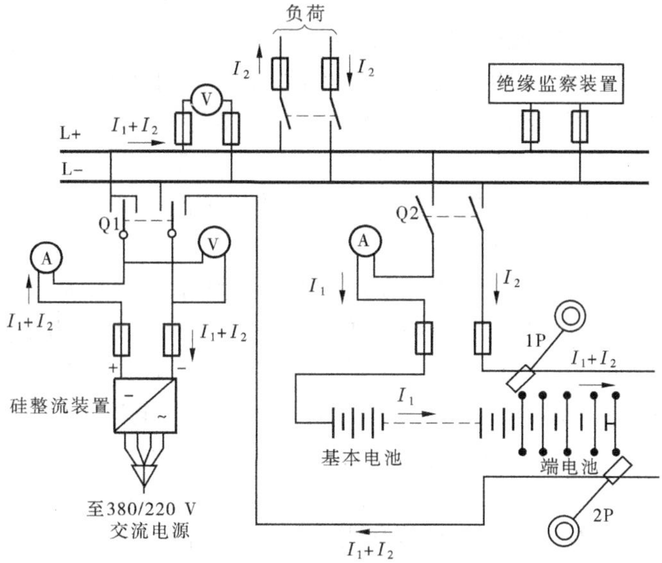

图 2-1 充电—放电运行方式直流系统原理图

硅整流器作蓄电池组充电用,并在充电时兼供直流负荷。

蓄电池组由基本电池和端电池组成,前者与直流母线固定连接,后者与端电池调整器配合,根据需要可切入或切出,以保证直流母线上的电压稳定。

充电过程中,蓄电池的端电压逐渐上升,为此就需要减少接入回路的蓄电池个数。充好电的蓄电池放电手柄 1P 处于最左边的位置。

蓄电池进行充电时,首先将充电手柄 2P 移至极右位置,使全组蓄电池都得到充电。然后投入充电用硅整流装置调节其端电压。将 Q1 合至右侧时,硅整流装置与蓄电池组并联,调节整流器的端电压,使其向蓄电池组充电并向直流系统的经常性负荷供电。随着蓄电池端电压的上升,一方面将 2P 向左移动,以保持母线电压不变;另一方面调节整流装置的端电压,以保持充电电流恒定。在充电过程中,为了防止端电池过充电,应根据其充电程度,将 2P 向左移动,逐步将这些电池提前退出充电。这是由于这部分电池进入放电的时间较晚，放电较少，而充电电流(I_1+I_2)又较大的缘故。待全部蓄电池都充足电后，切断Q1，硅整流器断开，停止充电，手柄1P和2P均被移到极左位置，蓄电池处于放电状态。随着放电过程的进行，为了维持母线电压的恒定，需要将放电手柄1P逐渐向右移动。放电末期，1P移动到极右位置，这时就需要根据蓄电池的端电压来决定是否转为充电状态。

在蓄电池组的输出回路中，装有作为短路保护的熔断器和一只用来监视充、放电电流的双向刻度的电流表，接在直流母线上的所有负荷支路均经刀闸开关和熔断器引出。在母线上还设有绝缘监察装置和电压表，用来监视直流系统的绝缘状况和母线电压。

蓄电池组以充电—放电方式运行时，主要缺点是必须频繁地进行充电，蓄电池的老化较快，使用寿命缩短，运行维护也较复杂。目前这种运行方式已很少采用，一般只作为蓄电池组的一种补充的运行方式。

2.2.2.2 浮充电运行方式

浮充电运行方式能大大减少运行维护的工作量，延长蓄电池的使用寿命，并能保证供电的可靠性，因此获得了广泛的应用。

浮充电运行方式就是将充好电的蓄电池组与浮充电整流器并联工作，平时由整流器供给直流负荷用电，并以不大的电流向蓄电池组浮充电，用来补偿由于自放电而损失的能量，这样就可使蓄电池经常处于饱满充电状态。浮充电运行的蓄电池组能承担短时冲击负荷(如断路器合闸电流)和事故负荷。虽然浮充电整流器与蓄电池组并联运行，但由于两者的负载特性不同，内阻很小的蓄电池组比内阻较大的整流器外特性平坦，出现的很大的冲击电流必须由蓄电池组承担。

图2-2为浮充电运行方式直流系统原理接线图。图示为双直流母线系统，浮充电设备采用两套(1U和2U)，共用一组220 V蓄电池组GB，经开关1QK和2QK可以切换至任一组母线上；闪光装置和电压监察装置、信号装置每组母线各设一套，而绝缘监察装置共用一套。蓄电池组左端为基本电池；其右端为可调节接入蓄电池个数的端电池组，可通过调整器任意接入或退出部分电池，以保持直流母线的电压为220 V。为便于蓄电池放电，浮充电整流器宜采用能实现逆变的整流装置。现将浮充电直流系统的工作原理简述如下。

(1)1U充电器对母线Ⅰ供电并对蓄电池组GB浮充电。

1U向整组蓄电池组GB充电时，刀开关3QK投向右侧，其触点3QK2-3、3QK5-6接通，1QK接通。1U的正极接至蓄电池组的正极，负极接至端电池的负极，实现对GB整组电池充电。

1U对母线Ⅰ供电并对GB浮充电时，经3QK对母线Ⅰ上直流负荷供电，同时经1QK向GB的基本电池组浮充电。其中2PV监视1U的输出电压，3PA监视1U的输出电流。

2U对母线Ⅱ供电并对蓄电池组GB浮充电原理与1U对母线Ⅰ供电并对蓄电池组GB浮充电的原理相同，这里不再分析。

(2)蓄电池组的监视和保护。

蓄电池组回路装有两组开关1QK、2QK，两只电流表1PA和2PA，电压表1PV。电流表1PA采用双向式(5 A-0-5 A)，用以测量充电和放电电流；电流表2PA正常时被短接，当需测量浮充电电流时，可利用按钮SB使接触器KM的动断触点断开后测读。电压表1PV用来监视蓄电池组的电压。回路中各熔断器作为短路保护。

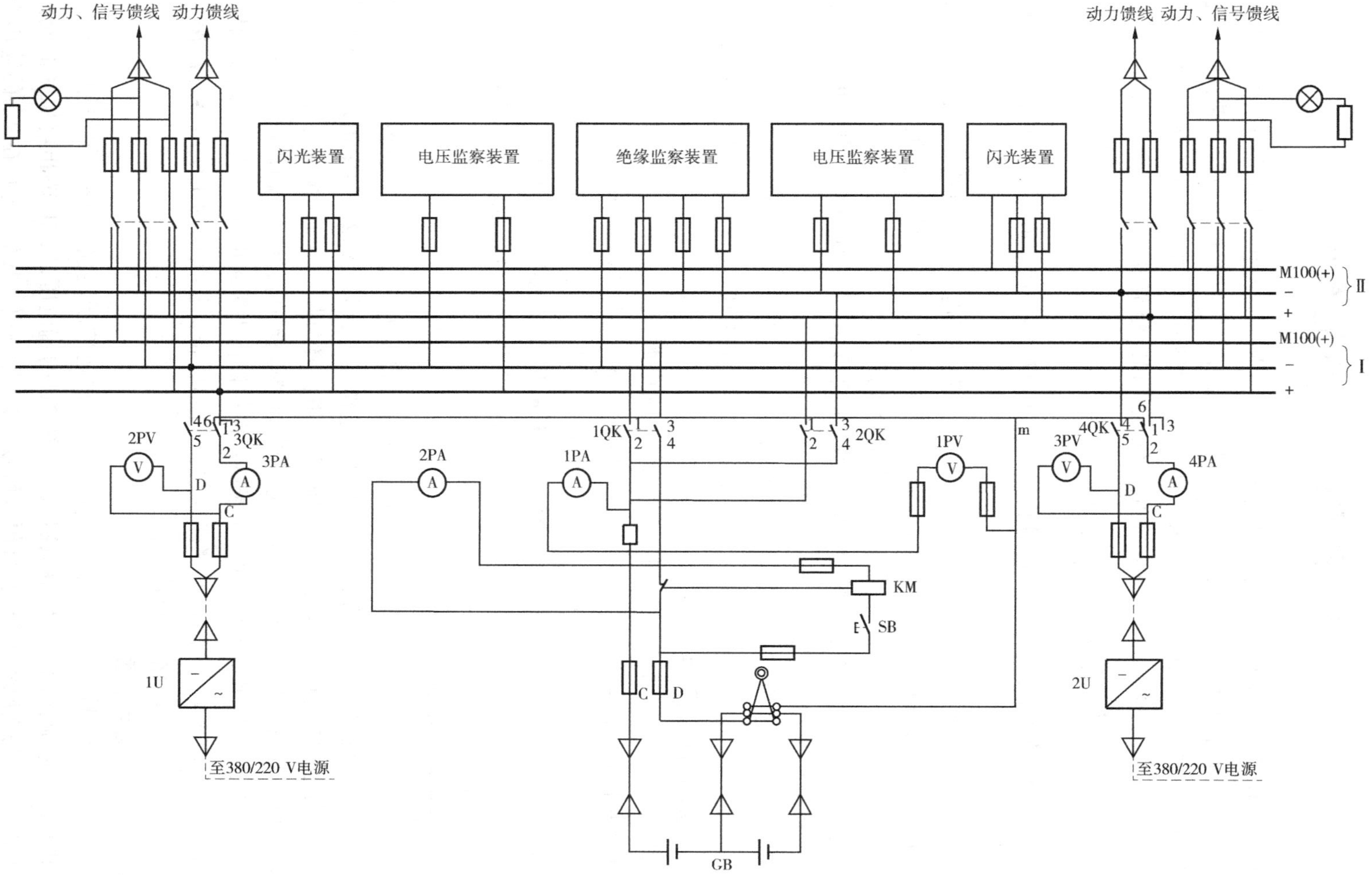

图 2-2　浮充电运行方式直流系统原理接线图

2.3 整流操作的直流系统

整流操作的直流系统是利用变配电所的所用变压器(或电压互感器)来的电压源和由被保护装置的电流互感器来的电流源,经稳压整流后构成的直流电源。整流操作电源可分为两种类型:一种是由利用上述电压源和电流互感器来的电流源经整流后的复式整流装置;另一种是上述整流装置上附加电容储能装置的整流电源。

2.3.1 硅整流电容储能的直流系统

硅整流电容储能的直流系统利用发电厂或变电所的一次电路作交流电源,通过降压整流来供电。

正常时电容器充电储能,当系统发生故障,直流母线电压下降到很低时,电容器即放电,释放出能量供继电保护装置和断路器跳闸线圈使用;继电保护装置动作切除故障后,所用电源和直流电压恢复正常,电容器又充电储能。

采用硅整流电容储能装置后,要求厂用电源很可靠,一般应有两个独立的电源来供电,即一个电源接入硅整流装置,另一个电源备用。

图 2-3 是硅整流电容储能的直流系统接线图。由图可见,电源有两组硅整流装置 1U、2U,两组储能电容器组 1C、2C,直流母线分为Ⅰ、Ⅱ两段,接线原理分析如下。

2.3.1.1 整流器及直流母线

变压器 1T、2T 分别向整流器 1U、2U 提供交流电源,整流器 1U 接于Ⅰ母线,供断路器合闸用,同时向Ⅱ母线供电,由于其采用三相桥式整流,所以容量较大;而 2U 容量较小,仅用做向控制和保护及信号回路供电。两组硅整流装置分别与直流母线Ⅰ和Ⅱ相连接,其间用电阻 1R 和二极管 3V 隔开。由于二极管的单向导电性,3V 只允许合闸母线Ⅰ向控制母线Ⅱ供电,而不能反向供电,以确保控制和保护及信号系统供电的可靠性。电阻 1R 起保护 3V 的作用。

2.3.1.2 储能电容器组

1C 和 2C 为两组储能电容器组,又称为补偿电容器组。电容器组所储存的能量,仅在事故情况下向保护和跳闸回路放电,作为事故电源。二极管 1V、2V 的作用是防止事故时电容器向母线上其他回路供电。设两组电容器组,一组供给 10 kV 线路的继电保护和跳闸回路用电,另一组供给主变压器和电源进线的继电保护和跳闸回路用电。这样,当 10 kV 出线上发生故障,继电保护动作,而断路器操作机构失灵不能跳闸(此时由于跳闸线圈长时间通电,已将电容器组 1C 的储能耗尽)时,起后备保护作用的主变压器过流保护仍可利用电容器组 2C 的储能将故障切除。

2.3.1.3 保护和信号装置

整流器 1U、2U 输出端的熔断器 1FU、2FU 为快速熔断器,起短路保护作用。2U 输出端的电阻 R 起限流作用。电压继电器 KV 监视 2U 的端电压,当 2U 输出电压降低或消失时,KV 返回,其动断触点闭合,发出预告信号。4V 为隔离二极管,防止在 2U 的输出电压消失后,由 1U 向 KV 供电而误发信号。

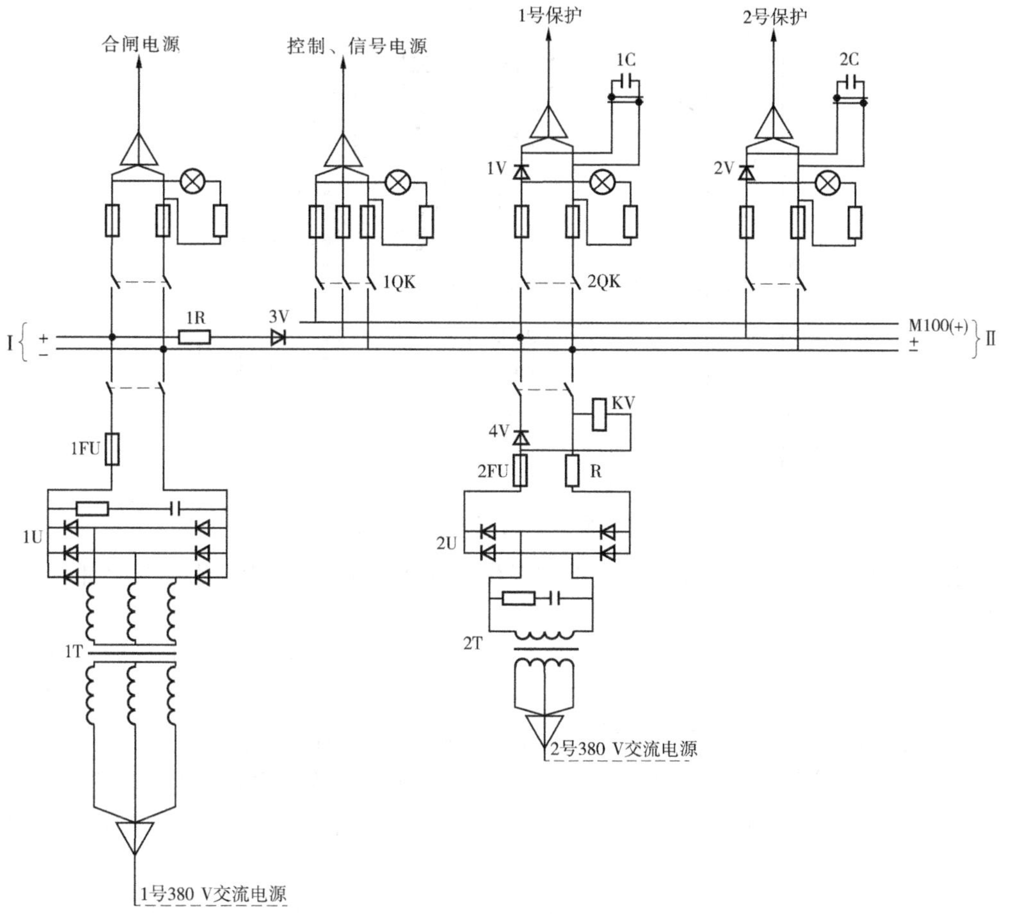

图 2-3　硅整流电容储能直流系统接线图

2.3.2　复式整流的直流系统

复式整流装置直流系统的合闸电源与硅整流电容储能装置一样，所不同的是，控制、保护母线的电源由复式整流装置来供给。复式整流装置由电压源和电流源两种电源组成，电压源一般为所用变压器或电压互感器，电流源为能反映短路电流变化的电流互感器，经硅整流器整流后组成一组直流电源装置。

当电力系统正常运行时，这种装置的操作电源和电容储能一样，由厂用电整流后供给。当系统发生短路事故，使端电压下降或引起厂用电失去时，复式整流装置利用短路电流增大的原理使装置中的“电流源”整流后启动跳闸回路，使断路器可靠地跳闸。

图 2-4 是复式整流的直流系统原理图。正常运行时由所用变压器 T(或由电压互感器 TV)供电，事故情况下由事故设备的电流互感器 TA 供给短路电流，经整流后作为操作电源。对其分析如下：

(1)电压源。复式整流装置的电压源一般由两条独立的回路供电，可分别取自变电所用变压器和外接高压系统电源的变压器。在正常运行和非对称短路时，电压源的电压

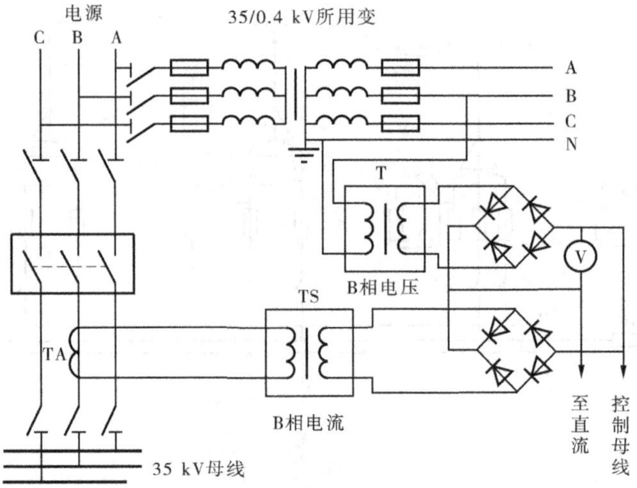

图 2-4　复式整流直流系统原理图

为额定值,基本保持恒定;而在母线或馈线发生三相短路故障时,电压源电压严重降低,甚至消失。

(2)电流源。复式整流系统的电流源是事故情况下由电流互感器供给的短路电流。在正常运行时电流源无输出,但在发生三相短路时,TA 有一个大的短路电流发生,其功率比电容储能式要大,经整流后可输出较大的直流电流作为事故电源。

考虑到短路电流变化范围较大,电流源必须设置稳压装置,才能获得比较平稳的直流电压。一般采用并联铁磁谐振饱和稳压器稳压,将电容与电感构成谐振回路,起到滤波和改善电压波形的作用。

(3)阻容吸收装置。由于回路中电感元件的作用,交流电本身也有过电压作用于硅元件上,为了防止硅元件因过电压而击穿损坏,可装设由电阻和电容串联组成的阻容吸收装置。由于电容上的电压不能突变,延缓过电压的上升速度,同时短路掉一部分高次谐波电压分量,使硅整流元件上出现的过电压不会在短时间内增至很大;电阻可限制电容器放电电流值和防止电容、电感发生振荡。

复式整流装置省掉了蓄电池,减少了运行维护工作量,减少了投资,在短路故障时也有较大的直流输出,保证断路器能可靠跳闸。只是它的补偿容量有限,不能供给断路器的合闸用电,合闸电源需另外设置。

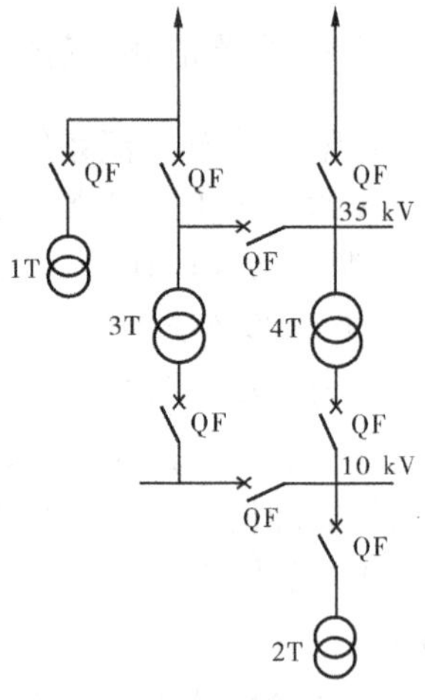

图 2-5　所用电源变压器的一种接线方式

2.3.3　整流操作直流系统的交流电源

在中小型变配电所中,常采用整流操作的直流电源,但必须有十分可靠的交流电源,下面以 35 kV 变电所所用电源为例进行分析。

图 2-5 为所用电源变压器的一种接线方式,两台互为

备用的所用变压器，一台接在 10 kV 母线上，而另一台则接在电源进线断路器的外侧（高压线路上）。1 号所用变压器 1T 为 35/0.4 kV，Y，d11 接线；2 号所用变压器 2T 为 10/0.4 kV，Y，yn0 接线。两台所用变压器的二次侧电压有 30°的相位差，所以不能并列运行，而只能一台运行，另一台备用。

2.4 直流系统绝缘监察装置

直流系统的绝缘降低直接影响直流回路的可靠性，因此必须在直流系统中装设连续工作且足够灵敏的绝缘监察装置，以避免事故。

2.4.1 直流系统绝缘监察装置

变配电所直流供电网络分布广，并且工作环境比较恶劣，所以直流系统的绝缘容易降低。根据《电气设备交接和预防性试验标准》规定，当使用 500～1 000 V 的兆欧表测量时，直流母线在断开其他所有关联支路时绝缘电阻不应小于 10 MΩ；二次回路每一支路和断路器、隔离开关操作机构的电源回路绝缘电阻不应小于 1 MΩ 或 0.5 MΩ。直流系统绝缘降低，相当于直流系统的某一点经一定的电阻接地。

直流系统发生一点接地时，没有短路电流流过，熔断器不会熔断，能继续运行。但是，这种接地故障必须及早发现并处理，否则可能引起信号回路、控制回路、继电保护及自动装置回路不正确动作。例如在图 2-6 所示的控制回路中，当正极 A 点接地后，又在 B 点发生接地时，断路器跳闸线圈 YT 中就有电流流过，这将引起断路器误跳闸；当负极 E 点接地后，又在 B 点发生接地的情况下，当保护动作（即触点 K 闭合）时，由于跳闸线圈 YT 被两个接地点（E 和 B）短接，则断路器拒绝动作且熔断器熔断。可见，在直流系统中，装设绝缘监察装置，及时发现接地点和绝缘降低的情况是十分必要的。

图 2-7 为直流系统绝缘监察装置接线图，它由直流绝缘监察继电器 KSE、转换开关 SA1、SA2 和电压表 V1、V2 等组成。

母线电压表转换开关 SA2 有三个位置，即“测母线电压”、“正对地”、“负对地”。SA2 置垂直的“测母线电压”位置时，其触点 9-11、2-1、5-8 接通，电压表 V2 可测量正、负母线电压，指示为母线额定电压；若将 SA2 转“负对地”位置，SA2 触点 5-8、1-4 接通，则电压表 V2 接到负极与地之间；若将 SA2 转“正对地”位置，SA2 触点 1-2、5-6 接通，则电压表 V2 接到正极与地之间。若两极绝缘良好，则正对地和负对地都指示为 0。如果正极发生接地，则正对地电压等于 0，而负对地指示为额定电压；反之，当负极发生接地时，情况与之相似。

SA1 为绝缘监察转换开关，有三个位置，即“信号”、“测量Ⅰ”、“测量Ⅱ”。平时 SA1 手柄置于“信号”位置，SA1 触点 5-7、9-11 接通，使电阻 R3 短接，SA2 触点 9-11 也接通。这样直流绝缘监察继电器 KSE 组成发信号电路。假设 R_+、R_-分别为正、负母线对地的绝缘电阻，当两极对地绝缘良好时，绝缘电阻 R_+和 R_-相等，组成平衡电桥，KSE 线圈中无电流，继电器不动作。当一极对地绝缘电阻降低时，R_+和 R_-不相等，电桥失去平衡，KSE 线圈中就有电流流过；如果绝缘电阻降低到 15～20 kΩ 时，继电器 KSE 启动，其常开触点闭合，接通光字牌 HL，发出光字信号及音响信号。对于 220 V 直流系统，KSE 线圈的电阻值为 30 kΩ，其启动电流为 1.4 mA。

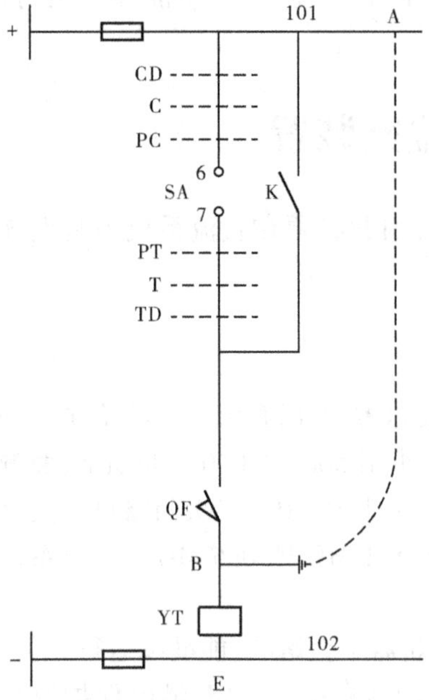

图 2-6　两点接地引起的不正确动作

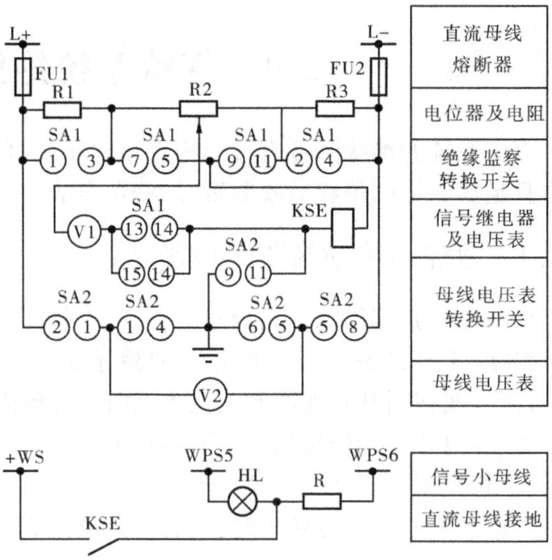

图 2-7　直流系统绝缘监察装置接线图

如果判别为负极接地，应先将转换开关 SA1 置于“测量Ⅱ”位置，触点 2-4、14-15 接通，电阻 R3 被短接；然后调节电位器 R2 的滑动触头，使电压表 V1 的指示为零，电桥处于新的平衡状态；计下滑动触头在 R2 位置上刻度的百分值 X，将 SA1 转到“测量Ⅰ”位置，则电压表 V1 上电阻的指示数即为直流系统正负极对地的总的绝缘电阻 R_Σ，根据 R_Σ 可以按下式计算出正、负极对地的绝缘电阻为

$$R_+ = \frac{2}{1-X}R_\Sigma \quad , \quad R_- = \frac{2}{1+X}R_\Sigma$$

如果判别为正极接地，应先将转换开关 SA1 置于“测量Ⅰ”位置，触点 1-3、13-14 接通，电阻 R1 被短接；调节 R2 的滑动触头，使电压表 V1 的指示为零，电桥处于新的平衡状态；再将 SA1 转到“测量Ⅱ”位置，由 V1 指示得电阻 R_Σ，按下式计算出正、负极对地的绝缘电阻为

$$R_+ = \frac{2}{2-X}R_\Sigma \quad , \quad R_- = \frac{2}{X}R_\Sigma$$

2.4.2　直流母线的电压监察装置

直流母线的电压必须保持在规定的范围内，以保证控制装置、信号装置、继电保护和自动装置可靠动作和正常运行。否则，若直流母线上电压过高，则对长期带电的设备，如继电器、信号灯等，造成损坏或缩短其使用寿命；若直流母线电压过低，则可能导致继电保护装置和断路器操作机构拒绝动作。通常直流母线的电压是由电压监察装置进行监视

的，其典型的接线如图 2-8所示。

由图 2-8 可见，直流母线电压监察装置是由一只过电压继电器 1KV 和一只欠电压继电器 2KV 组成的。当母线上的电压高于规定值($1.25U_N$)时，过电压继电器 1KV 动作，其动合触点闭合，1H 光字牌点亮，预告母线电压过高；当直流母线上的电压低于规定值($0.75U_N$)时，欠电压继电器 2KV 动作，其动断触点闭合，2H 光字牌点亮，预告母线电压过低。

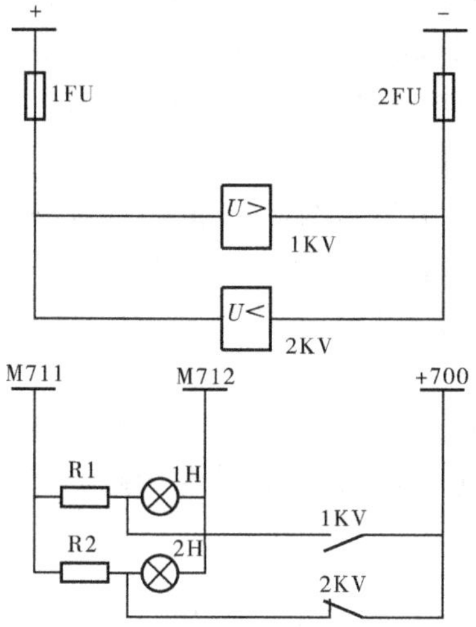

图 2-8　直流导线电压监察装置接线图

2.5　智能高频开关电源系统

2.5.1　概述

20 世纪 90 年代初，相控电源占主导地位。相控电源采用工频变压器，体积大、笨重。

高频开关电源最早采用的是脉宽调制(PWM)技术，其特点是用 20 kHz 的脉冲控制开关变换器，效率可达 70%，体积小，质量轻，相对于线性电源，是技术上的一大突破。之后，新型高频功率半导体器件，功率 MOSFET 和 IGBT 的开发使开关电源向高频化发展，开关频率可达 300~400 kHz，获得更高的功率密度。但在硬开关模式下，开关过程中电压上升/下降和电流上升/下降波形交叠产生损耗，且随着开关频率的增高而加大，于是软开关技术、准谐振技术的研究形成特点，重点就是减少这种波形的重叠，实现零电压/零电流开关。有源功率因数校正技术(APFC)的开发，提高了 AC—DC 开关电源功率因数，既治理了电网的谐波污染，又提高了开关电源的整体效率。控制技术的进展，如电流型反馈控制方法，使开关电源动态性能有了很大提高。新型磁材料、新型变压器、新型电容器、专用集成控制芯片的开发，EMI 滤波器技术的提高，使开关电源小型化，并提高了 EMI 性能。微处理器监控的应用，提高了电源的可靠性，也适应了市场对其智能化的要求。

高频开关电源系统的结构原理大体相似，下面以 PZDW 高频开关直流电源系统为例进行说明。

2.5.2 PZDW 高频开关直流电源系统

2.5.2.1 系统特点

由多个独立模块组成，$N+1$ 热备份；很宽的电压输入范围，电网适应性强，可用于环境相对恶劣的场所；充电模块可带电插拔，在线维护，方便快捷；采用最新软件开关技术，转换效率高，电磁干扰小；采用硬件低差自主均流技术，模块间输出电流最大不平衡度小于±3%；系统采用 IEC、UL 等国际标准，可靠性与安全性有充分保障；监控模块采用大屏幕液晶显示，声光告警，可进行系统各部分参数设置，操作方便；具有输出电压和电流平滑调节的功能；开放式接口设计，具有强大的通信功能，可以很方便地实现与变电站 RTU 装置或电厂计算机监控系统相连；分散多级监控系统，可实现对电源系统的“遥测、遥控、遥信、遥调”以及无人值守；蓄电池自动管理及保护，实时自动监测蓄电池的端电压、充电和放电电流，并控制蓄电池的均充和浮充，设有电池过压、欠压和充电过流声光告警。

2.5.2.2 系统工作原理

高频开关电源系统主要由交流配电单元、充电模块、监控模块、配电监控、降压硅链(降压单元)、直流馈电单元(包括合闸分路、控制分路)、绝缘监测等几大部分组成，其原理框图如图 2-9 所示。

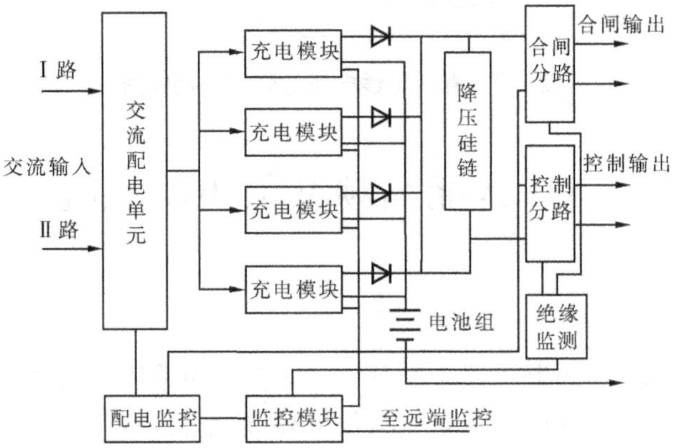

图 2-9 高频开关电源系统原理框图

两路交流输入经交流切换控制电路选择其中一路输入，并通过交流配电单元给各个充电模块供电。充电模块将三相交流电转换为 220 V 或 110 V 的直流，经隔离二极管隔离后输出，给电池充电、给负载提供正常工作电流。

监控部分采用集散方式对系统进行监测和控制，充电柜与馈电柜的运行参数、充电模块运行参数分别由配电监控电路和监控模块电路采集处理，然后通过串行通信口把处理后的信息上报给监控模块，由监控模块统一处理后，显示在液晶屏上。同时，可通过人机交互操作方式对系统进行设置和控制，若需要，还可以接入远程监控。监控模块还能对每个充电模块进行均/浮充控制、限流控制等，保证电池的正常充电，延长电池寿命。

交流输入停电或异常时，充电模块停止工作，由电池给负载供电。监控模块监测电池电压、放电时间，当电池放电到设置的欠压点时，监控模块告警。交流输入恢复正常以后，充电模块再对电池充电。

2.5.2.3 主要部件工作原理

1.充电模块

1)特点

充电模块采用先进的移相谐振高频软开关电源技术,模块效率大于94%。模块采用一体化输入输出及通信端口,并设计为可带电插拔方式,方便系统维护。采用无源PFC技术,功率因数大于0.92。具备电磁兼容和安规措施,符合IEC相关标准。与传统相控电源比较,输出波纹大大减小。模块间的均流采用了低差自主均流技术,多个充电模块并机运行时,具有理想的均流性能。模块直流输出采用无级限流方式,可根据负载电流的大小和电池容量,由系统监控模块选择限流点,稳流进度优于0.5%,模块内设置了短路回缩特性,即使模块处于长期短路状态也不致损坏。模块具有保护及告警功能,包括输入过压、欠压、缺相、输出过压和欠压等。充电模块内部监控板在监控控制模块运行情况的同时,还与系统监控模块通信,使充电模块具有遥测、遥控、遥信、遥调功能。

2)原理

380 V 三相交流先整流成高压直流电,再逆变及高频整流为可调脉宽的脉冲电压波,经滤波输出所需的直流电。充电模块原理图如图2-10所示。

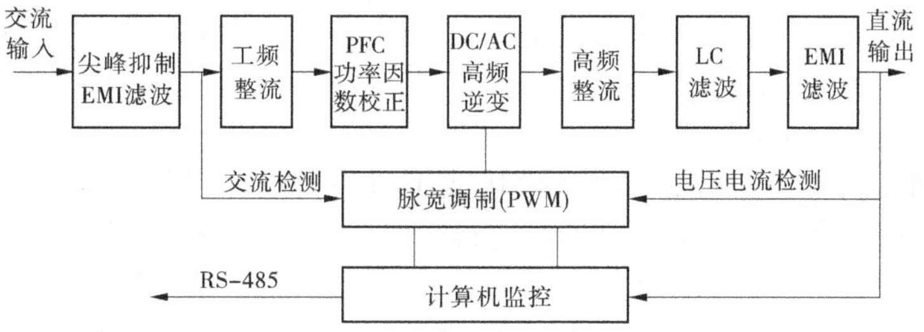

图2-10 充电模块原理图

3)软开关技术

采用软开关技术,可大幅减小功率开关器件的开关损耗,提高转换效率;由于电压变化率($\mathrm{d}u/\mathrm{d}t$)或电流变化率($\mathrm{d}i/\mathrm{d}t$)相对减小很多,功率开关器件承受的电应力较小,提高了可靠性,也较大地改善了高频开关电源产生的电磁干扰。

充电模块采用FBZVS-PWM软件开关技术,具有频率恒定、易于控制、可靠性高、实用性能好等特点;通过软开关技术的使用,实现了整机满载效率接近95%。

4)均流技术

充电模块采用低差自主均流技术,多个模块并机工作时,具有非常理想的均流性能。各模块的均流单元通过同一放大系数采样各自的输出电流,建立采样电压,各采样电压通过比较,以其最大值作为均流总线上的基准电压。基准电压对应的模块自动成为“主模块”,它的输出电流相对最大,其余模块自动成为“从模块”。基准电压通过均流总线进入各模块均流单元,与其采样电压进行比较,误差放大后控制模块开关脉冲宽度,微调各模块的输出电压让输出电流趋于一致。均流调整达到平衡后,“从模块”的输出电流都接近于“主模块”的输出电流,模块间输出电流差值趋于零。

这种均流方案的优点是:

(1)负载不平衡度小于3%。

(2)作为"主模块"的充电模块是通过比较任意产生的,当"主模块"因某种原因退出工作后,系统将自动再比较出一个输出电流最大的模块作为"主模块",并自动重新调整输出电路,达到新的平衡。这样可以避免模块出现故障时造成系统崩溃。

2.监控模块

在电力操作高频开关电源系统中,监控模块通过RS-485通信口对充电模块、充馈电柜内各单元、电池监测仪、绝缘检测仪等下级智能设备实施数据采集,加以显示;也可根据系统的各种设置数据进行报警处理、历史数据管理等;同时,对这些处理的结果加以判断,根据不同的情况实行电池管理、输出控制和故障回叫等操作;监控模块还可通过RS-232、RS-485接口与后台计算机通信。

监控模块汇集电源系统的各种数据、工作状态,通过整理、分析,实现对电源与电池充放电的全自动化管理。操作人员可通过键盘对充电模块进行强制开启、关停、均充与浮充等控制,调节充电模块的限流点和输出电压。

电源集中监控维护后台可实时显示当前电源系统的全部详细数据、状态,可对电源系统发出限流、均充与浮充电压调节,充电模块开启、关停等各种控制命令。

监控模块的性能和特点如下:

(1)显示功能。监控模块能实时显示各个下级设备的各种信息,包括采集数据、设置数据等。通过监控模块的键盘和LCD,可随时查看整个系统的运行状况,如系统的电压与电流、电池的均充与浮充状态等。

(2)设置功能。设置功能是将监控模块或下级设备运行过程中需要的参数,通过键盘输入到系统中去,这些参数会在以后的运行中影响整个系统的工作。对下级设备的设置是通过串口实现的,监控模块会提示设置是否成功。另外,系统的设置也可分为用户级和维护级两个级别,用户级指的是在监控模块运行的过程中,对一些常用的可更改的参数,用户可自行修改,而且立刻生效;维护级设置的是核心的、重要的参数,除维护人员外,其他人不可擅自更改;设置都有密码保护功能,用户级密码可随时修改,维护级则不可。

(3)控制功能。控制功能是监控模块根据所采集数据,对下级设备执行相应的动作。这些动作主要有微调充电模块的输出电压、控制充电模块的限流点、控制充电模块的开关机,控制命令通过串口发出。监控模块可自动进行这些控制,用户也可在键盘上手动执行这些动作,需通过密码检查。

(4)告警功能。监控模块中,告警信息由下级设备产生,通过串口发送至监控模块,此时,监控模块会自动弹出告警屏并显示前4条告警信息,利用"上页"键、"下页"键可以浏览当前所有的告警信息,按其他键则返回到系统原来的状态。

每一类告警可对应监控模块7个继电器中的一个输出控制(干触点),多类告警可对应一个继电器输出,这些对应关系也可在键盘上输入,实现相应功能。

(5)历史记录。历史记录指的是将系统运行过程中一些重要的状态和数据,根据时间等条件存储起来,以备查询。本系统中,历史告警信息的最大存储量为100条,每一条包括告警类型、起始时间和结束时间,保证掉电后不会消失,用户可在LCD上随时浏览。

(6)通信功能。通信功能是监控模块最主要的功能之一,系统所有的实时数据和告警信息都通过该部分来获取,数据的上报也通过通信来实现。采用面向对象的编程方法,将数据封装起来，利用并行处理和中断技术，确保系统在最短时间内得到数据，并可在尽量短的时间内响应后台的需求。

（7）电池管理。完成电池状态检测和容量计算，根据检测结果进行均充与浮充转换、充电限流以及定时均充等功能。

3.降压硅链单元

1）功能及特点

直流电源系统在对蓄电池组进行均衡充电时，充电模块的输出电压会高于控制回路的额定电压值，需一个调压装置串接在合闸动力母线与控制母线之间。降压硅链单元就是这样一个调压装置，它可自动或手动改变电压降，保证控制母线的电压在正常范围内。降压硅链单元利用大功率整流二极管的PN结正向压降叠加来产生调整压降，相比于其他形式的控制母线电压调节方式，具有安全、可靠、抗电流冲击性能好、易维护等优点。

在本系统中，降压硅链单元为独立模块化设计，便于安装和维护。

2）工作原理

降压硅链由多只大功率整流管串接而成，利用PN结基本恒定的正向压降来产生调整电压，通过改变串入线路的PN结数量来获得适当的压降。

将硅链均分为5节串联，在每节两端并联调压执行继电器触点，若驱动执行继电器，令其触点闭合，使得该节硅链被短接，降压单元的压降减小；反之，若执行继电器的触点断开，使得串入线路中的PN结数量增加，调压单元的压降增加。降压硅链单元内部母线的电压在正常范围内；若将降压硅链的控制旋钮置于手动位置，可由旋钮的不同挡位来控制执行继电器闭合的数量，手动调节控制母线的电压。

硅链中大功率硅整流二极管管芯由专用的自冷式散热片夹持固定，确保散热效果，允许降压单元在大电流下连续可靠地工作。

2.5.2.4 防雷措施

本电源系统的防雷由C级、D级组成。用户可在电源系统交流输入前12~25 m线路中安装防雷装置。C级防雷器和D级防雷器安装在电源系统交流配电部分。C级防雷器的最大通流容量为40 kA，失效后，可自动报警，它的工作状态显示窗口自动由绿变红，同时由监控模块输出告警信号。D级防雷盒面板上任一绿色发光二极管熄灭时，表示已有故障，需及时排除。上述两级防雷共用一个防雷接地装置。需特别注意，C级防雷器前串联有防雷专用空气开关，断开此开关，系统便无C级防雷功能，不宜在正常情况下断开此开关。

2.5.2.5 接地

电源系统接地包括安全保护接地和防雷接地。系统安全保护接地点设在机柜底座后端，防雷接地点已连接在交流配电单元的接地汇集排上。同时，在每个模块后部端子上装有接地针，在插入模块时自动将模块安全保护接地与机架可靠连接。安全保护接地也即将机壳接地。在本电源系统中，防雷接地和安全保护接地共用，二者在机柜内用横截面面积不低于25 mm^2的铜芯电缆就近连接后，再引入到接地装置中，工频接地电阻原则上不大于5 Ω，越小越好。该接地引线建议选用铜芯电缆，其横截面面积不宜低于25 mm^2，长度一般不超过30 m。

2.5.2.6 蓄电池容量的选择

蓄电池的容量选择宜满足三种负荷的需要，即经常负荷（I_{jc}）、事故负荷（I_{sg}）、冲击负荷(I_{cj}),并需留有20%的裕度。

1.镉镍蓄电池容量的选择

镉镍蓄电池由于放电倍率高(约为其额定容量的12倍),适用于事故负荷与经常负荷小、冲击负荷大的场合。

【例2-1】 经常负荷I_{jc}为2 A,事故负荷I_{sg}为5 A,冲击负荷(合闸电流)I_{cj}为125 A,持续时间为2 h,计算蓄电池容量。

解 事故总放电电流 $I_{sg \cdot max}=I_{jc}+I_{sg}=2+5=7(A)$

事故总放电容量 $C_{sg \cdot max}=I_{sg \cdot max}t=7\times2=14(A \cdot h)$

事故容量 $C=kC_{sg \cdot max}=1.2\times14=16.8(A \cdot h)$($k$为裕度系数,取1.2)

宜选用20 A·h高倍率镉镍蓄电池,其冲击电流$I_{cj}=20\times12=240(A)$,大于125 A,满足要求。

2.铅酸蓄电池容量的选择

阀控式铅酸蓄电池放电倍率高(约为其额定容量的2倍),价格低,无腐蚀,全免维护,可提高容量弥补其瞬间放电倍率低的缺陷,受到用户的普遍欢迎,适用于事故负荷较大的场合。

【例2-2】 经常负荷I_{jc}为10 A,事故负荷I_{sg}为30 A,冲击负荷(合闸电流)I_{cj}为150 A,持续时间为2 h,计算蓄电池容量。

解 事故总放电电流 $I_{sg \cdot max}=I_{jc}+I_{sg}=10+30=40(A)$

事故总放电容量 $C_{sg \cdot max}=I_{sg \cdot max}t=40\times2=80(A \cdot h)$

事故容量 $C=kC_{sg \cdot max}=1.2\times80=96(A \cdot h)$($k$为裕度系数,取1.2)

宜选用100 A·h阀控式铅酸蓄电池,其冲击电流$I_{cj}=100\times2=200(A)$,大于150 A,满足要求。

2.5.2.7 模块选择

蓄电池容量确定后,根据蓄电池最大充电电流及正常负荷来确定模块的数量,按照N+1冗余方式选择。

【例2-3】 阀控式铅酸蓄电池100 A·h,充电电流为I 10 A即10 A;正常负荷电流为最大10 A,总放电电流为20 A,需要10 A整流模块2块,按N+1冗余方式选用10 A模块3块。

【例2-4】 阀控式铅酸蓄电池200 A·h,充电电流为I 20 A即20 A;正常负荷电流为最大10 A,总放电电流为30 A,需要10 A整流模块3块,按N+1冗余方式选用10 A模块4块。

小 结

操作电源是专供二次回路中的控制、信号、继电保护装置与自动装置、断路器合闸以及其他机电设备等的电源。

蓄电池直流系统具有较高的供电可靠性,在电力系统发生故障断电的情况下,它仍能可靠运行,因此在发电厂和变电站中得到广泛的应用。其中,由于蓄电池技术的发展,它形成两大系列产品:铅酸蓄电池和镉镍蓄电池。这两类蓄电池各有特点,在电力系统中都获得了广泛的应用。蓄电池直流系统的运行方式有充电—放电运行方式和浮充电运行方式两种,采用浮充电运行方式的占多数。

非独立式直流电源主要是将交流经整流后转化为直流,分为电源变换式、复式整流式及硅整流电容储能式直流系统,其中硅整流电容储能式直流系统应用较广。

直流系统接线复杂,直接接地和绝缘电阻下降的机会很多,为保障供电的可靠性及不引起信号装置、继电保护装置等误动,装设绝缘监察装置来反映接地点或绝缘降低情况是十分必要的。

高频开关电源系统主要由交流配电单元、充电模块、监控模块、配电监控、降压硅链(降压单元)、直流馈电单元(包括合闸分路、控制分路)、绝缘监测等几大部分组成。充电模块采用软开关技术,将380 V三相交流先整流成高压直流电,再逆变及高频整流为可调脉宽的脉冲电压波,经滤波输出所需的直流电;监控模块汇集电源系统的各种数据、工作状态,通过整理、分析,实现对电源与电池充放电的全自动化管理;降压硅链单元由多只大功率整流管串接而成,利用PN结基本恒定的正向压降来产生调整电压,通过改变串入线路的PN结数量来获得适当的压降。

习　题

一、填空题

1.硅整流电容储能装置直流系统在____________________时,电容器仅对继电保护装置和____________________供电。

2.向蓄电池进行浮充电的目的,是补偿____________而损失的能量,使蓄电池经常处于____________状态,从而延长蓄电池的寿命。

二、判断题

1.目前在发电厂和变电所中使用最广泛的是由蓄电池组构成的直流电源系统。（　　）

2.直流馈线网络通常分为环形供电和辐射供电两种方式。（　　）

3.串联使用的蓄电池组中,容量最小的那只蓄电池控制了全组电池的容量。（　　）

4.直流系统在线监察装置的作用是当直流系统出现异常或故障时,能及时发出信号,提醒值班人员尽快进行处理。（　　）

5.直流系统正极接地时,不允许另一极再发生接地。（　　）

6.在检查直流回路的绝缘时,测得正极对地电压为直流母线电压,负极对地电压为零。因此,可以判断是负极接地而正极绝缘良好。（　　）

7.蓄电池组在运行中,应严格防止发生过充电和欠充电的现象。（　　）

8.蓄电池在核对性充放电时,严禁用小电流进行放电,而用大电流充电。（　　）

9.直流母线电压过低时,可能造成开关、保护动作不可靠。（　　）

三、选择题

1.对于老旧变电所,由于大多采用带电磁操作机构的断路器,需要直流动力合闸电源,所以一般采用额定电压为(　　)V 的直流系统。

A.220　　B.110　　C.48　　D.以上都可以

2.变电所蓄电池正常情况下以(　　)方式进行。

A.初充电　　B.浮充电　　C.均衡充电　　D.核对性充电

3.目前在发电厂和变电所中使用最多、最广泛的是由(　　)构成的直流电源系统。

A.逆变式交流电源 UPS 系统　　B.蓄电池组

C.电容储能式直流电源系统　　D.复式整流式直流电源系统

4.直流系统设计规程规定,波纹系数不大于(　　)。

A.5%　　B.3%　　C.2%　　D.1%

5.在直流系统的保护电器的级差配合中,相邻两级熔断器熔件的额定电流的级差至少相差(　　)级。

A.1　　B.1. 5　　C.2　　D.2. 5

四、问答题

1.操作电源的作用是什么?目前常用的直流操作电源有哪几种?

2.铅酸蓄电池直流系统有哪两种运行方式?各有何特点?

3.试分析硅整流电容储能直流电源系统的工作原理。

4.试述直流系统绝缘监察装置的作用和构成。

5.为什么直流系统两点接地有时会造成断路器误跳闸,有时会造成拒绝跳闸?画图说明。

6.根据图 2-11 分别说明 A 点与 C 点、B 点与 C 点、A 点与 B 点或 A 点与 D 点同时发生接地时有什么危害。

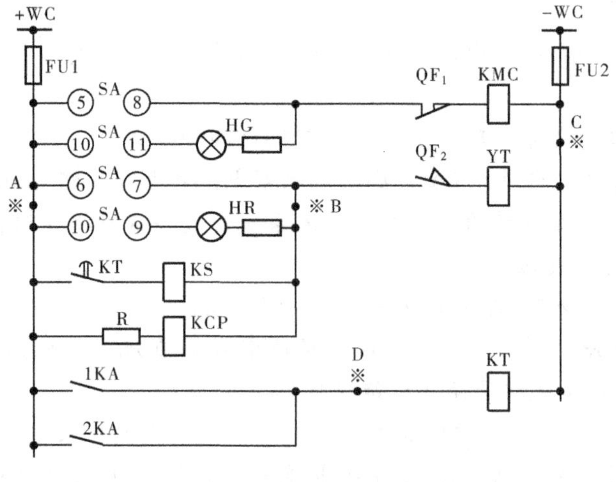

图 2-11

第3章 测量、控制及信号回路

教学要求

了解对电测量仪表准确度等级和量限选择的要求，掌握变电所常备电气测量仪表配置原则；了解对断路器控制回路的基本要求，掌握断路器控制回路接线图原理；了解信号回路的作用和基本要求，掌握中央事故音响信号与中央预告信号接线的工作原理。

3.1 测量回路

电测量仪表是测量电力系统中主要电气设备运行参数的二次设备。发电厂和变电所的运行人员要通过测量仪表和监察装置掌握主系统和主设备的运行情况，分析电能质量和计算经济指标。所装设的电测量仪表应满足下列要求：

(1)应能正确反映电气设备及系统的运行状态。

(2)能监视绝缘状态。

(3)在发生故障时，能使运行人员迅速判断故障的设备、性质和原因。

测量回路是电气测量仪表相互连接而形成的回路。电测量回路的种类很多，按被测电气参数性质的不同分为交流测量回路和直流测量回路；按测量方式的不同分为连续测量和选线测量；按测量参数的不同分为电流测量、电压测量、功率测量等。

3.1.1 测量仪表的配置原则

变电所电测量仪表的配置要符合《电力装置的电测量仪表装置设计规范》(GB/T 50062—2008)的要求。该规范明确规定了对常用电测量仪表和电能计量仪表等的技术要求和配置方式，如在下列回路应测量交流电流：

(1)双绕组主变压器的一侧，三绕组主变压器(或自耦变压器)的三侧，以及自耦变压器公共绕组回路。

(2)双绕组厂(所)用变压器的一侧及各分支回路，三绕组厂(所)用变压器的三侧。

(3)1 200 V及以上的线路，1 200 V以下的供电、配电和用电网络的总干线路。

(4)母线联络断路器、母线分段断路器、旁路断路器和桥断路器回路。

(5)50 kVA及以上的照明变压器和消弧线圈回路。

(6)10 ~ 66 kV并联电抗器和并联电容器回路。

(7)55 kW及以上的电动机、55 kW以下保安用的电动机。

变电所常备电测量仪表配置如表3-1所示。

表 3-1　变电所常备电测量仪表配置

序号	安装单元		装设仪表内容	备注
1	降压双线圈变压器		PPA、PPR、PJ、PRJ、PA	装于低压侧
2	所用变压器		PJ、PV、PA_a、PA_b、PA_c	装于低压侧电压表需装换相测量开关
3	35 kV	线路	PPA、PPR、PJ、PRJ、PA	*
		母线	PV	若有桥断路器需装一只 PA,电压表需装换相测量开关
4	6～10 kV	线路	PA、PPA	*
		母线	PV	电压表需装换相测量开关

注：*线路上装设的仪表(PPR、PJ、PRJ 等),一般装设在用户专用线或联络线上。

3.1.2　仪表准确度等级和量限的选择

电测量装置的准确度和量限应满足下列要求：

(1)电测量装置的配置应正确反映电力装置的电气运行参数和绝缘状况。

(2)电测量装置宜包括计算机监控系统的测量部分、常用电测量仪表以及其他综合装置中的测量部分。

(3)计算机监控系统的测量部分的准确度要求,误差不大于 0.5%,电网频率测量误差不大于 0.01 Hz。常用电测量仪表、其他综合装置中的测量部分准确度要求,指针式交流仪表不低于 1.5 级,指针式直流仪表(经变送器二次侧)不低于 1.0 级,数值式仪表不低于 0.5 级。

(4)交流回路指示仪表的综合准确度不应低于 2.5 级,直流回路指示仪表的综合准确度不应低于 1.5 级,接于电测量变送器二次侧仪表的准确度不应低于 1.0 级。

(5)用于电测量装置的电流、电压互感器及附件、配件的准确度等级不应低于表 3-2 的规定。

表 3-2　仪表用电流、电压互感器及附件和配件的准确度最低要求

仪表的准确度等级(级)	仪表的附件和配件			
	电流、电压互感器(级)	变送器(级)	分流器(级)	中间互感器(级)
0.5	0.5	0.5	0.5	0.2
1.0	0.5	0.5	0.5	0.2
1.5	1.0	0.5	0.5	0.2
2.5	1.0	0.5	0.5	0.5

(6)指针式测量仪表的测量范围,宜使电力设备额定值指示在仪表标度尺的 2/3 左右。对于有可能过负荷运行的电力设备和回路,测量仪表宜选用过负荷仪表。

(7)对多个同类型电力设备和回路可采用选择测量。

(8)经变送器的二次侧宜采用磁电系列直流仪表,其满刻度值应与变送器的校准值相匹配。

(9)对双向电流的直流回路和双向功率的交流回路,应采用具有双向标度尺的电流表和功率表。对有极性的直流电流、电压回路，应采用具有极性的仪表。

(10)对重载启动的电动机以及有可能出现短时冲击电流的电力设备和回路，宜采用具有过负荷标度尺的电流表。

(11)当发电厂和变电所装设有远动遥测、计算机监测(控)系统时，二次测量仪表、计算机、远动遥测三者宜共用一套变送器。

3.1.3 测量回路实例

电测量回路与其他二次回路一样，是以主设备为安装单位绘制的，并应满足以下要求：

(1)当测量仪表与继电保护装置共用一组电流互感器时，仪表与保护应分别接于互感器不同的二次绕组。若受条件限制只能接在同一个二次绕组时，应采取措施防止校验仪表时影响保护装置的正常工作。

(2)直接接于电流互感器二次绕组的仪表，不宜采用切换方式检测三相电流。

(3)常测仪表、电能计量仪表应与故障录波装置共用电流互感器的同一个二次绕组。

(4)当电力设备在额定值运行时，互感器二次绕组所接入的阻抗不应超过互感器准确度等级允许范围所规定的值。

(5)当几种仪表接在互感器的同一个二次绕组时，宜先接指示和积算式仪表，再接记录仪表。

图 3-1 所示为变电所 35 kV 双绕组变压器电气测量回路。变电所的变压器测量仪表装在低压侧，仪表电流线圈全部装在低压侧电流互感器 5TA 上，电压线圈全部装在 6 ~ 10 kV 母线电压互感器的回路中。其中：

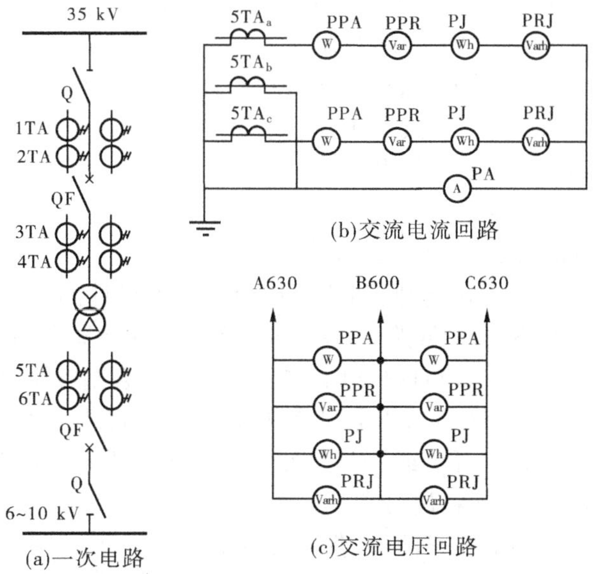

图 3-1 变电所变压器测量仪表电路

(1)电流表是用来监视负荷的，对 35 kV 变电所的变压器一般只装一只电流表。

(2)有功功率表和无功功率表用来监视变压器运行时,某一瞬间送出的有功功率和无功功率,并根据读数进行功率因数计算。

(3)有功电能表和无功电能表用来计量变压器某一时段内送出的有功和无功电能。

3.2 断路器的控制回路

3.2.1 断路器控制方式及控制回路的基本要求

3.2.1.1 断路器控制方式

对变电站内各电气设备的控制,主要就是对这些设备所在回路的断路器进行控制,它应当包括正常停、送电情况下由值班人员对断路器进行的手动跳、合闸控制以及故障情况下由继电保护和自动装置完成的自动跳、合闸控制。其中,由值班人员对断路器进行的手动跳、合闸控制又可分为以下几种控制方式。

按控制地点分为远方控制和就地控制。一般来讲,利用监控主机在变电站主控室、集中控制中心或调度中心对断路器进行的控制称为远方控制或遥控控制;利用控制开关在控制室测控柜或断路器汇控柜处对断路器进行的控制称为近控控制或就地控制。断路器就地控制、测控柜上就地控制与监控主机远方控制三者之间在电气回路上能够方便地进行切换,以实现切换远方操作或就地操作的不同需要。对于综合自动化变电站来说,测控柜上的就地控制是远方控制的后备手段,断路器的就地控制主要用于断路器检修或紧急情况下的跳闸。

按照被控制对象数目的不同,对断路器的控制可分为"一对一"控制和"一对 N"的选线控制。"一对一"控制是利用一个控制设备控制一台断路器,"一对 N"的选线控制是利用一个控制设备通过选择,控制多台断路器。

对断路器的控制还分为强电控制和弱电控制、直流操作和交流操作等。强电控制电压一般为 ±110 V 或 ±220 V。直流操作一般采用蓄电池组供电,交流操作一般由电流互感器、电压互感器或所用变压器提供电源。

3.2.1.2 控制回路的基本要求

断路器的控制回路应满足下列基本要求:

(1)断路器操作机构中的跳、合闸回路是按短时通电设计的,故在跳、合闸完成后应自动解除命令脉冲,切断跳、合闸回路,以防止烧坏跳、合闸线圈长时间通电。

(2)跳、合闸电流脉冲一般应直接作用于断路器的跳、合闸线圈,但对电磁操作机构,合闸线圈电流很大(为 35 ~ 250 A),需通过合闸接触器接通合闸线圈。

(3)断路器既可利用控制开关或计算机监控主机进行手动合闸和跳闸,又可由继电保护和自动装置进行自动合闸和跳闸。

(4)无论断路器是否带有机械闭锁,都应具有防止多次合、跳闸的电气防跳措施。

(5)对控制回路及其电源是否完好,应能进行监视,对二次回路短路或过负荷进行保护。

(6)应具有反映断路器状态的位置信号和自动跳、合闸的不同显示信号。

(7)对于采用气压、液压和弹簧操作的断路器,应有监视压力是否正常,弹簧是否拉紧到位的监视回路和闭锁回路。

(8)对于分相操作的断路器,应有监视三相位置是否一致的措施。

3.2.2 控制开关

控制开关在断路器控制回路中作为值班人员进行正常停、送电的手动控制元件,正面为一个操作手柄和面板,安装在屏正面,与手柄固定连接的转轴上有数节触点盒,安装在屏背后。控制开关采用旋转式,通过手柄向左或向右旋转一定角度来实现一种位置到另一种位置的切换。手柄可以做成带自复机构或不带自复机构两种类型,其中带自复机构的宜用于发跳、合闸命令,只允许触点在发命令时接通,在操作后自动复归原位。

3.2.2.1 LW2 型控制开关

LW2 型控制开关每个触点盒内有 4 个静触点和 1 个动触点。动触点的形式有两种:一种是触点在轴上,随轴一起转动;另一种是触点片与轴有一定自由行程,当手柄转动角度在其自由行程以内时,可保持在原来位置上不动。触点盒根据动触点的凸轮和弹簧片形状以及在转轴上安装的初始位置可分为 14 种型式,其代号为 1、1a、2、4、5、6、6a、7、8 的触点是随轴转动的动触点,10、40、50 型触点在轴上有 45°的自由行程,20 型触点在轴上有 90°的自由行程,30 型触点在轴上有 135°的自由行程。

表 3-3 列出了 LW2 - Z - 1a、4、6a、40、20、20/F8 型控制开关结构以及当操作手柄在不同位置时触点盒内各触点的通、断状态。左列所示手柄的六种位置为屏前视图,而其余右边触点盒的触点通断状况是由屏后视的。触点排号为逆时针方向次序,"·"表示触点接通,"—"表示触点断开。

表 3-3 LW2 - Z - 1a、4、6a、40、20、20/F8 型控制开关触点图表

在"跳闸后"位置的手柄(前视)的样式和触点盒(后视)的动触点位置图	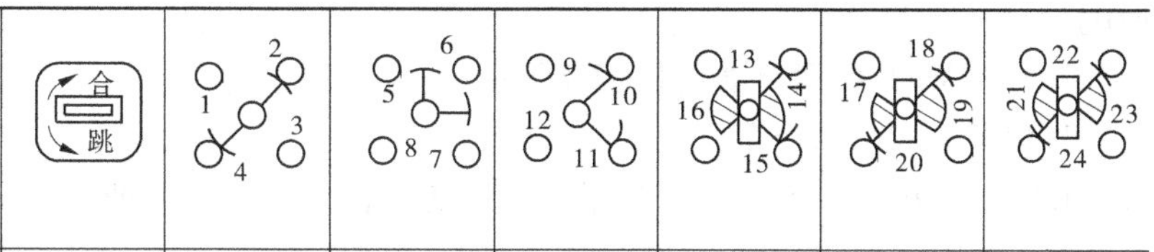															
手柄和触点盒型式		1a		4		6a			40			20			20/F8		
触点号 / 位置		1–3	2–4	5–8	6–7	9–10	9–12	11–10	14–13	14–15	16–13	19–17	17–18	18–20	21–23	21–22	22–24
跳闸后		—	•	—	—	—	—	•	—	•	—	—	—	•	—	—	•
预备合闸		•	—	—	—	•	—	—	•	—	—	—	•	—	—	•	—
合闸		—	—	•	—	—	•	—	—	—	•	•	—	—	•	—	—
合闸后		•	—	—	—	•	—	—	—	—	•	•	—	—	•	—	
预备跳闸		—	•	—	—	—	—	•	•	—	—	—	•	—	—	•	—
跳闸		—	—	—	•	—	—	•	—	•	—	—	—	•	—	—	•

前视 → ← 后视

LW2 型控制开关有垂直和水平两个固定位置、两个操作位置(由垂直位置再顺时针转 45°、由水平位置再逆时针转 45°)。由于有自由行程,所以开关的触点位置有“预备合闸”、“合闸”、“合闸后”、“预备跳闸”、“跳闸”、“跳闸后”6 种状态,能够把跳、合闸操作分两步进行。

当断路器为断开状态时,操作手柄位于“跳闸后”的水平位置。需进行合闸操作时,先将手柄顺时针旋转 90°至“预备合闸”位置,再旋转 45°至“合闸”位置,此时触点 5 - 8 接通,发出合闸命令脉冲。断路器合闸后,松开手柄,操作手柄在复位弹簧作用下,自动返回至“合闸后”位置。同理,进行跳闸操作时,先将操作手柄从“合闸后”的垂直位置逆时针旋转 90°至“预备跳闸”位置,再继续旋转 45°至“跳闸”位置,此时触点 6 - 7 接通,发出跳闸命令脉冲。断路器跳闸后,松开手柄,使其自动复归至水平位置“跳闸后”。采用两个固定位置和两个操作位置的操作开关,把跳、合闸操作分两步进行,其目的是防止误操作。

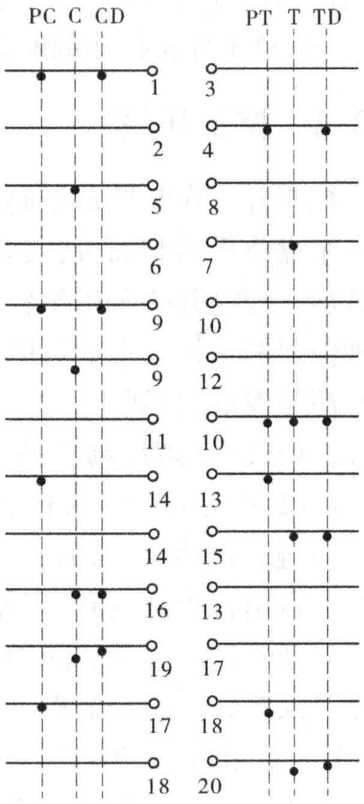

图 3-2 LW2 - Z - 1a、4、6a、40、20/F8 型开关触点通断符

在实际工程图中,控制开关的应用十分普遍,控制开关 SA 的触点通断状况也可表示为如图 3-2 所示。图中 6 条垂直虚线表示控制开关手柄的 6 个不同位置:C—合闸、PC—预备合闸、CD—合闸后;T—跳闸、PT—预备跳闸、TD—跳闸后。水平线表示触点的引出线,水平线下的黑圆点表示该对触点在此位置是接通的,否则是断开的。

3.2.2.2 LW21 系列自动复位控制开关

1. LW21 - 16/4.0653.3 型控制开关

LW21 - 16/4.0653.3 型控制开关触点如表 3-4、图 3-3 所示,该开关手柄有一个固定位置和两个操作位置,跳、合闸操作只能一步完成。

表 3-4 LW21 - 16/4.0653.3 型控制开关触点图表

手柄位置		触点	
		3 - 4 7 - 8	1 - 2 5 - 6
合闸	↗	×	—
	↑	—	—
跳闸	↖	—	×

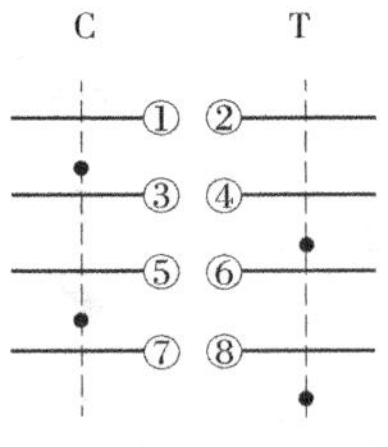

图 3-3 LW21 - 16/4.0653.3 型控制开关触点

2. LW21 - 16D/49.6201.2 型控制开关

LW21 - 16D/49.6201.2 型控制开关位置与触点关系如表 3-5、图 3-4 所示。该开关手柄位置与 LW2 - Z 型一样,有两个固定位置和两个操作位置,但触点盒的结构非常简单。

表 3-5　LW21－16D/49.6201.2 型控制开关触点图表

开关位置		触点	
		1－2 5－6	3－4 7－8
预备合闸、合闸后	↑	—	—
合闸	↗	×	—
预备跳闸、跳闸后	←	—	—
跳闸	↙	—	×

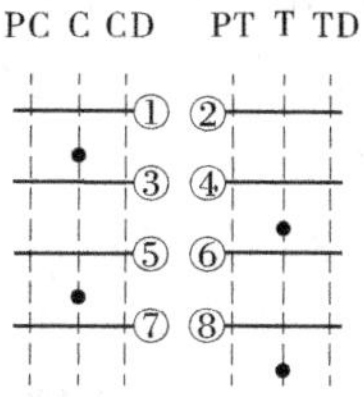

图 3-4　LW21－16D/49.6201.2 型控制开关触点

采用上述自动复位控制开关，需要另外配备远方和就地操作切换开关，才能在测控屏上实现远方和就地操作的转换。

3.2.3　断路器的控制回路

3.2.3.1　断路器的基本跳、合闸控制回路

断路器基本跳、合闸回路如图 3-5 所示，其工作原理简述如下。

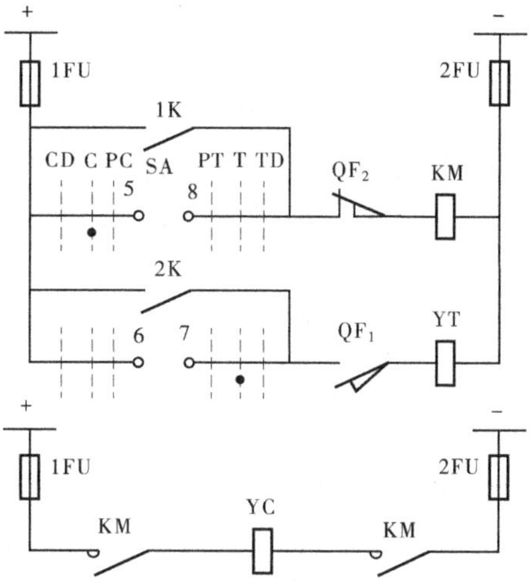

图 3-5　断路器基本跳、合闸回路

(1)合闸操作。手动合闸是将控制开关 SA 转至“合闸”位置，此时触点 SA_{5-8} 接通；而断路器在跳闸位置时，其动断触点 QF_2 是接通的，所以合闸接触器 KM 线圈通电启动，其动合触点接通，断路器合闸线圈 YC 通电启动，断路器合闸。当合闸操作完成后，断路器的动断辅助触点 QF_2 断开，KM 线圈断电，在合闸回路中的两个动合触点 KM 断开，切断断路器合闸线圈 YC 的电路。同时，断路器动合触点 QF_1 接通，准备好跳闸回路。

断路器的自动合闸是由自动重合闸装置的出口触点 1K 闭合实现的。

(2)跳闸操作。手动跳闸是将控制开关 SA 转至“跳闸”位置，此时 SA_{6-7} 触点接通，而断路器在合闸位置时其动合触点 QF_1 是接通的，所以跳闸线圈 YT 通电，断路器进行跳闸。当跳闸操作完成后，断路器的动合触点 QF_1 断开，而动断触点 QF_2 接通，准备好合闸回路。

断路器的自动跳闸是由保护装置出口继电器2K触点闭合来实现的。

在跳、合闸回路中串入断路器辅助触点的目的是:①跳、合闸线圈是按短时通电设计的,在操作完成之后,通过断路器辅助触点自动将操作回路切断,以保证跳、合闸线圈的安全;②跳、合闸回路都是电感电路,如果经常由控制开关触点或继电器触点来切断跳、合闸操作电流,则容易将该触点烧毁。回路中串入断路器辅助触点,就可由辅助触点切断电流,避免损坏控制开关触点或继电器触点。

3.2.3.2　断路器的防跳闭锁控制回路

考虑到手动合闸后控制开关SA的手柄尚未松开(SA_{5-8}触点仍在接通状态)或者自动重合闸装置的出口触点1K烧结,若此时发生永久性故障,就会出现跳闸—合闸的“跳跃”现象。如果断路器带故障电流发生多次“跳跃”,容易损坏断路器,造成事故扩大。所以,断路器控制回路必须设置电气防跳功能。一般10 kV及以下电压等级的断路器多采用机械防跳装置,35 kV及以上断路器要求采用电气防跳装置。

断路器控制回路中,通常加装一只双线圈的中间继电器KCF,称之为防跳继电器,如图3-6所示,其中串联于跳闸回路中的是电流启动线圈,另一个线圈是电压自保持线圈,与触点KCF1串联再并接于KM合闸回路中。

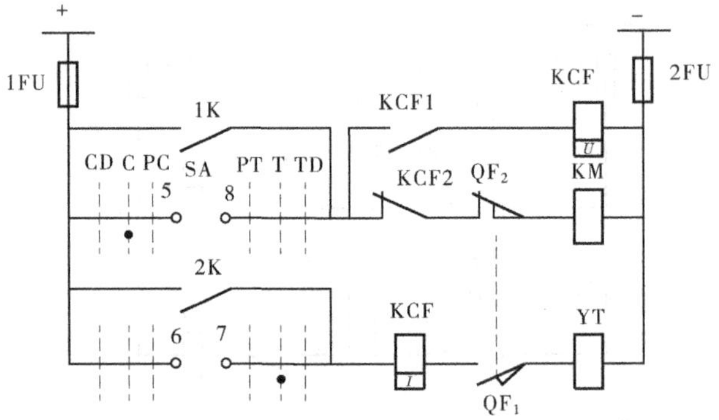

图3-6　由防跳继电器构成的断路器控制回路

当手动合闸时SA_{5-8}触点尚未断开或自动装置1K触点烧结,此时若发生永久性故障,则继电保护装置动作,2K触点闭合,经KCF的电流线圈、断路器辅助触点QF_1,跳闸线圈YT通电启动,使断路器跳闸。同时,KCF电流线圈启动,其触点KCF1闭合,使其经电压线圈KCF自保持,而触点KCF2断开,可靠地切断KM线圈回路,即使SA_{5-8}触点接通,KM也不会通电,防止了断路器“跳跃”现象的发生。只有合闸命令解除(SA_{5-8}触点断开或1K断开),KCF电压线圈断电,才能恢复至正常状态。

3.2.3.3　断路器的位置信号回路

1. 断路器位置信号回路的作用

(1)指示正常情况下,断路器所处的跳、合闸位置状态。

(2)指示断路器状态的变化。

上述信号必须有明显区别,以便运行值班人员判断与处理。

(3)监视控制电源以及跳、合闸回路的完好性。

2. 断路器位置信号的接线原则

断路器位置信号的接线遵循“不对应”原则。当值班人员利用控制开关 SA 进行断路器 QF 的跳、合闸操作时，QF 的位置与 SA 的位置是一致的，称之为“对应”，而因其他原因导致的断路器位置的改变，QF 的位置与 SA 的位置将出现不一致的现象，称之为“不对应”。例如断路器在合闸位置时，SA 置于“合闸后”位置，两者是一致的，当一次系统发生故障，继电保护装置动作使断路器跳闸，而 SA 仍处于“合闸后”位置，两者就出现不一致。凡属自动跳闸或自动合闸都将出现 SA 与 QF 位置不对应的情况，因此利用这一特征来发出自动跳、合闸信号。

3. 断路器位置信号的实现方式

1）利用信号灯指示断路器位置

利用控制屏上的位置信号灯来指示断路器的位置状态，一般通过控制开关的触点与断路器辅助触点相配合，以平光表示“位置对应”状态，以闪光表示“位置不对应”状态。在双灯制接线的位置信号回路中，通常用红灯表示断路器的合闸状态，用绿灯表示断路器的跳闸状态，用灯光闪烁表示断路器自动跳、合闸状态。当继电保护动作使断路器跳闸时，还发出事故音响信号，提醒值班人员注意。

灯光监视的断路器控制回路接线如图 3-7 所示，其接线原理分析如下：

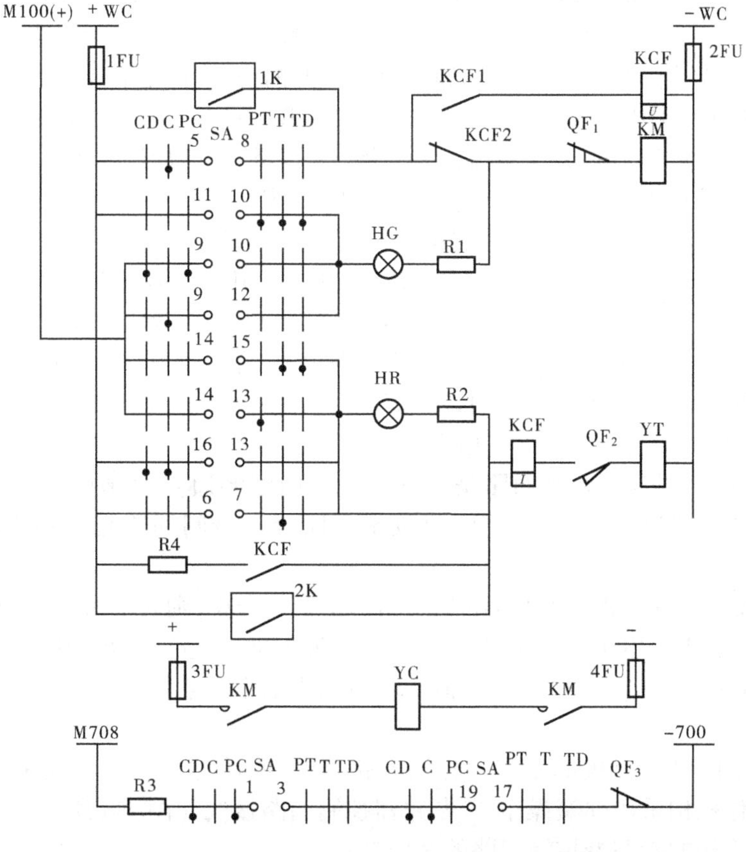

图 3-7　灯光监视的断路器控制回路接线图

(1)红灯 HR 指示分析。断路器在正常运行时，控制开关 SA 处“合闸后”位置，SA_{16-13}触点接通，断路器辅助触点 QF_2 闭合，红灯 HR 经 SA_{16-13}→R2→KCF→QF_2→YT 通电发平光，指示断路器在合闸状态。

若 QF 在运行中发生跳闸，由自动装置进行自动合闸，因 SA 仍处“合闸后”位置，QF 重合闸成功后，红灯 HR 仍发平光。

若 QF 在断开状态由自动装置动作，1K 闭合，KM 启动，QF 自动合闸。此时，SA 处于“跳闸后”位置，SA_{14-15}触点接通，红灯 HR 经 SA_{14-15}→R2→KCF→QF_2→YT 接至闪光小母线M100(+)上，所以红灯 HR 开始闪光。将 SA 切换至“合闸后”位置，SA_{14-15}触点断开，SA_{16-13}触点接通，则红灯 HR 停止闪光，又发平光。

当运行人员手动操作使 QF 跳闸时，先将 SA 转至“预备跳闸”位置，此时红灯 HR 经 SA_{14-13}接通小母线 M100(+)开始闪光，再将 SA 转至“跳闸”位置，QF 跳闸后，辅助触点 QF_2 断开、QF_1 闭合，红灯 HR 熄灭，绿灯 HG 经 SA_{11-10}接通电源，发出平光，指示断路器已跳闸。

(2)绿灯 HG 指示分析。断路器退出运行后，SA 处“跳闸后”位置，SA_{11-10}接通，绿灯 HG 发平光，指示断路器在跳闸状态。

当手动操作使 QF 合闸时，先将 SA 转至“预备合闸”位置，此时绿灯 HG 经 SA_{9-10}接通小母线 M100(+)开始闪光；再将 SA 转至“合闸”位置，QF 合闸后，辅助触点 QF_1 断开、QF_2 闭合，绿灯 HG 熄灭，红灯 HR 经 SA_{16-13}接通电源，发出平光，指示断路器已合闸。

继电保护装置动作时，2K 闭合，断路器跳闸。此时，SA 处“合闸后”位置，SA_{9-10}触点接通；断路器跳闸后，QF_1 闭合，绿灯 HG 经 SA_{9-10}→R1→QF_1→KM 线圈接到闪光小母线 M100(+)上，绿灯 HG 开始闪光。当运行人员将 SA 转至“跳闸后”位置时，则 SA 与 QF 两者位置对应，绿灯 HG 停止闪光，经 SA_{11-10}接通电源，发出平光。

(3)事故跳闸音响信号。当断路器由继电保护装置动作跳闸时，要求发出事故跳闸音响信号，以引起运行人员注意。事故音响信号也是利用上述不对应原则实现的，事故音响信号装置全站共用一套。图 3-7 中采用 SA_{1-3}触点和 SA_{17-19}触点相串联的方式满足了仅在“合闸后”位置才接通的这一要求。当事故跳闸时，信号灯闪光，同时 SA_{1-3}、SA_{17-19}、QF_3 触点均接通，接通 M708 事故跳闸音响信号回路，发出事故音响信号。

(4)跳、合闸回路完整性监视。跳闸回路中串入红灯，红灯 HR 亮表示断路器在合闸状态(QF_2 辅助触点闭合)，跳闸回路是完好的(YT 回路畅通)；合闸回路中串入绿灯，绿灯 HG 亮，表示断路器在跳闸状态(QF_1 辅助触点闭合)，合闸回路是完好的(KM 线圈回路畅通)。

(5)熔断器完好性监视。红灯 HR 或绿灯 HG 有一个亮，则表明熔断器 FU 是完好的。

(6)KCF 触点串一电阻 R4 与 2K 触点并联，防止当 2K 先于 QF_2 跳开时烧坏 2K 触点，而加入 KCF 动合触点与 R4 串联，即使 2K 先跳开，因有与之并联的 KCF 及 R4，2K 就不会被烧坏。

图 3-7 所示的灯光监视的断路器控制回路接线，断路器的操作机构采用电磁操作。若断路器的操作机构采用弹簧操作，其断路器控制回路接线如图 3-8 所示，其接线及原理与带电磁操作机构的断路器控制回路的区别是：

(1)弹簧操作机构预先利用电动机使合闸弹簧拉紧储能，合闸线圈的作用是在合闸

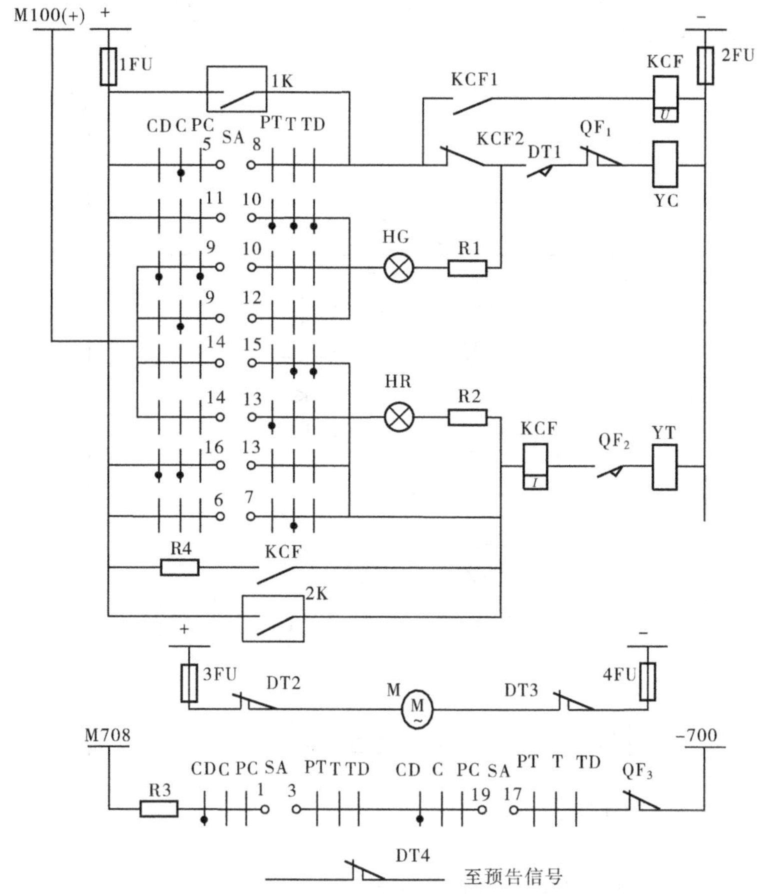

图 3-8　灯光监视的断路器控制回路(带弹簧操作机构)接线图

时使锁扣转动,释放合闸弹簧,最终实现断路器合闸。因此,其合闸电流较电磁操作机构的合闸电流小得多,可以由控制开关 SA 的触点直接控制合闸线圈 YC,而不需要合闸接触器。

(2)图 3-8 中,储能弹簧触点 DT1 ~ DT4 为弹簧未拉紧时的状态,当弹簧拉紧时,状态相反。

(3)在合闸回路中,串入了储能弹簧常开触点 DT1,在弹簧未拉紧时,触点 DT1 断开,合闸回路被闭锁而不能合闸;只有弹簧拉紧、触点 DT1 闭合时,才能进行合闸。

(4)在电动机 M 的回路中,串入了储能弹簧常闭触点 DT2、DT3,在断路器合闸时弹簧释放能量后闭锁,启动 M,重新给弹簧储能,几秒钟后弹簧拉紧,储能结束,DT2、DT3 断开,电动机停运,DT1 闭合,为下一次合闸做准备。

(5)利用常闭触点 DT4 构成弹簧未储能信号回路。当弹簧未拉紧(包括储能过程)时,DT4 闭合,发出“弹簧未储能”预告信号。

2)利用继电器指示断路器位置

图 3-9 为某综合自动化变电站 35 kV 断路器控制回路。其中在跳闸回路中并接合闸

位置继电器 KCC,相当于取代图 3-7 中的合闸指示灯 HR;在合闸回路中利用跳闸位置继电器 KCT 取代跳闸指示灯 HG。

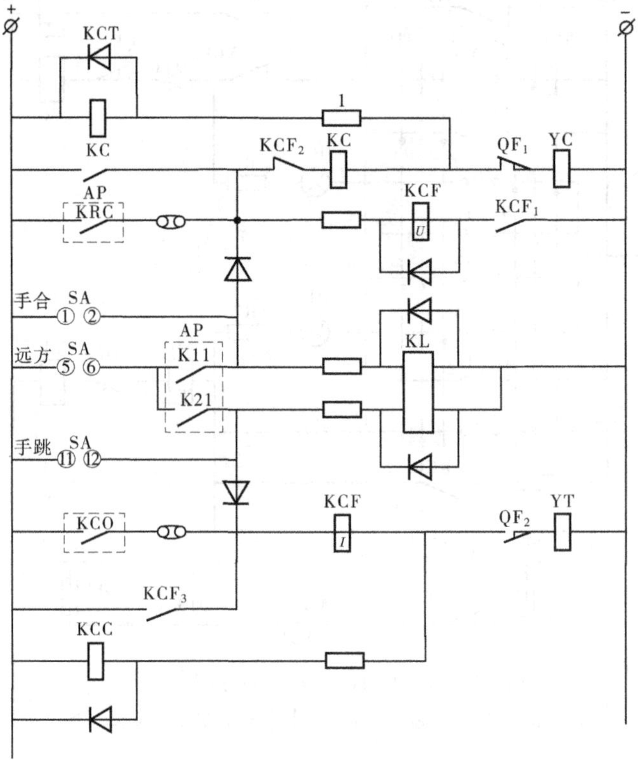

图 3-9　某综合自动化变电站 35 kV 断路器控制回路

(1)利用合闸位置继电器和跳闸位置继电器同时失电,发“控制回路断线”预告信号及启动音响监视回路。

(2)提供母差保护、断路器三相不一致保护、重合闸装置等断路器位置状态。当触点数不够时,串接数个继电器,以扩充触点数量。

(3)可以取代断路器辅助触点,启动事故音响信号。

(4)图 3-9 中,合闸后位置继电器 KL 是磁保持的继电器,其状态的改变是通过手动操作 SA 实现的。启动线圈得电,相当于将常规站的控制开关置于“合闸后”位置,称启动线圈为合闸线圈;返回线圈励磁,相当于将控制开关置于“跳闸后”位置,称返回线圈为跳闸线圈。因此,KL 与跳闸位置继电器配合可实现“断路器位置不对应”的启动功能。

3.3　信号回路

3.3.1　信号的类型

信号按其用途可分为:

(1)事故信号。当断路器事故跳闸时，由继电保护或自动装置动作启动信号系统发出的声、光信号，以引起运行人员注意。

(2)预告信号。当一次或二次电气设备出现不正常运行状态时，由继电保护动作启动信号系统发出的声、光信号。

变电所中常见的预告信号有：

①变压器等电气设备过负荷。

②变压器油温过高、轻瓦斯保护动作及通风设备故障等。

③SF_6 气体绝缘设备的气压异常。

④直流系统绝缘损坏或严重降低。

⑤断路器控制回路及互感器二次回路断线。

⑥小电流接地系统单相接地故障。

⑦液压操动机构的压力异常等。

⑧继电保护和自动装置交、直流电源断线。

⑨信号继电器动作(掉牌)未复归。

⑩断路器三相位置或有载调压变压器三相分接头位置不一致。

预告信号又分为瞬时预告信号和延时预告信号两种。瞬时预告信号有轻瓦斯动作、绝缘监察等，一旦发生异常立即发出信号；延时预告信号有过负荷等，异常发生后，可延迟一定时间再发信号。

(3)位置信号。表示断路器、隔离开关以及其他开关设备状态的位置信号。

其中，事故信号和预告信号又称为中央信号。为了使运行人员准确迅速地掌握电气设备和系统工况，事故信号与预告信号应有明显区别。通常事故跳闸时，发出蜂鸣声，并伴有断路器指示绿灯闪光；预告信号发生时警铃响，并伴有光字牌指示等。

3.3.2 信号回路的作用和基本要求

在变电所中，为了及时发现与分析故障，迅速消除和处理事故，运行人员必须依靠测量仪表来监视设备的运行情况，同时借助灯光和音响信号装置来反映设备正常和异常的运行状况。音响信号是为了提醒运行人员注意，灯光信号是为了便于判断发生故障的设备及故障性质。

变电所的信号回路应满足以下基本要求：

(1)断路器事故跳闸时，能及时发出音响信号(蜂鸣声)，并使相应的位置指示器闪光，亮“掉牌未复归”光字牌。

(2)发生故障时，能及时发出区别于事故音响的另一种音响(警铃声)，并使显示故障性质的光字牌点亮。

(3)中央信号应能保证断路器的位置指示正确。对音响回路进行监视的断路器控制信号电路，应能实现亮屏(运行时断路器位置指示灯亮)或暗屏(运行时断路器位置指示灯暗)运行。

(4)对事故信号、预告信号及其光字牌，应能进行是否完好的试验。

(5)音响信号应能重复动作，并能手动及自动复归，而故障性质的显示灯仍保留。

(6)变电所发生事故时，应能通过事故信号的分析迅速确定事故的性质。

(7)对指挥信号、联系信号等，应根据需要装设。其装设原则是，应使运行人员迅速、准确地确定所得到信号的性质和地点。

3.3.3 中央信号回路

3.3.3.1 常规变电站中央信号启动回路

中央信号由事故信号和预告信号组成，分别用来反映电气设备的事故及异常运行状态。中央信号装于控制室的中央信号屏上，是控制室控制的所有安装单位的公用装置。

1. 事故信号回路

图3-10为中央事故音响信号的启动电路。图中U为冲击继电器的脉冲变流器、K为出口继电器；+700、-700为信号小母线；M708为音响小母线；1SA～3SA为断路器的控制开关。

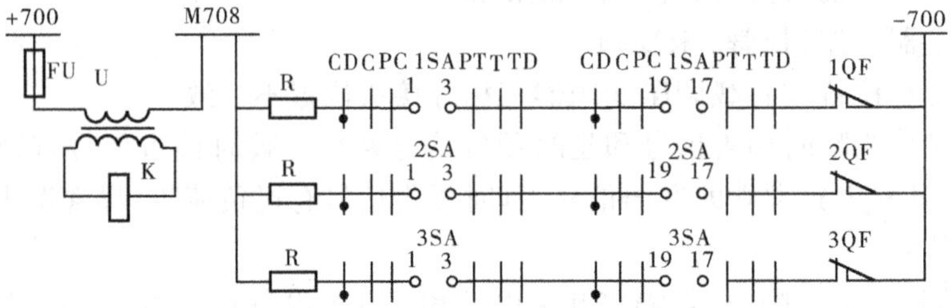

图3-10 中央事故音响信号的启动电路

当断路器发生事故跳闸时，接于M708与-700之间不对应启动回路接通(如断路器1QF跳闸，其辅助常闭触点1QF闭合，此时1SA在“合闸后”位置，SA_{1-3}、SA_{17-19}触点接通)，在脉冲变流器U的一次侧将出现一个阶跃性的直流电流，在U的二次侧感应出一个与之相对应的尖锋脉冲电流，此电流使执行元件K动作。K动作后，再启动后续回路发出音响信号。当脉冲变流器U的一次侧电流达稳定值后，二次侧感应电势即消失，K可能返回，也可能不返回，视所用冲击继电器的类型而定。不论K返回与否，音响信号将靠自保持回路的作用继续发出，直到发出音响解除命令为止，音响停止，K返回，自保持解除。音响启动回路的复归，是将相应断路器的控制开关扳至“跳闸后”位置完成的。

当前次发出的音响信号被解除，而相应启动电路尚未复归时，第二台断路器2QF又自动跳闸，第二条不对应回路又接通，在M708与-700之间又并联一支启动回路，从而使脉冲变流器U一次侧电流又增大(因为每一支并联回路中均串有电阻R)，二次侧再感应出尖锋脉冲电流，使K再次动作。

可见，脉冲变流器不仅接收了事故脉冲并将其变成执行元件动作的尖脉冲，而且把启动回路与音响信号回路分开，以保证音响信号一经启动，即与启动它的不对应回路无关，从而达到了音响信号重复动作的目的。

2. 预告信号回路

中央预告信号系统和中央事故信号系统一样，都由冲击继电器构成，但启动回路、重复动作的构成元件及音响装置有所不同。具体区别有以下几点：

（1）事故信号是利用不对应原理将电源与事故音响小母线接通来启动的；预告信号则是利用继电保护出口继电器触点 K 与预告信号小母线接通来启动的，如图 3-11 所示。

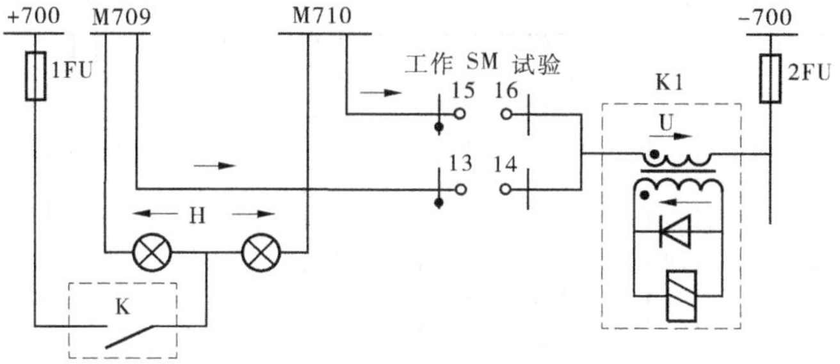

图 3-11　中央预告信号的启动电路

（2）事故信号是由每一启动回路中串接一电阻启动的，重复动作则是通过突然并入一启动回路（相当于突然并入一电阻）引起电流突变而实现的。预告信号是在启动回路中用信号灯代替电阻启动的，重复动作则是通过启动回路并入信号灯实现的。

（3）事故信号用蜂鸣器作为发音装置，而预告信号则用警铃作为发音装置。

图 3-11 所示为由 ZC－23 型冲击继电器构成的中央预告信号的启动电路。图中 K1 为冲击继电器，SM 为转换开关，在工作位置时 SM_{13-14}、SM_{15-16}触点接通。如果电气设备发生不正常状况（如变压器过负荷），则图 3-11 中的 K 触点闭合（K 为变压器过负荷保护出口继电器的触点），这时信号电源＋700→K→H→M709 和 M710→SM→冲击继电器的脉冲变流器 U→－700，形成通路，启动冲击继电器 K1，经延时启动警铃，发出预告信号。由于全厂、所的小母线是公用的，所有的光字牌都并联在 M709、M710 预告信号小母线上，任何设备出现异常均启动光字牌，并都将启动冲击继电器延时发出预告信号。预告信号的重复启动是靠突然并入另一光字牌 H 来产生脉冲电流启动冲击继电器实现的。

3.3.3.2　综合自动化变电站的信号系统

综合自动化变电站中已逐步取消了断路器控制屏与中央信号屏，全站各种事故信号、预告信号及状态指示信号等信息均由微机监控系统进行采集、传输及实时发布。图 3-12 为综合自动化变电站信号系统示意图，主设备、母线、线路的电流、电压、温度、压力及断路器、隔离开关位置等状态信号由各自电气单元的测控装置采集后送到监控主机，保护装置发出的信号既可通过软件报文的形式传输到监控主机，又可以硬接点开出遥信信号送到测控屏，再由测控屏转换成数字信号传输到变电站站控层的监控主机。

在监控系统中，各类信息的动作能够以告警的形式在显示屏上显示，还可通过音响发出语言报警。当电网或设备发生故障引起开关跳闸时，在发出语言告警的同时，跳闸断路器的符号在屏上闪烁，较传统的事故与预告信号系统相比，更方便运行人员迅速地对信息进行分类与判别以及对事故进行分析处理。

主变压器测控装置的信号主要来自于变压器保护装置、变压器本体端子箱、各电压等级的配电装置、有载分接开关等。高压线路测控装置的信号主要来自于高压线路保护装置、线路 GIS 柜、断路器操动机构、隔离开关等。公用测控装置的信号主要来自于母线保护柜、故障录波柜、直流电源柜、故障信息处理机柜、GPS 等。

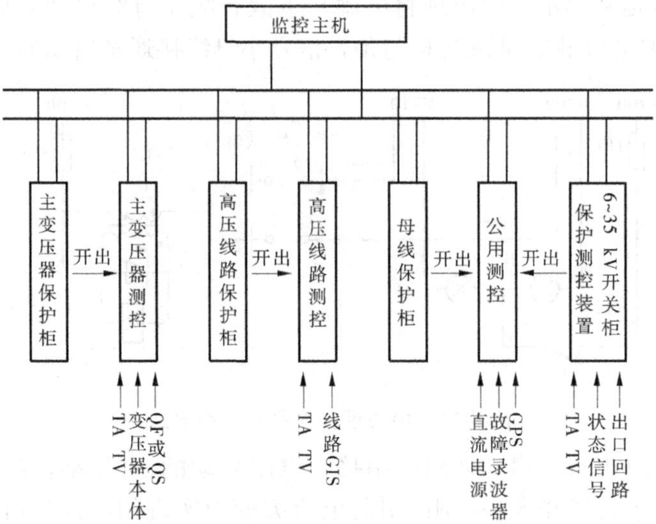

图 3-12 综合自动化变电站信号系统示意图

综合自动化变电站的信号可分为继电保护动作信号(如变压器主、后备保护动作信号等)、自动装置动作信号(如线路重合闸动作、录波启动信号等)、位置信号(如断路器、隔离开关、有载分接开关挡位等位置信号)、二次回路运行异常信号(如控制回路断线、TA 和 TV 异常、通道告警、GPS 信号消失等)、压力异常信号(如 SF_6 低气压闭锁与报警信号等)、装置故障和失电告警信号(如直流电源消失等)。

小 结

电测量仪表能正确反映电气设备及电力系统的运行状态、监视绝缘状态。在不同的场所应根据装设原则配置相应准确度等级的仪表。

断路器是电力系统中最重要的开关设备,具有很强的灭弧能力,在正常运行及系统故障时均能可靠地切断电流。断路器的基本控制回路包含断路器的跳、合闸操作回路,显示断路器的跳、合闸状态的位置指示信号回路,以及为提高动作的可靠性所设置的电气防跳控制回路等。

信号回路是运行人员发现与分析故障、消除与处理事故,以及生产调度、协调的有力工具。中央事故信号和中央预告信号是其中重要的组成部分。

习 题

一、填空题

1. 中央信号由____________和____________两部分组成。

2. 断路器的两种防跳措施是____________防跳和____________防跳;35 kV 及

以上采用电磁操动机构的断路器均应装设______________防跳。

3. 在断路器的控制回路中，把断路器的______________辅助接点与跳闸线圈串联，而把其______________辅助接点与合闸接触器线圈串联，它们的作用是为了保证跳、合闸线圈只能______________和为了保护______________________________________。

4. 断路器事故跳闸时，启动______________信号和______________信号。

二、判断题

1. 二次回路工作电压一般为交流 500 V 或直流 500 V 及以下。（　）

2. 在正常负荷下，电压互感器到测量仪表的电压降不应超过额定电压的 1% ~3%。（　）

3. 测量仪表用的电流互感器二次侧中性点在配电装置处一点接地。（　）

4. 多种测量表计电流回路串联，要注意校验电流互感器的二次负荷是否超过允许值，误差是否能满足串联中精度最低的表计要求。（　）

5. 预告信号应该同时发出单独的灯光信号和公用的音响信号。（　）

6. 测量仪表不宜与继电保护共用一组电流互感器二次绕组。（　）

7. "防跳"即防止手动或自动合闸于永久性短路电路而合闸回路接点粘住产生的断路器多次"跳合"现象。（　）

8. 采用灯光监视的断路器控制回路，红灯附加电阻的作用是防止灯脚短接，造成断路器误跳闸。（　）

9. 断路器装有位置继电器时，红、绿灯不直接监视跳、合闸回路，只表示跳、合闸位置。（　）

10. 带有闪光装置的红、绿灯，还能表示断路器与合、跳闸操作手柄的位置是否对应，如果位置不对应，应发出闪光。（　）

11. 断路器的控制回路，不管采用什么操动机构，均应有防跳跃的电气闭锁装置。（　）

12. 事故音响信号由蜂鸣器发出音响，预告音响信号由警铃发出音响。（　）

13. 断路器的控制开关把手在预备合闸位置时，绿灯闪光。（　）

三、选择题

1. 相同一次回路的各种测量仪表的电流回路应串联在一起，一般的顺序为（　）。

A. 电流表、电能表、记录型仪表、变送器、功率表

B. 电能表、电流表、记录型仪表、变送器、功率表

C. 电流表、记录型仪表、功率表、电能表、变送器

D. 电流表、功率表、电能表、记录型仪表、变送器

2. 常用测量仪表电压回路的压降要求不大于额定二次电压的（　）。

A. 0.5% ~1%　　B. 1% ~3%　　C. 0.25% ~1%　　D. 3% ~5%

3. 二次回路工作电压一般为交流 400 V 或直流（　）V 以下。

A. 100　　B. 220　　C. 500　　D. 1 000

4. 断路器在关合过程中，当遇到电路(　　)使保护作用于跳闸后，而合闸命令尚未解除，则可能出现“跳跃”现象，断路器极易损坏。

A. 瞬时性短路　　B. 永久性短路　　C. 过载　　D. 失地

5. 手动合闸断路器产生断路器跳跃现象必须同时具备的条件是(　　)。

A. 一次电路瞬时性短路　　B. 一次电路永久性短路

C. 断路器辅助触点粘住　　D. 合闸回路控制开关触点粘住

6. 采用灯光监视的断路器，红灯亮而绿灯灭可能的原因有(　　)。

A. 断路器已跳闸　　B. 断路器已合闸

C. 跳闸回路断线　　D. 跳闸回路完好

E. 熔断器已熔断　　F. 合闸控制回路完好

G. 合闸控制回路断线

7. 处于合闸位置的采用音响监视的断路器，控制回路故障而启动预告音响信号装置的可能原因是(　　)。

A. 直流电源消失　　B. 绿灯灯丝断

C. 红灯灯丝断　　D. 熔断器熔断

E. 跳闸回路断线　　F. 合闸控制回路断线

四、问答题

1. 电测量装置应满足哪些要求?

2. 35 kV 变电所应配置哪些电测量仪表? 仪表装于高压侧还是低压侧?

3. 对断路器控制回路的基本要求是什么?

4. 为什么要设置“防跳”回路?

5. 变电所一般装设哪些信号系统? 各起什么作用?

6. 信号回路的基本要求是什么?

7. 中央预告信号系统和中央事故信号系统的具体区别是什么?

第 4 章　继电保护概述

教学要求

理解电力系统继电保护的作用和任务，了解继电保护装置基本原理及组成，熟悉对继电保护的基本要求，理解运行方式、主保护、后备保护、辅助保护、常开触点、常闭触点、动作、返回等概念。

4.1　电力系统继电保护的作用

4.1.1　电力系统故障和不正常运行

电力系统是发（发电机）、供（变压器、输电线路）及用电（用电设备）的总称。电力系统在运行中，可能出现故障和不正常运行情况。在三相交流系统中，最常见同时也是最危险的故障是各种形式的短路，有三相短路、两相短路、两相接地短路、单相接地短路以及电机和变压器绕组的匝间短路。直接连接（不考虑过渡电阻）的短路一般称为金属性短路。电力系统的正常工作遭到破坏，但未形成故障，称为不正常工作状态。

与其他电气元件相比，输电线路所处的条件决定了它是电力系统中最容易发生故障的一环。在输电线路上，还可能发生断线或几种故障同时发生的复杂故障。

短路总要产生很大的短路电流，同时使系统中电压大大降低。短路点的电流及短路电流的热效应和机械效应会直接损坏电气设备。电压下降影响用户的正常工作，影响产品质量。短路更严重的后果是因电压下降可能导致电力系统运行的稳定性遭受破坏，引起系统振荡，直至使整个系统瓦解，导致大面积停电。

最常见的不正常运行状态是电气元件的电流超过其额定值，即过负荷状态。长时间的过负荷会使电气元件的载流部分和绝缘材料的温度过高，从而加速设备的绝缘老化，或者损坏设备，甚至发展成事故。

故障和不正常运行状态若不及时处理，将引起事故。事故是指电力系统的全部或部分的正常工作遭到破坏，以致造成对用户少供电、停电或电能质量降低到不允许的程度，甚至造成设备损坏和人身伤亡。

在电力系统中，为了提高供电可靠性，防止造成上述严重后果，要对电气设备进行正确的设计、制造、安装、维护和检修；对不正常的运行状态必须及时发现，并采取措施予以消除；一旦发生故障，必须迅速并有选择性地切除故障元件。

4.1.2　继电保护的任务

继电保护装置是一种能反映电力系统中各电气元件或线路发生的故障或不正常运行

状态，并动作于断路器跳闸或发出信号的一种自动装置。它的基本任务是：

(1)当电力系统的被保护元件或线路发生故障时，应能自动、迅速、有选择地通过断路器将故障元件或故障线路从电力系统中切除，并保证非故障部分迅速恢复正常运行。

(2)当电力系统被保护元件出现不正常运行状态时，应能及时反应，并根据运行维护条件，动作于发出信号、减负荷或跳闸。此时，一般不要求保护迅速动作，而是根据对电力系统及其元件的危害程度规定一定的延时，以免不必要动作和由于干扰而引起误动作。

4.2 继电保护的基本原理和保护装置的组成

4.2.1 继电保护的基本原理

继电保护的基本原理是利用被保护元件或线路故障前后某些突变的物理量为信息量，当突变量达到一定值时，启动逻辑控制环节，发出相应的跳闸脉冲或信号。

4.2.1.1 利用电气参数量的变化实现保护

发生短路故障后，利用电流、电压、线路测量阻抗、电压电流之间相位、负序和零序分量出现的变化等，可构成过电流保护、低电压保护、距离(低阻抗)保护、功率方向保护、序分量保护。

1.过电流保护

反映电流增大而动作的保护称为过电流保护。如图4-1所示，若在BC线路上发生三相短路，则从电源到短路点K之间将流过短路电流$\dot{I}_K$，可以使保护1和2都反映到这个电流，首先由保护2动作于断路器QF_2跳闸。

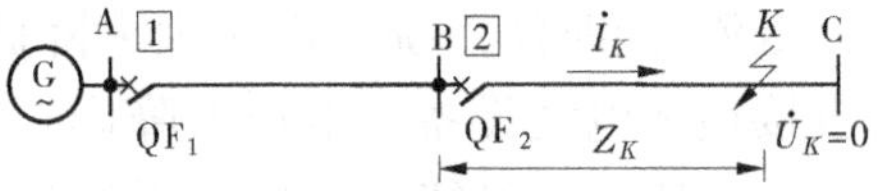

图4-1 单侧电源线路

2.低电压保护

反映电压降低而动作的保护称为低电压保护。如图4-1所示，BC线路K点发生三相短路时，短路点电压降到零，各母线上的电压都有所下降，保护1、2都能反映到电压下降，首先由保护2动作于断路器QF_2跳闸。

3.距离保护

距离保护也称低阻抗保护，反映保护安装处到短路点之间的阻抗下降而动作的保护称为低阻抗保护。在图4-1中，若以Z_K表示保护2到短路点之间的阻抗，则母线B上残余电压$\dot{U}_{res}=\dot{I}_K Z_K$，保护2的测量阻抗$Z_m=\dot{U}_{res}/\dot{I}_K=Z_K$，它的大小等于保护安装处到短路点间的阻抗，正比于短路点到保护2之间的距离，K点发生短路时，保护2能反映到测量阻抗下降而动作于断路器QF_2跳闸。

4.2.1.2 利用被保护线路两侧电流相位的变化实现保护

如图4-2所示的双侧电源网络，若规定电流的正方向是从母线指向线路。正常运行时，线路AB两侧的电流大小相等，相位差为180°；当在线路BC的K_1点发生短路故障时，线路AB两侧电流大小仍相等，相位差仍为180°；当在线路AB内部的K_2点发生短路故障时，线路AB两侧短路电流大小一般不相等，相位相同（不计阻抗的电阻分量时）。分析可知，若两侧电流相位（或功率方向）相同，则判为被保护线路内部故障；若两侧电流相位（或功率方向）相反，则判为区外短路故障。利用被保护线路两侧电流相位（或功率方向），可构成纵联差动保护、相差高频保护、方向保护等。

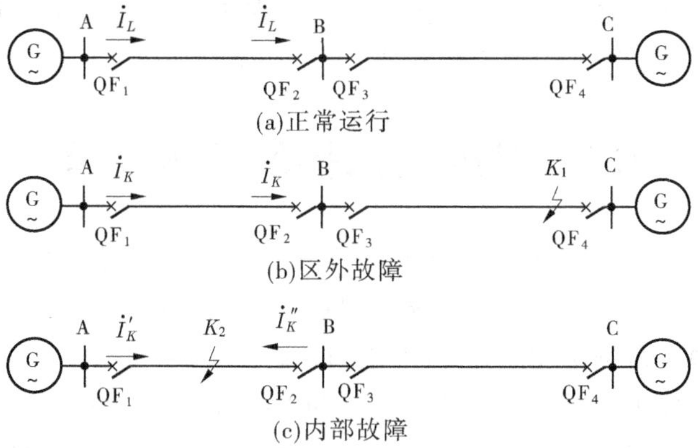

图4-2　双侧电源网络

4.2.1.3　利用序分量或序分量突变量的变化实现保护

电力系统在对称运行时，不存在负序、零序分量；当发生不对称短路时，将出现负序分量；当发生接地短路时，将出现负序、零序分量；无论是对称短路，还是不对称短路，正序分量都将发生突变。因此，可以根据负序、零序分量是否出现构成负序保护和零序保护；根据正序分量是否突变构成对称短路保护和不对称短路保护。

4.2.1.4　利用非电量的变化实现保护

利用非电量的变化实现的保护有反映变压器油箱内部故障时所产生的瓦斯气体而构成的瓦斯保护，反映电动机绕组温度升高的过负荷或过热保护等。

4.2.2　继电保护装置的组成

继电保护装置的构成方式虽然很多，但一般都是由测量部分、逻辑部分和执行部分组成的，其原理框图如图4-3所示。

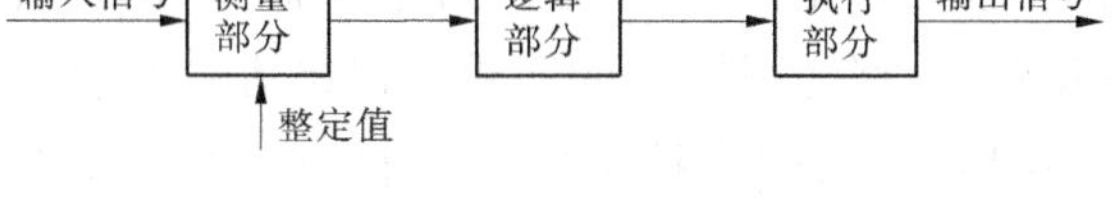

图4-3　继电保护装置的原理框图

4.2.2.1　测量部分

测量部分测量从被保护对象输入的有关物理量，并与给定的整定值进行比较，根据比较的结果，给出“是”或“非”性质的一组逻辑信号，从而判断保护是否应该启动。

4.2.2.2 逻辑部分

逻辑部分根据测量部分各输出量的大小、性质、输出的逻辑状态、出现的顺序或它们的组合,使保护装置按一定的逻辑关系工作,然后确定是否应该使断路器跳闸或发出信号,并将有关命令传给执行部分。继电保护中常用的逻辑回路有“与”、“否”、“或”、“延时启动”、“延时返回”以及“记忆”等回路。

4.2.2.3 执行部分

执行部分根据逻辑部分传送的信号,最后完成保护装置所担负的任务。例如故障时,动作于跳闸;不正常运行时,发出信号;正常运行时,不动作等。

4.3 对继电保护的基本要求

电力系统各电气元件之间通常用断路器互相连接,每台断路器都配有相应的继电保护装置,可以向断路器发出跳闸脉冲。继电保护装置是以各电气元件或线路作为被保护对象的,其切除故障的范围是断路器之间的区段。

实践证明,继电保护装置或断路器有拒绝动作的可能性,因而需要考虑后备保护。实际上,每一电气元件一般都设置两种继电保护装置:主保护和后备保护。必要时还另增设辅助保护。

反映整个被保护元件上的故障并能以最短的延时有选择性地切除故障的保护称为主保护。主保护或其断路器拒绝动作时,用来切除故障的保护称为后备保护。后备保护分近后备和远后备两种:主保护拒绝动作时,由本元件或本线路的另一套保护实现后备,称为近后备;当主保护或其断路器拒绝动作时,由相邻元件或线路的保护实现后备的,称为远后备。为补充主保护和后备保护的不足而增设的比较简单的保护称为辅助保护。

电力系统继电保护装置应满足可靠性、选择性、灵敏性和速动性等基本要求。这些要求之间,需要针对不同使用条件,分别进行综合考虑。

4.3.1 可靠性

继电保护装置的可靠性是指在规定的保护区内发生故障时,应该可靠动作而不发生拒动,而在正常运行或保护区外发生故障时,则应该可靠不动作而不发生误动。

可靠性主要就保护装置本身的制造、安装质量和运行维护水平而言。不可靠的保护装置本身就成了事故的根源。因此,可靠性是对继电保护装置的最根本要求。

为保证可靠性,一般来说,宜选用尽可能简单的保护方式及有运行经验的微机保护产品;应采用由可靠的元件和简单的接线构成的性能良好的保护装置,并应采取必要的检测、闭锁和双重化等措施。当电力系统中发生故障而主保护拒动时,依靠后备保护的动作切除故障,有时不仅扩大了停电范围,而且拖延了切除故障的时间,从而给电力系统的稳定运行带来很大危害。此外,保护装置应便于整定、调试和运行维护,这对保证其可靠性也具有重要的作用。

4.3.2 选择性

继电保护装置的选择性是指继电保护装置动作时,仅将故障元件或故障线路从电力系统中切除,使停电范围尽量缩小,以保证电力系统中的非故障部分仍能继续安全运行。在图4-4所示的网络中,当线路L4上K_2点发生短路时,保护6动作跳开断路器QF_6,将L4切除,继电保护的这种动作是有选择性的。K_2点故障,若保护5动作于将QF_5断开,则变电所C和D都将停电,继电保护的这种动作是无选择性的。同样,K_1点故障时,保护1和保护2动作于断开QF_1和QF_2,将故障线路L1切除,才是有选择性的。

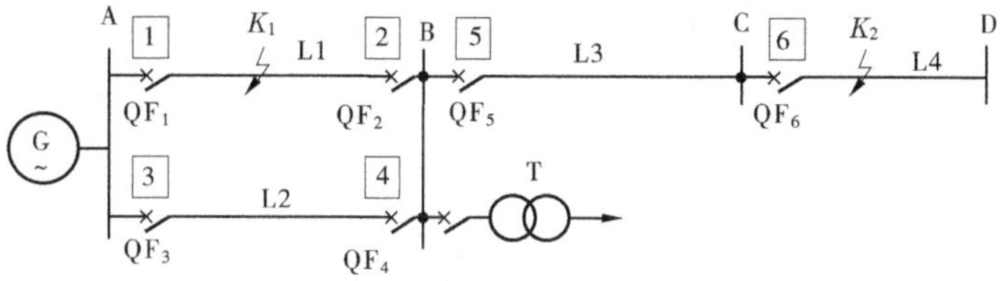

图4-4 单侧电源网络中的保护选择性动作说明

若K_2点故障,而保护6拒动或断路器QF_6失灵拒跳,保护5将断路器QF_5断开,故障切除,这种情况虽是越级跳闸,但却尽量缩小了停电范围,限制了故障的发展,因而也认为是有选择性动作。

运行经验表明,架空线路上发生的短路故障大多数是瞬时性的,线路上的电压消失后,短路会自行消除。因此,在某些条件下,为了加速切除短路,允许采用无选择性的保护,但必须采取相应措施,例如采用自动重合闸或备用电源自动投入装置予以补救。

为了保证选择性,对相邻元件有后备作用的保护装置,其灵敏性与动作时间必须与相邻元件的保护相配合。

4.3.3 灵敏性

继电保护装置的灵敏性是指保护装置对其保护区内发生故障或不正常运行状态的反应能力。满足灵敏性要求的保护装置应该是在规定的保护区内短路时,无论短路点的位置、短路形式及系统的运行方式如何,都能灵敏反应。保护装置的灵敏性一般用灵敏系数K_{sen}来衡量。

对于反映故障时参数增大而动作的保护装置,其灵敏系数是:

$$K_{sen}=\frac{\text{保护区末端金属性短路时保护安装处测量到的故障参数的最小计算值}}{\text{保护整定值}}$$

对于反映故障时参数降低而动作的保护装置,其灵敏系数是:

$$K_{sen}=\frac{\text{保护整定值}}{\text{保护区末端金属性短路故障时保护安装处测量到的故障参数的最大计算值}}$$

实际上,短路大多情况是非金属性的,并且故障参数在计算时也有一定误差,所以必须要求$K_{sen}>1$。在《继电保护和安全自动装置技术规程》中,对各类短路保护装置的灵敏系数最小值都作了具体规定,见表4-1。对于各种保护装置灵敏系数的校验方法,将在各保护的整定计算中分别讨论。

表 4-1 反映短路故障的继电保护装置的最小灵敏系数 $K_{sen \cdot min}$

保护分类	保护类型	组成元件	最小灵敏系数	备注
主保护	变压器、线路、电动机和电容器的电流速断保护	电流元件	2.0	按保护安装处短路计算
	电流保护、电压保护	电流、电压元件	1.5	按保护区末端计算
	3～10 kV 电力网中单相接地保护	电流元件	1.5	电缆线路允许为 1.25
	变压器、电动机的纵联差动保护	差动元件	2.0	
后备保护	远后备保护	电流、电压元件	1.2	按相邻电气元件末端短路计算
	近后备保护	电流、电压元件	1.3	按线路末端短路计算

4.3.4 速动性

继电保护装置的速动性是指保护装置应能尽快切除短路故障。切除故障的时间包括继电保护的动作时间和断路器的跳闸时间。因此,保护动作速度快,可以缩短故障切除时间。速动性不仅能限制故障元件的损坏程度,缩小故障的影响范围以及提高自动重合闸装置和备用电源自动投入装置的动作成功率,更重要的是可以提高电力系统并列运行的稳定性。

上述对作用于跳闸的保护装置的基本要求,一般也适用于反映不正常运行状态的保护装置。只是对作用于信号的保护装置不要求快速动作,而是按照选择性要求延时发出信号。

以上四个基本要求是分析、研究继电保护性能的基础,它们之间互相联系密切,而有时又互相矛盾。例如,对某些保护装置来说,选择性和速动性不可能同时实现,为保证选择性,必须使之具有一定的动作时间;为保证速动性和选择性,有时需要采用较复杂的保护装置,却降低了可靠性。

可以这样说,继电保护这门技术,是随着电力系统的发展,在不断解决保护装置应用中出现的基本要求之间的矛盾,使之在一定条件下达到辩证统一的过程中发展起来的。因此,在学习继电保护的过程中,应该注意学会按对保护基本要求的观点,去分析每种保护装置的性能。

4.4 继电器

继电器是各种继电保护装置的基本组成元件。一般来说,按预先整定的输入量动作,并具有电路控制功能的元件称为继电器。即继电器的工作特点是,用来表征外界现象的输入量达到整定值时,其输出电路中的被控电气量将发生预定的阶跃变化。

继电器的输入量和输出量之间的关系如图 4-5 所示。图中 X 是加于继电器线圈的输入量,Y 是继电器触点电路中的输出量。当输入量 X 从零开始增加时,在 $X < X_{op}$ 的过程中,输出量 $Y = Y_{min}$ 保持不变。当输入量 $X = X_{op}$ 时,输出量 Y 突然由 Y_{min} 变到 Y_{max},称为继电器动作。当输入量减小时,在 $X > X_{re}$ 的过程中,输出量保持不变。当输入量减到 X_{re} 值时,称为继电器返回。返回值与动作值之比称为继电器的返回系数,以 K_{re} 表示,即

$$K_{re} = \frac{X_{re}}{X_{op}} \tag{4-1}$$

图 4-5 所示的这种输入量连续变化,而输出量总是跃变的特性,称为继电特性。

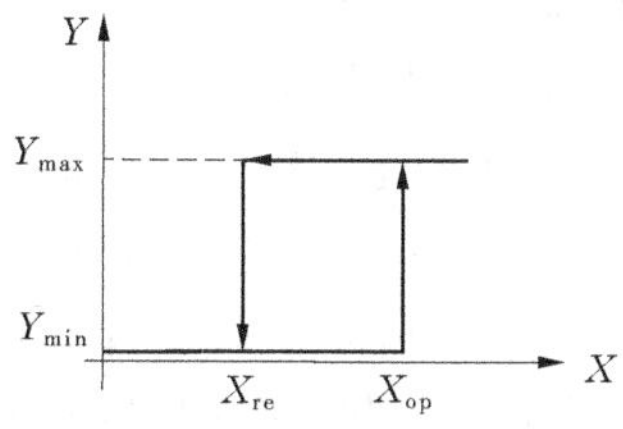

图 4-5　继电特性

通常,继电器在没有输入量(或输入量未达到整定值)的状态下,断开的触点称为常开触点,闭合的触点称为常闭触点。常开触点也称动合触点,常闭触点又称动断触点。

使继电器正常位置时的功能产生变化,称为启动。继电器完成所规定的任务,称为动作。继电器从动作状态回到初始位置,称为复归。继电器失去动作状态下的功能,称为返回。

电力系统继电保护装置用的继电器,称为保护继电器,按输入物理量的不同分为电气继电器与非电气继电器两类;按其构成原理可分为电磁型、感应型、整流型、晶体管型等继电器;按其反映的物理量可分为电流、电压、功率方向、阻抗等继电器等;按其用途又可分为测量继电器和辅助继电器等。

国产保护继电器的型号一般用汉语拼音字母来表示,第一个字母表示继电器的工作原理,第二(或第三)个字母代表继电器的用途。例如 DL 代表"电"磁型电"流"继电器,DS 代表"电"磁型"时"间继电器。

4.5　电力系统继电保护的发展

电力系统继电保护技术是随着电力系统的发展和不断适应电力系统发展要求而发展的。电子技术、计算机技术与通信技术的快速发展为继电保护技术的发展不断注入了新的活力。熔断器就是最初出现的简单过电流保护。这种保护时至今日仍广泛应用于低压线路和用电设备。熔断器的特点是集保护装置与断电装置于一体,简单可靠,但是它的动作精度差,配合难度大,断流能力有限,恢复供电麻烦。随着电力系统的发展,用电设备的功率、发电机的容量不断增大,电力系统的接线不断复杂化,电力系统中正常工作电流和短路电流都不断增大,单靠熔断器保护已不能很好地满足有选择地、快速地、灵敏地切除故障的要求。19 世纪 90 年代出现了装在断路器上以一次电流动作并直接作用于断路器跳闸的电磁型过电流继电器,并利用它构成过电流保护。20 世纪初随着电力系统的发展,继电器开始广泛应用于电力系统的保护。这个时期可认为是继电保护技术发展的开端。

1901 年出现了感应型过电流继电器，1908 年提出了比较被保护元件两端电流的电流差动保护原理。1910 年方向性电流保护开始得到应用，20 世纪 20 年代初距离保护装置出现。随着电力系统的载波通信的发展，在 1927 年前后，出现了利用高压输电线路上高频载波电流传送和比较输电线路两端功率方向或电流相位的高频保护装置。在 20 世纪 50 年代，微波中继通信开始应用于电力系统，从而出现了利用微波传送和比较输电线路两端故障电气量的微波保护。利用故障点产生的行波实现快速继电保护的设想，经过 20 余年的研究，20 世纪 70 年代诞生了行波保护装置。显然，随着光纤通信在电力系统中的大量采用，利用光纤通道的微机继电保护也将得到更为广泛的应用。

20 世纪 60 年代末开始的对继电保护计算机算法的大量研究，对后来微型计算机式继电保护的发展奠定了理论基础。随着微处理器技术的迅速发展及其价格急剧下降，在 20 世纪 70 年代后半期，出现了比较完善的微型计算机保护样机，并投入到电力系统中试运行。20 世纪 80 年代微型计算机保护在硬件结构和软件技术方面已趋成熟，并已在一些国家推广应用，这就是第三代的静态继电保护装置。从 20 世纪 90 年代开始，我国继电保护技术已进入了微型计算机保护的时代。微型计算机保护具有巨大的计算、分析和逻辑判断能力，有存储记忆功能，因而可用来实现任何性能完善且复杂的保护原理。微型计算机保护可连续不断地对本身的工作情况进行自检，其工作可靠性很高。此外，微型计算机保护可用同一个硬件实现不同的保护功能，这使继电保护装置的制造大为简化，也容易实现继电保护装置的标准化。微型计算机保护除保护功能外，还有故障录波、故障测距、事故顺序记录和调度计算机交换信息等辅助功能，这对简化继电保护的调试、事故分析和事故后的处理等都有重大意义。由于微型计算机保护装置的巨大优越性和潜力，其受到电气运行人员的欢迎。可以说微型计算机保护代表着电力系统继电保护技术的未来，将成为未来电力系统保护、控制、运行调度及事故处理的统一计算机系统的组成部分。

小　结

继电保护技术是一种电力系统安全保障技术，继电保护装置是一种重要的反事故装置。继电保护的作用是实时地监视电力系统中各电气元件的运行状态，当电气元件发生故障时，应将故障部分切除。发生不正常运行状态一般动作于信号，以便分析处理。

短路故障最明显的特征是电流增大、电压降低，所以利用电流或电压的变化构成电流、电压保护，根据被保护线路阻抗的变化可构成距离保护。在发生不对称短路故障时，将出现负序分量；发生接地短路故障时，将出现零序分量。可利用负序、零序分量构成序分量保护；线路内部和外部短路故障时，被保护线路两侧电流的相位不同，可构成差动保护。

继电保护装置一般由测量部分、逻辑部分和执行部分组成。

继电保护的基本要求是衡量继电保护装置性能的重要指标，也是评价各种原理构成的继电保护装置的主要依据。简单地说，选择性就是在保护区内发生短路故障时，保护不拒动；在保护区外发生短路故障时，保护不误动。灵敏性是判别保护装置反映故障能力的重要指标，不满足灵敏性要求的保护装置，是不允许装设的。继电保护的基本要求是既互相联系又互相矛盾的。继电保护是在不断解决保护装置应用中出现的基本要求之间的矛盾,使之在一定条件下达到辩证统一的过程中发展起来的。因此,继电保护的基本要求是分析研究各种继电保护装置的基础,是贯穿继电保护技术的一条基本线索。

习 题

一、填空题

1. 在继电保护整定计算中,通常要考虑系统的____________两种极端运行方式。

2. 电力系统整定计算时不考虑过渡电阻的短路,称为__________短路。

3. 输电线路的短路可分为__________和____________两类。

4. 短路时总要伴随产生很大的__________,同时使系统中__________降低。

5. 反映整个被保护元件上的故障,并能以最短的时限有选择地切除故障的保护称为____________。

6. 一般来说,按预先整定的输入量动作,并具有电路控制功能的元件称为_______。

二、判断题

1. 电力系统各电气元件之间通常用断路器相互连接,每台断路器都装有相应的继电保护装置。 ( )

2. 为保证可靠性,一般说来,宜选用尽可能简单的保护方式。 ( )

3. 继电保护装置的选择性和速动性不矛盾,同时要满足选择性和速动性要求。 ( )

4. 在进行保护装置灵敏系数计算时,系统运行方式应取最小运行方式。 ( )

5. 反映过量保护和欠量保护的灵敏系数定义相同。 ( )

6. 电力系统继电保护要求在任何情况下都要采用快速保护。 ( )

7. 继电器的启动和动作是同一个概念。 ( )

三、选择题

1. 电力系统的运行方式分为( )方式。

A. 正常运行和故障运行　　B. 最大运行和最小运行

C. 正常运行、特殊运行　　D. 最大运行、最小运行、正常运行

2. 输电线路相间短路保护通常要装设( )。

A. 主保护　B. 后备保护　C. 主保护和后备保护　D. 近后备和辅助保护

3. 中性点直接接地系统,最常见的短路故障是( )。

A. 金属性两相短路　　B. 三相短路

C. 两相接地短路　　D. 单相接地短路

4. 我国继电保护技术发展先后经历了五个阶段,其发展顺序依次是( )。

A. 机电型、晶体管型、整流型、集成电路型、微机型

B. 机电型、整流型、晶体管型、集成电路型、微机型

C. 整流型、机电型、晶体管型、集成电路型、微机型

D. 机电型、整流型、集成电路型、晶体管型、微机型

四、问答题

1. 何谓电力系统的“故障”、“不正常运行状态”与“事故”？

2. 何谓继电保护装置？它的作用是什么？

3. 何谓主保护、后备保护及辅助保护？何谓近后备和远后备？

4. 何谓继电器与继电特性？为什么要求保护继电器必须具有继电特性？

5. 继电器的常开触点与常闭触点如何区分？

6. 继电保护装置一般有哪些组成部分？各部分有何作用？

7. 图 4-6 所示网络中，各断路器处均装设有保护装置，请回答：

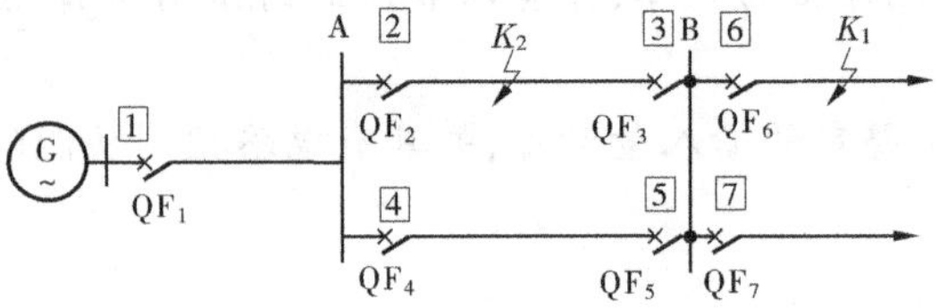

图 4-6

(1) 当 K_1 点发生短路故障时，按选择性的要求应有哪些保护启动并断开哪些断路器？如果断路器 QF_6 失灵而拒动，保护应如何动作？

(2) 当 K_2 点发生短路故障时，按选择性的要求应有哪些保护启动并断开哪些断路器？如果保护 2 拒动，保护应如何动作？对保护 1 的动作又应作何评价？

8. 在图 4-7 所示网络中，若在 K_1、K_2 点发生短路故障，评价保护 1、保护 2 是否满足保护的基本要求：

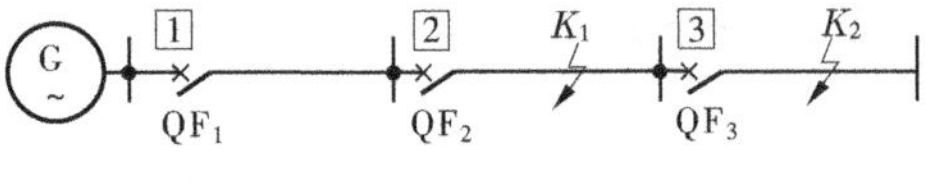

图 4-7

(1) K_1 点发生短路故障：

①保护 2 按整定时间先动作，断开 QF_2，保护 1 启动并在故障切除后返回；

②保护 1 和保护 2 同时启动，并断开 QF_1 和 QF_2；

③保护 1 启动，但未断开 QF_1，保护 2 动作，断开 QF_2；

④保护 1 动作，保护 2 未启动，断开 QF_1；

⑤保护 1 和保护 2 均未启动。

(2) K_2 点发生短路故障：

①保护 2 和保护 3 同时将 QF_2 和 QF_3 断开；

②保护 3 拒动或 QF_3 失灵，保护 1 将 QF_1 断开。

第5章 继电保护的基本元件

教学要求

掌握电流互感器减极性标注的规定、10%误差曲线的含义及意义；掌握测量变换器的结构原理；了解电磁式继电器的结构、工作原理；掌握微机保护装置的基本构成及各部分的原理，掌握微机保护的软件配置情况。

5.1 电流互感器

为了保证电力系统安全、经济运行，必须对电力设备的运行情况进行监视和测量。但一般的测量和保护装置不能直接接入一次高压设备，而需要将一次系统的高电压和大电流按比例变换成低电压和小电流，以供给测量仪表和保护装置使用。进行电压转换的是电压互感器，而进行电流转换的互感器就称为电流互感器。

5.1.1 电流互感器工作原理

电流互感器是由绕组、铁芯以及构架、壳体、接线端子等元件组成的。按常规，电势、电流的正方向如图5-1所示。一次绕组中的电流 $\dot{I}_1$ 在一次绕组中产生的磁势 $\dot{I}_1 W_1$ 形成铁芯中的磁通 Φ，在一、二次绕组中感应电势 $\dot{E}_1$ 及 $\dot{E}_2$。二次绕组中的电势 $\dot{E}_2$ 在二次绕组回路中产生电流 $\dot{I}_2$。二次绕组工作接近于短路状态，一、二次绕组磁势的平衡关系为 $\dot{I}_1 W_1 - \dot{I}_2 W_2 = 0$，则电流互感器额定电流比为

$$K_i = \frac{I_1}{I_2} = \frac{W_2}{W_1} \tag{5-1}$$

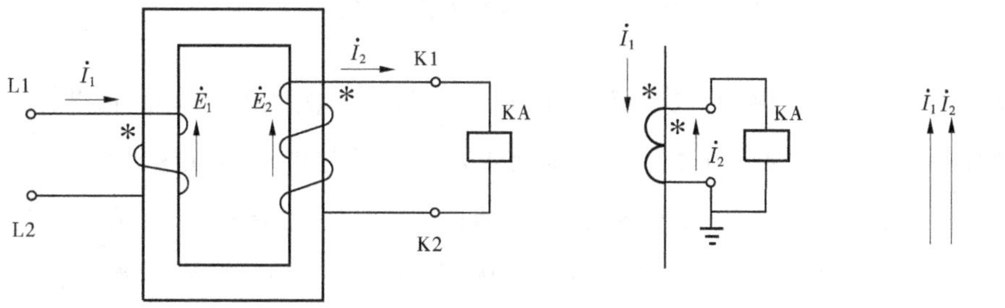

(a)原理图　　(b)极性图　　(c)相量图

图5-1 电流互感器

5.1.2 电流互感器极性

变电所的控制屏、高压开关柜上的电气测量仪表及电能表大部分都是经过电流互感器和电压互感器连接的。在将功率表和电能表接于电流互感器及电压互感器的二次侧时,必须保证流过仪表的功率方向与将仪表直接接于一次回路的功率方向相一致,否则不能保证得出正确的测量结果,因此必须正确地标注并连接好电流互感器的极性。

在图 5-1(a)中,一、二次绕组中感应的电势 $\dot{E}_1$ 及 $\dot{E}_2$ 同时为高电位点,称同极性端或同名端,一般用 L1、K1 表示或以"＊"、"·"标注。当一次绕组中的电流以交流电流在电路中流动时,其方向随时间作周期性地变化。但在某一瞬间,线圈中的电流由 L1 或"＊"、"·"流入时,二次绕组中的电流由 K1 或"＊"、"·"流出,这种标注方式为减极性标注。

电流互感器同极性端的判别与耦合线圈的极性判别相同。较简单的方法为:用1.5 V 干电池接一次线圈,用一高内阻、大量程的直流电压表接二次线圈。当开关闭合时,如果发现电压表指针正向偏转,可判定一次线圈和二次线圈是同极性端;当开关闭合时,如果发现电压表指针反向偏转,可判定一次线圈和二次线圈不是同极性端。

5.1.3 电流互感器的 10% 误差曲线

电流互感器的等值电路图及相量图如图 5-2 所示。

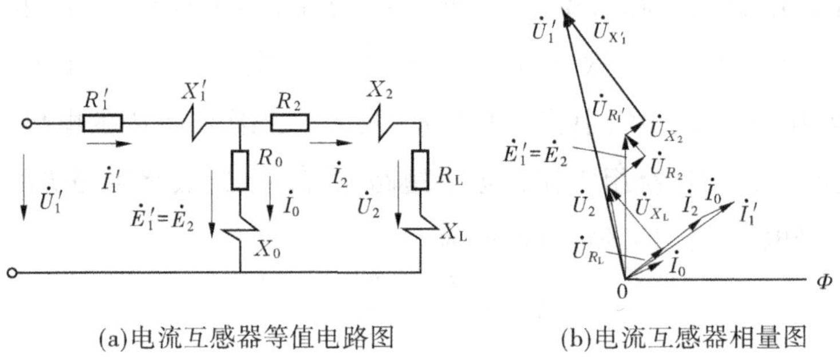

图 5-2 电流互感器等值电路图及相量图

图中 $\dot{I}_1'$ 为折算到二次侧的一次电流,R_1'、X_1' 为折算到二次侧的一次电阻和漏抗;R_2、X_2 为二次电阻和漏抗;$\dot{I}_0$ 为电流互感器的励磁电流。在理想的电流互感器中 $\dot{I}_0$ 的值为零,$\dot{I}_1'=\dot{I}_2$。但实际上 Z_2 与 Z_0 相比不能忽略,所以 $\dot{I}_0=\dot{I}_1'-\dot{I}_2\neq 0$。由电流互感器的相量图中可看出,电流互感器的误差主要是由于励磁电流 $\dot{I}_0$ 的存在,它使二次电流与换算到二次侧后的一次电流 $\dot{I}_1'$ 不但在数值上不相等,而且相位也不相同,这就造成了电流互感器的误差。电流互感器的误差分为变比误差和角度误差。

电流互感器的变比误差为 $f_i=\dfrac{I_1'-I_2}{I_1'}\times 100\%$;角度误差是指 $\dot{I}_1'$ 与 $\dot{I}_2$ 间的夹角。

由于励磁电流的存在，从运行角度考虑，产生误差的主要因素是：

(1)电流互感器的二次负载阻抗 Z_L。Z_L 是很小的，如果 Z_L 增大，电流互感器的输出电压增大，其铁芯趋向饱和，励磁电流增大，故误差增大。

(2)一次电流倍数 m。所谓一次电流倍数是指通过电流互感器的一次电流 I_1 与一次额定电流 I_{1n}之比，即

$$m = \frac{I_1}{I_{1n}} \tag{5-2}$$

从图5-3可看出，当 m 较小时，随 m 的增大，二次电流 I_2 线性增大。当 m 大到一定程度时，其铁芯开始饱和，I_2 不随 m 的增大而线性增大，而是增大得较慢，从而出现了电流互感器的误差。当 $m = m_{10}$时，其变比误差 $f_i = 10\%$，m_{10}称为饱和电流倍数。m_{10}是保护用电流互感器的一个重要参数，m_{10}越大，电流互感器过电流性能越好。

运行经验表明，电流互感器的变比误差在一定程度上影响着保护装置的工作质量，对继电保护用电流互感器规定：在实际运行条件下，其变比误差不超过10%，角度误差不超过7°。因此，继电保护用电流互感器应根据10%误差曲线选择和校验。制造厂家对各种型号的电流互感器都给出了10%误差曲线，所谓10%误差曲线，是指电流互感器的电流误差为10%，角度误差不超过7°时，允许的饱和电流倍数 m_{10}与允许的负载阻抗 Z_L 之间的关系曲线，如图5-4所示。如实际的一次电流倍数与二次负载的交点在这条曲线之下，则电流互感器的误差就不超过允许值。

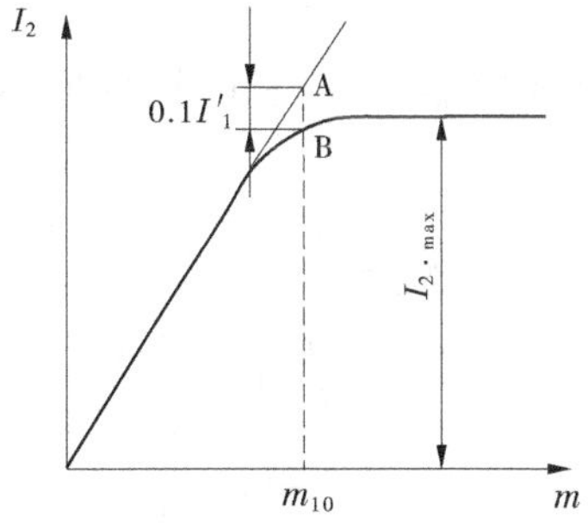

图5-3　电流互感器二次电流与一次电流倍数关系曲线

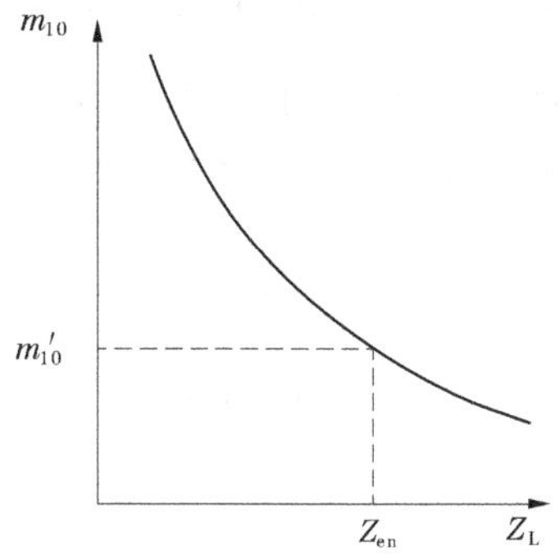

图5-4　电流互感器的10%误差曲线

10%误差曲线使用方法：对给定的电流互感器，计算通过一次侧的短路电流 I_k，求出 $m'_{10} = \frac{I_k}{I_{1n}}$，然后从图5-4上找出与之相对应的 Z_{en}，当实际的负载 $Z_L \leqslant Z_{en}$时，能保证 $f_i \leqslant 10\%$，$\delta_i < 7°$。

经过10%误差曲线校验，如果 f_i 不满足，应设法降低实际负载阻抗，直至满足要求为止。例如可将两个变比相等的电流互感器串联使用，这样，二次负载两端的电压 I_2Z_L，将由两个串联使用的电流互感器共同负担。对每个电流互感器来说，它们各自的二次电压 U_2 为 $\frac{1}{2}I_2Z_L$，由于 U_2 的降低，则每个电流互感器的励磁电流减小，从而减小了误差。

5.2 测量变换器

5.2.1 测量变换器的作用

微机保护常常需要将电压互感器的二次电压降低或将电流互感器二次电流变为电压后才能应用，以满足微机保护装置要求。这时就必须采用测量变换器。测量变换器的作用主要有：

(1)变换电量。将电压互感器二次侧的强电压(100 V)、电流互感器二次侧的强电流(5 A或1 A)都转换成弱电压，以适应弱电元件的要求。

(2)隔离电路。将保护的逻辑部分与电气设备的二次回路隔离。因为从安全角度考虑，电流、电压互感器二次侧必须接地，而弱电元件往往与直流电源连接，但直流回路又不允许直接接地，故需要经变换器将交、直流电隔离。另外，弱电元件易受干扰，借助变换器屏蔽层可以减少来自高压设备的干扰。

(3)定值调整。借助于变换器一次绕组或二次绕组抽头的改变，实现继电保护整定值的调整，或扩大整定值的范围。

(4)电量的综合处理。通过变换器将多个电量综合成单一电量，便于简化保护。

5.2.2 测量变换器的分类

常用的测量变换器有电压变换器(UV)、电流变换器(UA)和电抗变换器(UR)等三种。其原理接线如图5-5所示。

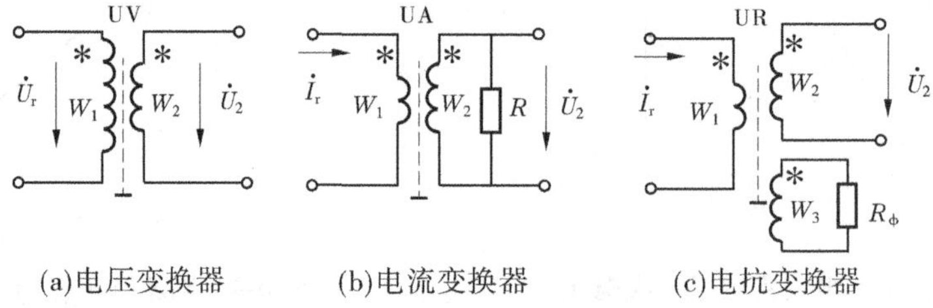

图5-5 测量变换器原理接线图

5.2.3 测量变换器的工作特性

不同测量变换器虽然作用有所不同，但它们的基本构造是相同的，都是在铁芯构成的公共磁路上绕有数个通过磁路而耦合的绕组，所以其等效电路结构是相同的。但是，当它们本身的参数与电源参数及负载参数的相对关系改变后，将表现出不同的特性，即所谓变换器按电压变换器方式，或按电流变换器方式，或按电抗变换器方式工作。

三种测量变换器的等值电路如图5-6所示，图中 Z_1' 为折算到二次侧的一次绕组漏阻抗，Z_2 为二次绕组的漏阻抗，Z_0' 为折算到二次侧的励磁阻抗，Z_L 为负载阻抗。根据铁芯是否有气隙(Z_0' 的大小不同)和负载情况的不同，三种变换器的结构和工作状态存在差别，将它们进行比较，其结果见表5-1。

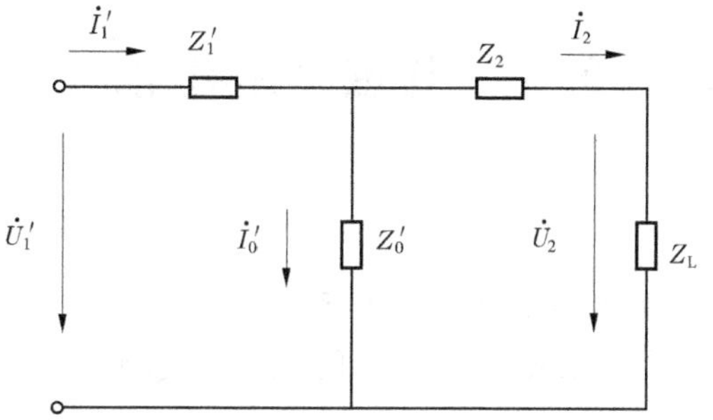

图 5-6　测量变换器等值电路图

表 5-1　三种测量变换器比较表

变换器种类	电压变换器(UV)	电流变换器(UA)	电抗变压器(UR)
电量变换 关系	$\dot{U}_2 = K_{uv}\dot{U}_1$ K_{uv}是实数	$\dot{U}_2 = K_{ua}\dot{I}_1$ K_{ua}是实数	$\dot{U}_2 = \dot{K}_{ur}\dot{I}_1$ K_{ur}是量纲为阻抗的复数
一次绕组连接	电压互感器二次绕组	电流互感器二次绕组	电流互感器二次绕组
铁芯特点	无气隙,$Z_0'\to\infty$	无气隙,$Z_0'\to\infty$	有气隙,Z_0' 较小
一、二次绕组漏抗	较小,可以忽略	较小,可以忽略	较大
绕组情况	匝数多,线径细	匝数多,线径粗	一次绕组匝数少、线径粗; 二次绕组匝数多、线径细
简化等值电路	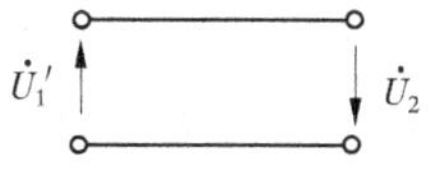	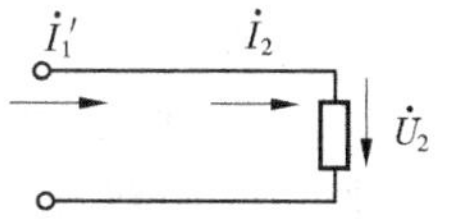	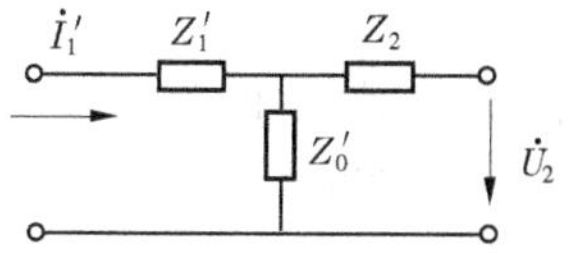

电抗变换器和电流变换器都是将电流进行变换,它们的一次绕组都接在电流互感器二次侧,但是它们之间有很大的区别。电流变换器的铁芯没有气隙,其励磁电抗很大,磁路易饱和,其二次绕组所接的负载阻抗很小;而电抗变换器的铁芯带有气隙,因此其励磁阻抗很小,磁路不易饱和,线性变换范围较宽,并且二次绕组负载阻抗很大,接近开路状态,负载阻抗上的电压可看做电抗变换器二次绕组的开路电压,即

$$\dot{U}_2 = Z_0'\dot{I}_1' = \dot{K}_{ur}\dot{I}_1 \tag{5-3}$$

式中,$\dot{K}_{ur}$为电抗变换器的变换系数,其值是具有阻抗量纲的复数。

若要电抗变换器具有移相作用,可在其另外一个二次绕组 W_3 中接入可变的移相电阻 R_φ,改变 R_φ 的大小,可改变 $\dot{K}_{ur}$的相角。

三种测量变换器共性:无论输入是电流还是电压,输出都为电压。

5.3 电磁型继电器

5.3.1 结构原理

电磁型继电器主要有螺管线圈式、吸引衔铁式、转动舌片式三种结构形式，如图 5-7 所示。任何结构形式的继电器都由电磁铁、可动衔铁、线圈、触点、反作用弹簧和止挡所组成。

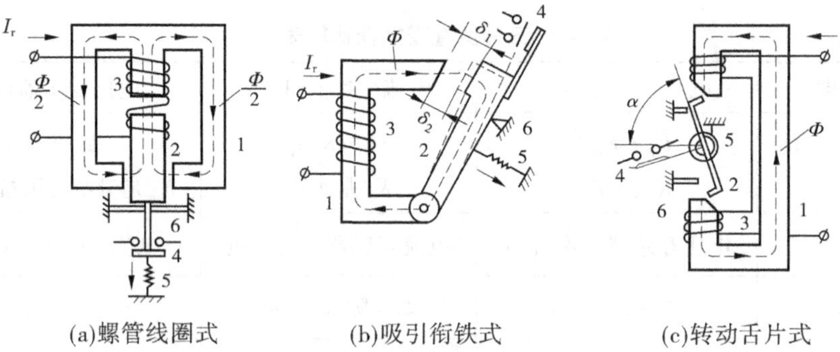

1—电磁铁；2—可动衔铁；3—线圈；4—触点；5—反作用弹簧；6—止挡

图 5-7 电磁型继电器结构原理

当继电器线圈 3 通入电流 I_r 时，在电磁铁中产生磁通 Φ，铁芯、空气隙和可动衔铁形成闭合磁路。在磁场的作用下，衔铁被磁化，产生电磁力 F_e 和电磁力矩 M_e。当通过的电流 I_r 足够大时，电磁力矩足以克服弹簧的反作用力矩 M_s，衔铁被吸向电磁铁，继电器的动合触点闭合，即称为继电器动作。当继电器线圈中的电流 I_r 中断或减小到一定数值时，由于弹簧的反作用力矩，继电器的可动部分返回到起始状态，继电器的动合触点又重新断开，即继电器返回。这就是电磁型继电器的基本工作原理。

电磁力矩与电流的平方成正比，与通入线圈中电流的方向无关，为一恒定旋转方向的力矩。所以，采用电磁原理构成的继电器，可以制作成直流的，也可以制作成交流的。交流继电器主要为测量继电器，如电流、电压等继电器；直流继电器则用于获得延时或出口、信号，如时间继电器、中间继电器和信号继电器。

5.3.2 电磁型电流继电器

电流继电器多采用转动舌片式结构，在电流保护中作测量和启动元件，是反映电流超过某一整定值而动作的继电器。图 5-8 所示为 DL－10 型电流继电器结构。

5.3.2.1 电流继电器动作电流与返回电流

作用于舌片上的有三种力矩：输入电流产生的电磁力矩 M_e、弹簧力矩 M_s、摩擦力矩 M_f。输入电流很小时，电磁力矩无法克服弹簧力矩，继电器处于未动作状态，触点断开。当电流增大、电磁力矩满足式(5-4)时，衔铁转动，继电器动作，触点闭合。

$$M_e \geq M_s + M_f \tag{5-4}$$

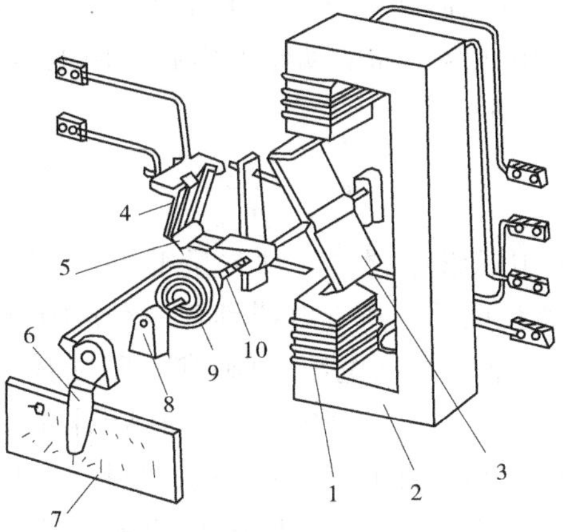

1—线圈;2—电磁铁;3—Z 形舌片;4—静触点;5—动触点;
6—整定值调整把手;7—刻度盘;8—轴承;9—反作用弹簧;10—转轴

图 5-8　DL－10 型电流继电器结构

继电器动作后,将电流减小到电磁力矩不足以抵抗弹簧力矩时,继电器返回到初始状态,触点断开,继电器的返回条件为

$$M_e \leqslant M_s - M_f \tag{5-5}$$

能使继电器动作的最小电流(触点由断开变成闭合),称为继电器的动作电流,用 I_{op} 表示。而能使继电器返回到原来位置的最大电流值,称为返回电流,用 I_{re} 表示。

返回电流与动作电流的比值称为返回系数,用 K_{re} 表示。

$$K_{re} = \frac{I_{re}}{I_{op}} \tag{5-6}$$

电流继电器返回系数小于 1,一般为 0.85 ~0.9。

5.3.2.2　**电流继电器动作电流调整**

电流继电器动作电流调整有两种方式:

(1)改变继电器线圈的连接方式,继电器有两个电流线圈,并联使用时动作电流为串联情况的 2 倍。

(2)使用调整把手调整弹簧拉力,调紧弹簧,动作电流增大;反之,若弹簧调松,动作电流减小。

5.3.3　电磁型电压继电器

电磁型电压继电器的基本结构与 DL－10 型电流继电器相同。当在线圈上加电压 U_r 时,电流 $I_r = \frac{U_r}{Z}$(Z 是线圈阻抗),继电器的电磁力矩为

$$M_e = K_1 I_r^2 = K_1 \left(\frac{U_r}{Z}\right)^2 = K_2 U_r^2 \tag{5-7}$$

即在线圈阻抗不变的情况下 M_e 与 U_r^2 成正比。当 U_r 足够大,达到电压继电器启动所需的最小动作电压,继电器动作。

电压继电器分为过电压继电器和低电压继电器两种。

(1)过电压继电器。过电压继电器的动作电压和返回电压的概念与过电流继电器相似。它的返回系数 K_{re} 可表示为

$$K_{re}=\frac{U_{re}}{U_{op}} \tag{5-8}$$

(2)低电压继电器。低电压继电器是一种欠量继电器,它与过电流继电器及过电压继电器在许多方面不同。典型的低电压继电器具有一对常闭触点,正常情况下,继电器加的是电网的工作电压(电压互感器二次电压),触点断开。能使低电压继电器的Z形舌片释放,使其常闭触点从断开到闭合的最高电压,称为继电器的动作电压,用 U_{op} 表示。在继电器动作后,如增大加在继电器线圈上的电压 U_r,当外加电压增大到一定值后,继电器就要返回,能使继电器返回到Z形舌片又被吸引,触点断开的最低电压,称为继电器的返回电压,用 U_{re} 表示。其返回系数的表达式与式(5-8)相同,显然此时低电压继电器的返回系数大于1,一般不大于1.2。

5.3.4 电磁型辅助继电器

在机电式继电保护中,为了完成逻辑功能的辅助继电器有时间继电器、中间继电器和信号继电器。

5.3.4.1 电磁型时间继电器

时间继电器在继电保护装置中作为时限元件,用来建立保护装置所必要的动作延时。时间继电器的文字符号为KT。

电力系统中常用的有DS－110、DS－120系列电磁式时间继电器,DS－110系列用于直流,DS－120系列用于交流。DS－110系列时间继电器的基本结构如图5-9所示,主要由电磁部分、时钟部分和触点组成,电磁部分主要起锁住和释放时钟机构的作用,时钟部分起准确的延时作用。

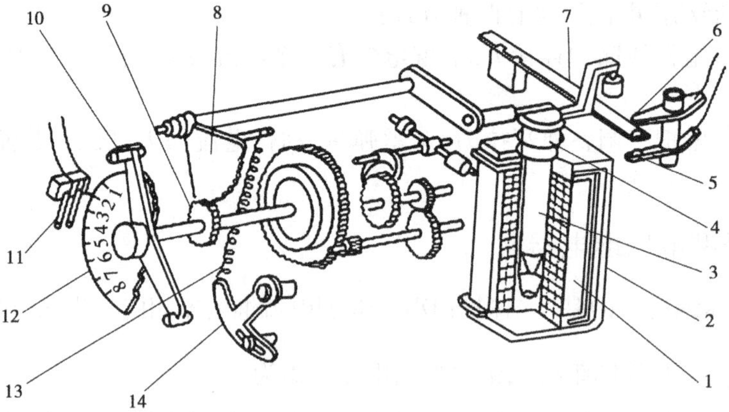

1—线圈;2—电磁铁;3—可动衔铁;4—返回弹簧;5、6—瞬时静触点;
7—瞬时动触点;8—扇形齿轮;9—传动齿轮;10—主动触点;11—主静触点;
12—标度盘;13—拉引弹簧;14—弹簧调节器

图5-9 DS－110系列时间继电器的结构

当继电器的线圈 1 通电时,可动衔铁在磁场作用下被快速吸下,时钟机构释放,时钟部分开始计时,动触点随时钟机构而旋转,延时的时间决定于动触点旋转至静触点接通所转过的角度,这一延时从刻度盘上可粗略地估计。当线圈失压时,时钟机构在返回弹簧的作用下返回。有的继电器还有滑动延时触点,即当动触点在静触点上滑过时才闭合的触点。

时间继电器动作时间的调整,是改变主静触点的位置来实现的,即改变主动触点的行程。

5.3.4.2 电磁型中间继电器

DZ－10 系列中间继电器结构如图 5-10 所示,中间继电器是保护装置中不可缺少的辅助继电器,具有如下特点:触点容量大,可直接作用于断路器跳闸;触点数目多,可同时接通或断开几个不同的回路;可实现时间继电器难以实现的延时。中间继电器用途很广,种类也多,通常采用吸引衔铁式结构。常用的 DZ－10 系列中间继电器采用吸引衔铁结构,其工作原理与电流继电器基本相同。

5.3.4.3 电磁型信号继电器

信号继电器用作继电保护装置动作的信号指示。为了引起运行值班人员的注意,信号继电器的常开触点需要接通灯光信号回路或音响信号回路。为了确保运行值班人员看到灯光信号,同时也便于分析故障的原因,要求信号指示不能随故障切除后电气量的消失而消失,信号继电器的常开触点必须设计为手动复归式。信号继电器的文字符号为 KS。

DX－11 型信号继电器按其接入电路的方式可分为电流型和电压型两种:电流型(串联型)信号继电器的线圈为电流线圈,其阻抗小,串联在二次回路内不影响其他二次元件的动作;电压型信号继电器的线圈为电压线圈,其阻抗大,必须并联使用,其结构如图 5-11 所示。当线圈加入的电流大于继电器动作值时,衔铁被吸起,信号牌失去支持,靠自身重量

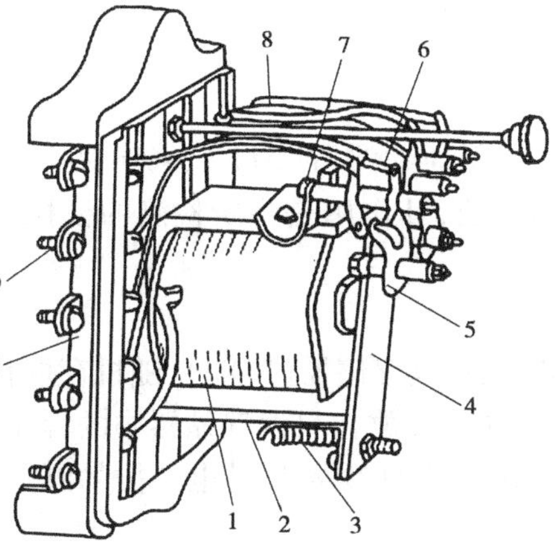

1—线圈;2—电磁铁;3—弹簧;4—衔铁;5—动触点;
6、7—静触点;8—连线;9—接线端子;10—底座

图 5-10　DZ－10 系列中间继电器的结构

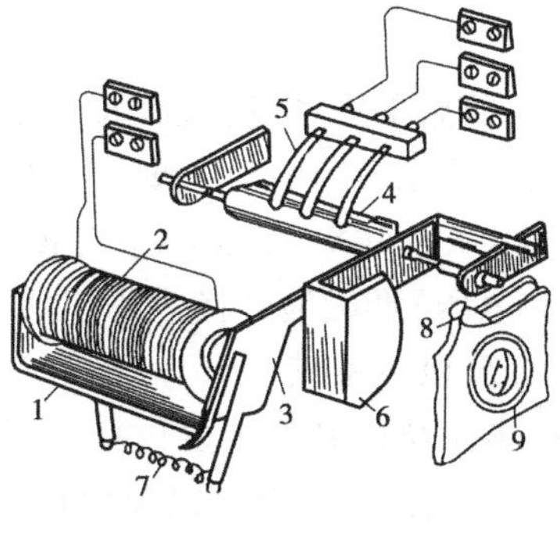

1—铁芯;2—线圈;3—衔铁;4—动触点;5—静触点;
6—信号掉牌;7—弹簧;8—复归把手;9—观察孔

图 5-11　DX－11 型信号继电器的结构原理

落下，且保持于垂直位置，通过窗口可以看到掉牌。与此同时，常开触点闭合，接通光信号和声信号回路。

5.4 微机保护的硬件构成原理

5.4.1 微机保护的硬件组成

微机继电保护的主要部分是微机，除微机本体外，还需要配置由电力系统向计算机输入有关信息的输入接口和计算机向电力系统输出控制信息的输出接口。此外，计算机还要输入有关计算和操作程序，输出记录的信息，便于运行人员分析事故。

微机保护硬件结构示意框图如图 5-12 所示，微机保护的硬件一般包括以下三大部分。

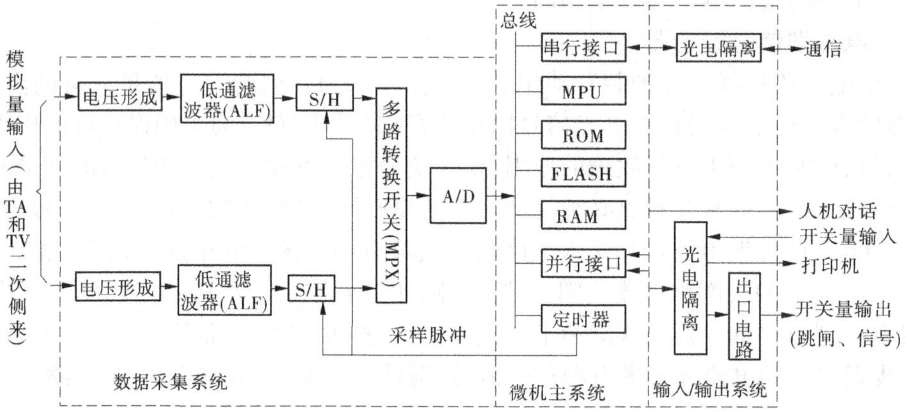

图 5-12 微机保护硬件结构示意框图

5.4.1.1 数据采集系统(或模拟量输入系统)

数据采集系统（DAS）主要包括电压形成、模拟低通滤波器（ALF）、采样保持（S/H）、多路转换开关（MPX）以及模数转换（A/D）等功能块，其作用是将所检测的模拟输入量（如电流、电压）准确地转换为微机所识别的数字量。

5.4.1.2 微机主系统

微机主系统（CPU）主要包括：微处理器（MPU）、只读存储器（ROM）、随机存取存储器（RAM）、定时器、并行接口以及串行接口等。微机执行存放在只读存储器中的程序，并对数据采集系统输入至 RAM 区的原始数据进行分析处理，实现各种继电保护的测量、逻辑及控制的功能。

5.4.1.3 开关量(或数字量)输入/输出系统

开关量输入/输出系统由微机若干个并行接口适配器、光电隔离器件及有触点的中间继电器等组成，主要实现各种保护的出口跳闸、信号报警、外部触点输入及人机对话、通信等功能。

5.4.2 数据采集系统

5.4.2.1 电压形成回路

微机保护模拟量的设置应以满足保护功能为基本准则，输入的模拟量与计算方法结合后，应能够反映被保护对象的所有故障特征。以高压输电线路保护为例，由于高压线路保护一般具备了全线速动保护（如高频保护或光纤电流纵联差动保护）、距离保护、零序保护和重合闸等功能，所以模拟量一般设置为 I_a、I_b、I_c、$3I_0$、U_a、U_b、U_c、U_X 共 8 个模拟量，其中 I_a、I_b、I_c、$3I_0$、U_a、U_b、U_c 用于构成保护的功能，U_X 为断路器的另一侧电压，用于实现重合闸功能。

微机保护要从被保护的电力线路或电气设备的电流互感器、电压互感器或其他变换设备上取得信息，但这些互感器的二次数值输出范围不适用于微机保护电路，需要降低和转换。在微机保护中，通常根据模数转换器输入范围的要求，将输入信号变换为 ±5 V 或 ±10 V 范围内的电压信号。因此，一般采用中间变换器来实现以上的变换。交流电压信号的变换一般采用电压变换器；一般采用电流变换器将交流电流信号变换为电压信号，也有采用电抗变换器的。

5.4.2.2 采样保持电路和模拟低通滤波器

1. 采样基本原理

采样保持（S/H）电路的作用是在一个极短的时间内测量模拟输入量在该时刻的瞬时值，并在模数转换器进行转换的期间内保持其输出不变。利用采样保持电路后，可以方便地对多个模拟量实现同时采样。S/H 电路的工作原理可用图 5-13（a）来说明，它由一个电子模拟开关 AS、保持电容器 C_h 以及两个阻抗变换器组成。模拟开关 AS 受逻辑输入端的电平控制，该逻辑输入就是采样脉冲信号。

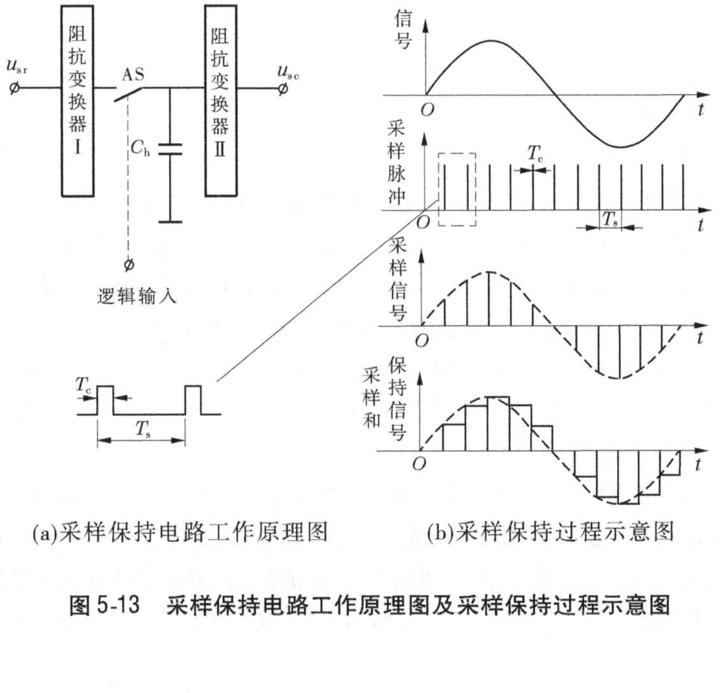

(a)采样保持电路工作原理图　　(b)采样保持过程示意图

图 5-13　采样保持电路工作原理图及采样保持过程示意图

在输入为高电平时 AS 闭合,此时电路处于采样状态。电容 C_h 迅速充电或放电到 u_{sr} 在采样时刻的电压值。电子模拟开关 AS 每隔 T_s(s)闭合一次,将输入信号接通,实现一次采样。如果开关每次闭合的时间为 T_c(s),则输出将是一串重复的周期为 T_s 宽度为 T_c 的脉冲,而脉冲的幅度则重复着 T_c 时间内的信号幅度。AS 闭合时间应满足使 C_h 有足够的充电或放电时间,即采样时间,显然希望采样时间越短越好。而应用阻抗变换器Ⅰ的目的是它在输入端呈现高阻抗,对输入回路的影响很小;而输出阻抗很低,使充放电回路的时间常数很小,保证 C_h 上的电压能迅速跟踪到在采样时刻的瞬时值 u_{sr}。

电子模拟开关 AS 打开时,电容器 C_h 上保持住 AS 闭合时刻的电压,电路处于保持状态。为了提高保持能力,电路中应用了另一个阻抗变换器Ⅱ,它在 C_h 侧呈现高阻抗,使 C_h 对应的充放电回路的时间常数很大,而输出阻抗(u_{sc}侧)很低,以增强带负载能力。阻抗变换器Ⅰ和Ⅱ可由运算放大器构成。

采样保持的过程如图 5-13(b)所示。T_c 称为采样脉冲宽度,T_s 称为采样间隔(或称采样周期)。等间隔的采样脉冲由微机控制内部的定时器产生,如图 5-13(b)中的“采样脉冲”,用于对“信号”进行定时采样,从而得到反映输入信号在采样时刻的信息,即图 5-13(b)中的“采样信号”;随后,在一定时间内保持采样信号处于不变的状态,如图 5-13(b)中的“采样和保持信号”。因此,在保持阶段,在任何时刻进行模数转换,其转换的结果都反映了采样时刻的信息。

2. 对采样保持电路的要求

高质量的采样保持电路应满足以下几点:

(1)电容 C_h 上的电压按一定的精度跟踪 u_{sr} 所需的最小采样宽度 T_c(或称为截获时间),对快速变化的信号采样时,要求 T_c 尽量短,以便可用很窄的采样脉冲,这样才能更准确地反映某一时刻的 u_{sr} 值。

(2)保持时间更长。通常用下降率 $\dfrac{\Delta u}{T_s - T_c}$ 来表示保持能力。

(3)模拟开关的动作延时、闭合电阻和开断时的漏电流要小。

3. 采样频率的选择

采样间隔 T_s 的倒数称为采样频率 f_s。采样频率的选择是微机保护硬件设计中的一个关键问题,为此要综合考虑很多因素,并要从中作出权衡。采样频率越高,要求 CPU 的运行速度越高。因为微机保护是一个实时系统,数据采集系统以采样频率不断地向微机输入数据,微机必须要来得及在两个相邻采样间隔时间 T_s 内处理完对每一组采样值所必须做的各种操作和运算,否则 CPU 跟不上实时节拍而无法工作。相反,采样频率过低,将不能真实地反映采样信号的情况。由采样(香农)定理可以证明,如果被采样信号中所含最高频率成分的频率为 f_{max},则采样频率 f_s 必须大于 f_{max} 的 2 倍,否则将造成频率混叠。

这里仅从概念上说明采样频率过低造成频率混叠的原因。如果被采样信号 $x(t)$ 中含有的最高频率为 f_{max},将 $x(t)$ 中这一成分 $x_{f_{max}}(t)$ 单独画在图 5-14(a)中。从图 5-14(b)可以看出,当 $f_s = f_{max}$ 时,采样所看到的为一直流成分;从图 5-14(c)可以看出,当 f_s 略小于 f_{max} 时,采样所得到的是一个差拍低频信号。也就是说,一个高于 $f_s/2$ 的频率成分在采样后将被错误地认为是一个低频信号，或称高频信号混叠到了低频段。显然，在满足采样定理$f_s > 2f_{max}$后，将不会出现这种混叠现象。

4. 模拟低通滤波器的作用

对微机保护来说，在故障初瞬时，电压、电流中含有相当高的频率分量(如2 kHz以上)，为防止混叠，f_s将不得不用得很高，从而对硬件速度提出过高的要求。但实际上，目前大多数的微机保护原理都是反映工频量的，在这种情况下，可以在采样前用一个模拟低通滤波器(ALF)将高频分量滤掉，这样就可以降低f_s，从而降低对硬件提出的要求。由于数字滤波器有许多优点，所以通常并不要求图5-15中的模拟低通滤波器滤掉所有的高频分量，而仅用它滤掉$f_s/2$以上的分量，以消除频率混叠，防止高频分量混叠到工频附近。低于$f_s/2$的其他暂态频率分量可以通过数字滤波器来滤除。实际上，电流互感器、电压互感器对高频分量已有相当大的抑制作用，因此不必对抗混叠的模拟低通滤波器的频率特性提出很严格的要求，例如不一定要求很陡的过渡带，也不一定要求阻滞有理想的衰耗特性，否则高阶的模拟滤波器将带来较长的过渡过程，影响保护的快速动作。最简单的模拟低通滤波器如图5-15所示。

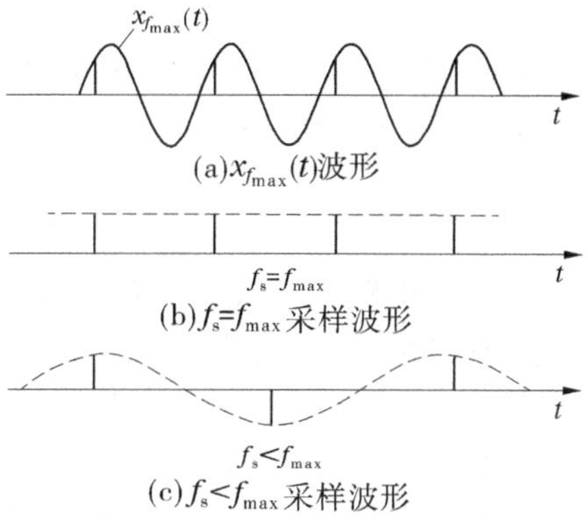

图5-14　频率混叠示意图

采用低通滤波器消除频率混叠问题后，采样频率的选择在很大程度上取决于保护的原理和算法的要求，同时还要考虑硬件的速度问题。目前，绝大多数微机保护的采样周期为$\frac{5}{6}$ ms或$\frac{5}{3}$ ms，即采样频率为1 200 Hz或600 Hz。

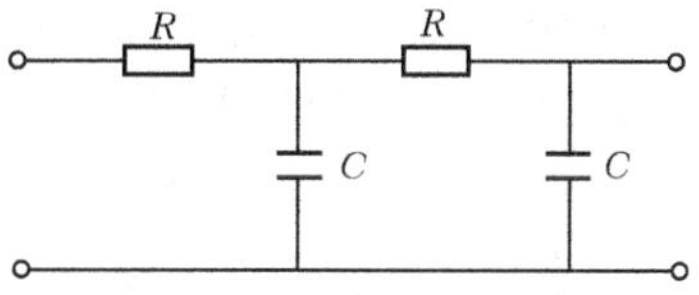

图5-15　RC低通滤波器

5.4.2.3　多路转换开关

多路转换开关是将多个采样保持后的信号逐一与A/D芯片接通的控制电路。它一般有多个输入端、一个输出端和几个控制信号端。在实际的数据采集系统中，被模数转换的模拟量可能是几路或十几路，可利用多路转换开关(MPX)轮流切换各被测量与A/D转换电路的通路，达到分时转换的目的。在微机保护中，各个通道的模拟电压是在同一瞬间采样并保持记忆的，在保持期间各路被采样的模拟电压依次取出并进行模数转换，但微机所得到的仍可认为是同一时刻的信息(忽略保持期间的极小衰减)，这样按保护算法由微机计算得出正确结果。

5.4.2.4　模数转换器

1. 模数转换器(A/D转换器，或简称ADC)的基本原理

在微机保护中，计算机只能对数字量和逻辑量进行处理，而电力系统中的电流、电压信号均为模拟量，因此必须采用模数转换器将连续的模拟量变为离散的数字量。

模数转换器可以认为是一个编码电路。它可以实现输入的模拟量U_{sr}相对于模拟参考量U_R经一个编码电路转换成数字量D输出。用二进制数表示为

$$D = B_1 \times 2^{-1} + B_2 \times 2^{-2} + \cdots + B_n \times 2^{-n} \tag{5-9}$$

式中，$B_1 \sim B_n$ 为二进制码的 0 或 1，B_1 为二进制码的最高位，B_n 为二进制码的最低位。D 是一个小于 1 的数，$D = U_{sr}/U_R$。因而，模拟信号可表示为 $U_{sr} = U_R D$。

式(5-9)又可写为

$$U_{sr} \approx U_R(B_1 \times 2^{-1} + B_2 \times 2^{-2} + \cdots + B_n \times 2^{-n}) \tag{5-10}$$

由于编码电路的位数总是有限的，如式(5-10)中有 n 位，而实际的模拟量公式 U_{sr}/U_R 却可能为任意值，因而对连续的模拟量用有限长位数的二进制数表示时，不可避免地要舍去比最低位(LSB)更小的数，从而引入一定的误差。因此，模数转换编码的位数越多，即数值分得越细，所引入的量化误差就越小，或称分辨率就越高。

模数转换器有 V/F 式、计数器式、双积分式、逐次逼近方式等多种工作方式，下面以逐次逼近方式为例，介绍 A/D 转换器的工作原理。

2. 逐次逼近法 A/D 转换的基本原理

模数转换器绝大多数是应用逐次逼近的原理来实现的，逐次逼近法是指数码设定方式是从最高位到低位逐次设定每位的数码是“1”或“0”，并逐位将所设定的数码转换为基准电压与待转换的电压相比较，从而确定各位数码应该是“1”还是“0”。

逐次逼近法模数转换的基本思想是二分搜索法。想一想大家是如何猜一件东西的价格的。例如，在 0 ~ 63 元范围内，首先是猜 32 元，如果高了，就猜 16 元，反之猜 48 元，直到猜到真正的价格，最多只需 6 次。

图 5-16 所示为应用微机控制一片 16 位 D/A 转换器和一个比较器，实现模数转换的基本原理框图。模数转换器工作原理如下：并行接口的 PB0 ~ PB15 用做数字输出，由 CPU 通过该口往 16 位 D/A 转换器试探性地送数。每送一个数，CPU 通过读取并行口的 PA0 的状态(“1”或“0”)来观察试送的 16 位数相对于模拟输入量是偏大还是偏小。如果偏大，即 D/A 转换器的输出 u_{sc} 大于待转换的模拟输入电压，则比较器输出“0”，否则为“1”。如此通过软件不断地修正送往 A/D 转换器的 16 位二进制数，直到找到最相近的值即为转换结果。

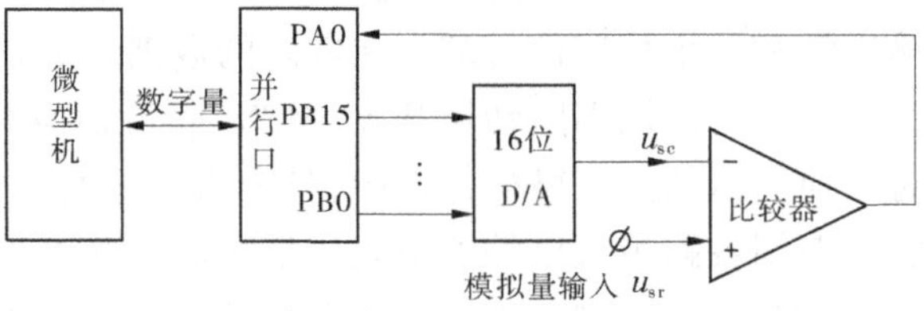

图 5-16　模数转换器基本原理框图

为加快 A/D 转换，通常采用二分搜索法。例如，对 4 位转换器来讲，转换结果的最大值为二进制 1111，第一步先试最大值的一半，即试送 1000，如果比较器输出为“1”，则送数偏小，保留最高位为 1，反之将最高位变为 0；然后将次高位置“1”，第二次试送 1100，如果比较器输出为“1”，则送数偏小，保留次高位为 1，反之将次高位变为 0。如此逐位确定，直到最低位，全部比较完毕后得到最终值 D。该方法是一种较快的逼近方法，N 位转换器

只要比较 N 次,比较的次数与输入模拟量的值无关。

3. 数模转换器(D/A 转换器,或简称 DAC)

逐次逼近式模数转换器一般要用到数模转换器。数模转换器的作用是将数字量 D 经解码电路变成模拟电压或电流输出。数字量是用代码按数位的权组合起来表示的,每一位代码都有一定的权,即代表一个具体数值。因此,为了将数字量转换成模拟量,必须先将每一位代码按其权的值转换成相应的模拟量,然后将代表各位的模拟量相加,即可得到与被转换数字量相当的模拟量,即完成了数模转换。

图 5-17 为一个 4 位数模转换器的原理图,电子开关 $K_0 \sim K_3$ 分别输入 4 位数字量$B_4 \sim B_1$。在某一位为“0”时,其对应开关合向右侧,即接地;而为“1”时,开关合向左侧,即接至运算放大器 A 的反相输入端(虚地)。流向运算放大器反相端的总电流 I_Σ 反映了 4 位输入数字量的大小,它经过带负反馈电阻 R_F 的运算放大器,变换成电压 u_{sc}输出。由于运算放大器 A 的“+”端接参考地,所以其负端为“虚地”,这样运算放大器 A 的反相输入端的电位实际上也是地电位,因此不论图 5-17 中各开关合向哪一侧,对电阻网络的电流分配是没有影响的。电阻网络有一个特点,从 $-U_R$、a、b、c 四点分别向右看,网络的等值阻抗都是 R,因而 a 点电位必定是 $1/2U_R$,b 点电位则为 $1/4U_R$,c 点电位为 $1/8U_R$。

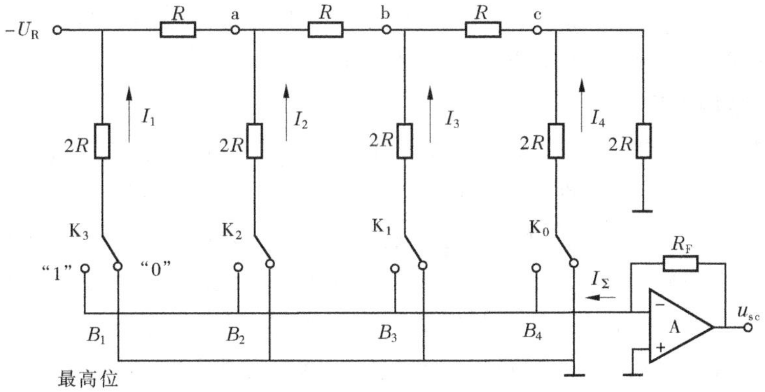

图 5-17　4 位数模转换器原理图

与此相应,图 5-17 中各电流分别为 $I_1 = U_R/2R$,$I_2 = 1/2I_1$,$I_3 = 1/4I_1$,$I_4 = 1/8I_1$。

各电流之间的相对关系正是二进制数每一位之间的权的关系,因此总电流 I_Σ 必然正比于式(5-9)所表达的数字量 D,可得

$$I_\Sigma = B_1I_1 + B_2I_2 + B_3I_3 + B_4I_4 = \frac{U_R}{R}(B_1 \times 2^{-1} + B_2 \times 2^{-2} + \cdots + B_n \times 2^{-n}) = \frac{U_R}{R}D$$

所以,输出电压为

$$u_{sc} = I_\Sigma R_F = \frac{U_R}{R}R_F D \tag{5-11}$$

可见,输出模拟电压正比于控制输入的数字量 D,比例常数为 $U_R R_F/R$。

图 5-17 所示数模转换器电路通常被集成在一块芯片上。由于采用激光技术,集成电

阻值可以做得相当精确，因而数模转换器的精度主要取决于参考电压（或称基准电压）U_R 的精度和纹波情况。

5.4.3 微机主系统

微机保护的微机主系统（CPU）包括微处理器（MPU）、只读存储器（ROM）、电擦除可编程只读存储器（E^2PROM）、随机存取存储器（RAM）、定时器等。它们的主要作用如下。

MPU：用于实现微机保护整体控制及保护的各种运算功能。

ROM：用于存储各种编写好的程序，如监控程序、继电保护功能程序等。

E^2PROM：用于存放保护定值等信息数据，保护定值的设定或修改可通过面板上的小键盘来实现。

RAM：用于采样数据及运算过程中数据的暂存。

定时器：用于计数、产生采样脉冲和实时钟等。

CPU 主系统中还配置有小键盘、液晶显示器和打印机等常用设备，用于实现人机对话。

5.4.4 开关量输入/输出电路

微机保护装置中，除有模拟量输入外，还有大量的开关量输入和输出。所谓开关量，就是触点状态（接通或断开）或是逻辑电平的高低等。

5.4.4.1 开关量输入电路

微机保护装置中一般应设置几路开关量输入电路。开关量输入（DI，简称“开入”）主要用于识别运行方式、运行条件等，以便控制程序的流程。所谓开关量输入电路，主要是将外部一些开关触点引入微机保护的电路，通常这些外部触点不能直接引入微机保护装置，而必须经过光电隔离芯片引入。开关量输入电路包括断路器和隔离开关的辅助触点或跳合闸位置继电器触点输入、外部装置闭锁重合闸触点输入、轻瓦斯和重瓦斯继电器触点输入、装置上连接片位置输入等回路。开关量输入大多数是触点状态的输入，触点可以分成以下两大类。

（1）安装在装置面板上的触点。这类触点包括在装置调试时用的或运行中定期检查装置用的键盘触点以及切换装置工作方式用的转换开关等。

这类触点与外界电路无联系，可直接接至微机的并行接口，如图 5-18 所示。只要在可初始化时规定图中可编程并行口的 PA0 为输入端，则 CPU 就可以通过软件查询，随时知道图 5-18 中外部触点 K_1 的状态。当 K_1 断开时，PA0 = 1；K_1 闭合时，PA0 = 0。其中，4.7 kΩ电阻称为上拉电阻，保证 K_1 断开时 PA0 被拉到 1 电平状态。

（2）从装置外部经过端子排引入装置的触点。例如，需要由运行人员不打开装置外盖而在运行中切换的各种压板、转换开关以及其他保护装置和操作继电器等。

这类触点由于与外电路有联系，如果也按图 5-18 接线，将给微机引入干扰，故应经光电隔离，如图 5-19 所示。图中虚线框内是一个光电耦合器件，集成在一个芯片上。当外部触点接通时，有电流通过光电器件的发光二极管回路，使光敏三极管导通。外部触点断开时,则光敏三极管截止。因此,三极管的导通与截止完全反映了外部触点的状态,如同将外部触点接到三极管的位置一样,不同点是可能带有电磁干扰的外部接线回路和微机的电路部分之间无直接电的联系,实现了电气隔离,因此可大大削弱干扰的影响。

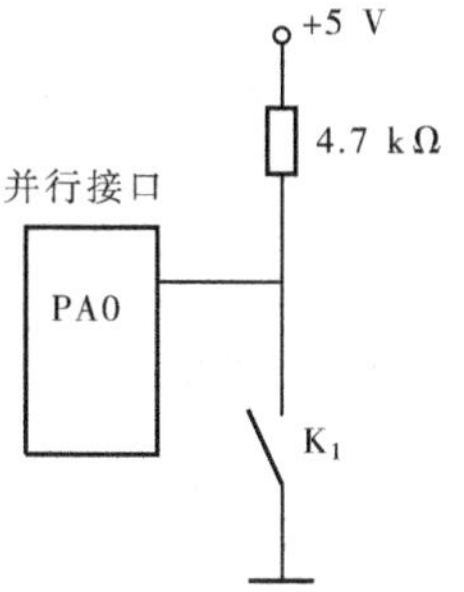

图 5-18 装置面板上的触点与微机接口连接图

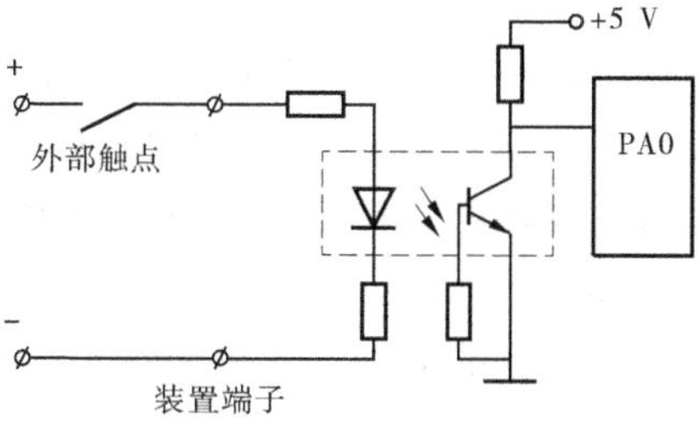

图 5-19 装置外部触点与微机的连接接线图

5.4.4.2 **开关量输出电路**

在微机保护装置中设有开关量输出(DO,简称“开出”)电路,用于驱动各种继电器。例如跳闸出口继电器、重合闸出口继电器、装置故障告警继电器等。开关量输出电路主要包括保护的跳闸出口、本地和中央信号及通信接口、打印机接口,一般都采用并行接口的输出口来控制有触点继电器的方法,但为提高抗干扰能力,最好经过一级光电隔离,如图 5-20 所示。

只要通过软件使并行口的 PB0 输出“0”,PB1 输出“1”,便可使与非门 H1 输出低电平,发光二极管导通,光敏三极管激发导通,使继电器 K 动作,其触点闭合,启动后级电路。在初始化和需要继电器 K 返回时,应使 PB0 输出“1”,PB1 输出“0”。

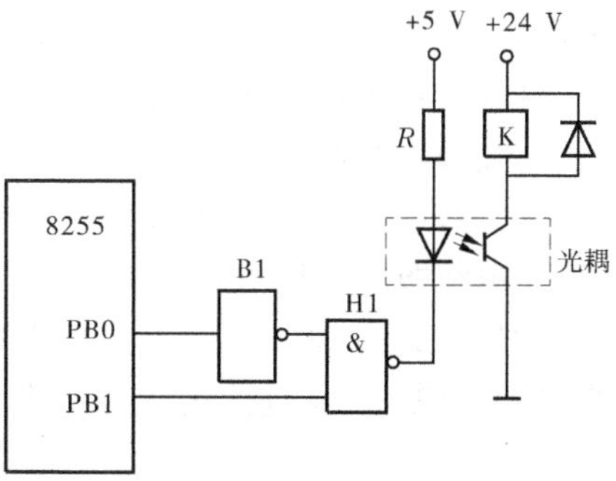

图 5-20 开关量输出电路图

设置反相器 B1 及与非门 H1,而不是将发光二极管直接同并行口相连,一方面是为了提高并行口的带负载能力;另一方面由于采用与非门后要满足两个条件才能使 K 动作,增加了抗干扰能力。

PB0 经一反相器输出,而 PB1 却不经反相器输出,这样接可防止拉合直流电源的过程中继电器 K 的短时误动。因为在拉合直流电源过程中,当 5 V 电源处于某一个临界电压值时,可能由于逻辑电路的工作紊乱而造成保护误动作。特别是保护装置的电源往往接有大量的电容器,所以拉合直流电源时,无论是 5 V 电源还是驱动继电器 K 用的电源,都可能缓慢地上升或下降,从而完全可能来得及使继电器 K 的触点短时闭合。由于采用上述接法后,两个相反条件的互相制约,可以可靠地防止误动作。

5.5 微机保护的软件组成

5.5.1 微机保护软件

微机保护装置的软件由程序组成，它涉及继电保护原理、算法、数字滤波以及计算机程序结构。典型的微机保护程序结构框图如图 5-21 所示。

微机保护的程序由主程序与中断服务程序两大部分组成，在中断服务程序中有正常运行程序模块和故障处理程序模块。

正常运行程序中进行采样值自动漂零调整及运行状态检查。运行状态检查包括交流电压断线、开关位置状态、重合闸充电等，不正常时发告警信号。告警信号分两种：一种是运行异常告警信号，这时不闭锁保护装置，提醒运行人员进行相应处理；另一种为闭锁告警信号，告警的同时将保护装置闭锁，保护退出。

故障处理程序中进行各种保护的算法计算、跳闸逻辑判断以及事件报告、故障报告及波形的整理等。

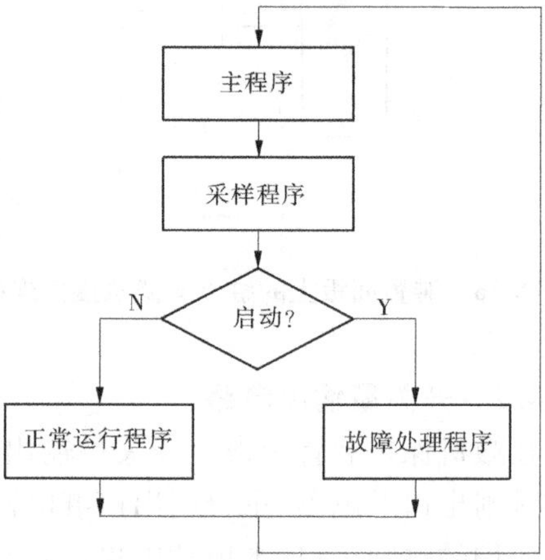

图 5-21 微机保护程序结构框图

5.5.1.1 主程序

主程序按固定的采样周期接受采样中断进入采样程序，在采样程序中进行模拟量采样与滤波、开关量的采集、装置硬件自检、交流电流断线和启动判据的计算，根据是否满足启动条件而进入正常运行程序或故障处理程序。硬件自检内容包括 RAM、E^2PROM、跳闸出口等。

5.5.1.2 中断服务程序

(1)故障处理程序。根据被保护设备的不同，保护的故障处理程序也有所不同。对于线路保护来说，一般包括电流电压保护、距离保护、零序保护、纵联差动保护等处理程序。

(2)正常运行程序。正常运行程序包括开关位置检查、交流电压电流断线判断、交流回路零点漂移调整等。

检查开关位置状态：三相无电流，同时断路器处于跳闸位置，则认为设备不再运行。线路有电流但断路器处于跳闸位置，或三相断路器位置不一致，经 10 s 延时报断路器位置异常。

交流电压断线：交流电压断线时发 TV 断线异常信号。TV 断线信号动作的同时，将 TV 断线时会误动的保护(如带方向的距离保护)退出，自动投入 TV 断线过流保护和 TV 断线零序过流保护或将带方向保护经过控制字的设置改为不经方向组件控制。三相电压正常后，经延时发 TV 断线信号复归。

交流电流断线:交流电流断线时发 TA 断线异常信号。保护判出交流电流断线的同时,在装置总启动组件中进行零序过流组件启动判别,且要退出某些会误动的保护,或将某些保护不经过方向控制。

电压、电流回路零点漂移调整:随着温度变化和环境条件的改变,电压、电流的零点可能会发生漂移,装置将自动跟踪零点的漂移。

5.5.2 微机保护算法

微机保护装置根据模数转换或是从数字滤波器的输出序列中提取的输入电气量的采样数据进行分析、运算和判断,以实现各种继电保护功能的方法称为保护算法。

保护算法的研究是微机保护研究的重要问题之一。微机保护算法的实质,就是实现某种保护功能的数学模型。在微机保护中,保护的硬件及输入的模拟量一般是相同的,不同的保护原理、特性由不同的算法实现,而每一种原理的保护,其算法也可以有多种。不论是哪一类算法,其核心问题归结为算出表征被保护设备运行特点的参数,例如电流、电压的有效值、相位,或者序分量,或某次谐波分量等。有了这些基本的计算量,就可以很容易地构成各种不同原理的继电器或保护。

衡量各种算法优缺点的主要指标可归结为计算精度、响应时间和运算量。这三者之间往往是相互矛盾的,因此应根据保护的功能、性能指标(如精度、动作时间)和保护系统硬件的条件(如 CPU 的运算速度、存储器的容量)的不同,采用不同的算法。

现有的微机保护算法种类很多,按其所反映的输入量情况或继电器动作情况分类,基本上可分成按正弦函数输入量的算法、微分方程算法、按实际波形的复杂数学模型算法、继电器动作方程直接算法等几类。

小　结

电流互感器属于仪用互感器的一种,采用减极性标号法,一、二次侧电流同相位。电流互感器的10%误差曲线用于检测保护用的电流互感器的准确性,10%误差曲线反映了一次电流倍数与二次负载允许值之间的关系。

晶体管继电器和微机保护中,必须采用变换器,将互感器的二次电气量变换后才能应用。测量变换器有电压变换器、电流变换器和电抗变换器,电流变换器与电抗变换器都是将电流互感器二次电流变换成输出的低电压,但它们适用的场合不同。电流变换器适用于只需对变换器输出电压值进行比较的场合,而电抗变换器适用于对变换器的线性范围有较高要求的场合。

继电器的动作值、返回值及返回系数是基本参数。但过量继电器与欠量继电器的动作值、返回值及返回系数的含义是不一样的。电磁型继电器主要有电流继电器、电压继电器、中间继电器、时间继电器、信号继电器等。

了解微机保护的硬件结构及各部分的组成、微机保护的软件配置及各部分的作用。

习 题

一、填空题

1. 继电保护用的电流互感器极性端标定是：一次电流从极性端流入，而二次电流从非极性端__________。

2. 保护用电流互感器除用常规条件选择外，还应进行__________校验。

3. 流过电流互感器一次电流的可能最大值与额定值之比，称为__________倍数。

4. 时间继电器当输入量消失时，应能迅速__________。

5. 采样定理是指被采样信号中的最高频率信号为 f_{max}，则采样频率 f_s 必须__________。

6. 一个高于采样频率的 $\frac{1}{2}$ 的频率成分在采样后将被错误地认为是一个低频信号，产生了__________误差。

7. 微机保护装置根据模数转换器提供的输入电气量的采样数据进行分析、运算和判断，以实现各种保护功能的方法称为__________。

8. 不论哪一种算法，其核心问题归根结底是算出可表征被__________对象运行特点的物理量。

二、判断题

1. 为减小电流互感器的负荷阻抗，可采用两个变比相同的电流互感器串联使用。（　　）

2. 微机保护应将模拟信号转换为相应的微机系统能接收的数字信号。（　　）

3. 微机保护的“中断”服务程序是指停止原程序执行。（　　）

4. 无论 CPU 速度如何，采样频率越高越好。（　　）

三、选择题

1. 电磁型过电流继电器返回系数不等于 1 的原因是（　　）。

A. 存在摩擦力矩　　B. 存在剩余力矩

C. 存在弹簧反作用力矩　　D. 存在摩擦力矩和剩余力矩

2. 对 DL－11/10 电磁型电流继电器，当继电器线圈串联时，其最大的电流整定值为（　　）A。

A. 2.5　　B. 5　　C. 7.5　　D. 10

3. 改变电磁型过电流继电器线圈连接方式，主要用于改变继电器的（　　）。

A. 返回系数　　B. 动作电流　　C. 返回电流　　D. 动作电流和返回电流

4. 保护用的电流互感器二次侧所接的负荷阻抗越大，为满足误差的要求，则允许的一次电流倍数（　　）。

A. 越大　　B. 越小　　C. 不变　　D. 等于 1

5. 对电流互感器TA进行10%误差曲线校验的目的是满足(　　)时,TA具有规定的精确性。

A. 系统发生短路故障　　B. 系统正常运行

C. 系统发生短路故障或正常运行　　D. 系统发生接地短路故障

四、问答题

1. 电流互感器的作用是什么？电流互感器的极性是怎样标注的？怎样规定电流互感器中一、二次电流的正方向？

2. 什么是电流互感器的10%误差曲线？10%误差曲线有什么作用？

3. 试说明电压变换器和电抗变换器的工作原理。两者在实际应用中有什么区别？

4. 试说明电磁型电流继电器的工作原理以及动作电流、返回电流的含义。

5. 试说明时间继电器、信号继电器以及中间继电器的作用。

6. 微机保护的硬件系统由哪几部分构成？

7. 开关量输入电路中,装置内接点输入电路与装置外接点输入电路有何不同？为什么？开关量输出电路接线有何特点？

8. 微机保护的软件是怎样构成的？各有什么作用？

第 6 章　电网相间短路的电流电压保护

教学要求

掌握无时限电流速断保护、限时电流速断保护、定时限过电流保护的工作原理，电流电压联锁保护的工作原理及整定计算方法、时限特性、灵敏度校验方法；掌握相间短路电流保护接线方式以及 Y，d11 变压器两相短路时两种保护接线方式的工作性能分析；理解三段式电流保护之间的配合关系；会进行三段式电流保护装置的整定计算、安装调试，会识读三段式电流保护展开图。

6.1　无时限电流速断保护

在保证选择性和可靠性要求的前提下，根据电网对继电保护装置速动性的要求，应装设快速动作的继电保护装置，使切除故障的时间尽可能短。反映电流增大且不带时限(瞬时)动作的保护称为无时限电流速断保护(电流 I 段保护)。

6.1.1　无时限电流速断保护的工作原理及动作电流

无时限电流速断保护是保证在任何故障情况下只切除本线路上的故障，一般情况下只能保护被保护线路的一部分，其工作原理用图 6-1 来说明。

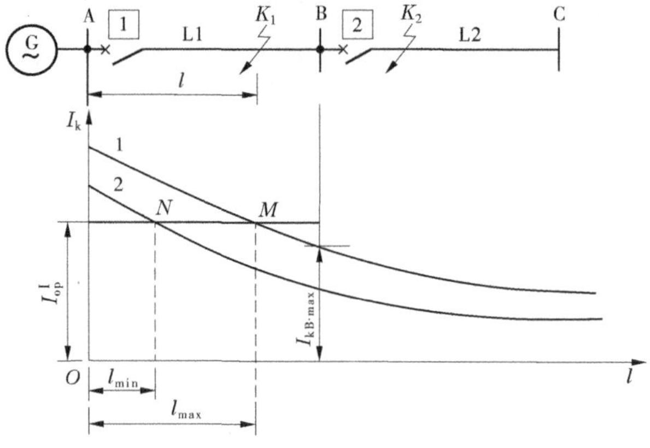

图 6-1　无时限电流速断保护特性分析

在单侧电源辐射型线路的始端装设有无时限电流速断保护。当系统电源电动势 E_s 一定，线路上任一点发生短路时，短路电流 I_k 的大小与短路点至电源之间的阻抗及短路类型有关，三相短路和两相短路时，流过保护安装处的短路电流可表示为

$$I_k^{(3)} = \frac{E_s}{X_s + X_1 l} \tag{6-1}$$

$$I_k^{(2)} = \frac{\sqrt{3}}{2}\frac{E_s}{X_s + X_1 l} \tag{6-2}$$

式中，E_s 为系统等效电源的相电动势，也可以是母线上的相电压，V；X_s 为归算到保护安装处网络电压的系统等值电抗，Ω；X_1 为线路单位长度的正序电抗，Ω/km；l 为短路点至保护安装处的距离，km。

当系统运行方式一定时，X_s 也一定，这样短路点从线路末端逐渐移向电源时，由于 l 的减小，短路电流 I_k 随之增大，因此可以作出不同点短路时通过保护装置的短路电流曲线。当系统运行方式改变及故障类型变化时，即使是同一点短路，短路电流的大小也会变化。当系统阻抗最小，流经保护安装处的电流最大时的运行方式称为最大运行方式，$X_{s.min}$记为最大运行方式的阻抗；当系统阻抗最大，流经保护安装处的电流最小时的运行方式称为最小运行方式，$X_{s.max}$记为最小运行方式的阻抗。图 6-1 中曲线 1 表示在最大运行方式下，通过保护安装处的三相短路电流随 l 变化的曲线，曲线 2 表示在最小运行方式下，通过保护安装处的两相短路电流随 l 变化的曲线。

假定在线路 L1 和线路 L2 上分别装设无时限电流速断保护 1 和保护 2。根据选择性的要求，无时限电流速断保护的动作范围不能超出被保护线路，即对保护 1 而言，在相邻线路 L2 首端 K_2 点短路时，不应动作，而应由保护 2 动作切除故障。因此，无时限电流速断保护 1 的动作电流应大于线路末端发生短路流过保护安装处的最大短路电流。由于在相邻线路 L2 首端 K_2 点短路时的最大短路电流和本线路 L1 末端 B 母线上短路时的最大短路电流几乎相等，故无时限电流速断保护 1 的动作电流应按大于本线路末端短路时流过保护安装处的最大短路电流来整定，即

$$I_{op}^{\mathrm{I}} = K_{rel}^{\mathrm{I}} I_{kB \cdot max}^{(3)} \tag{6-3}$$

式中，I_{op}^{I}为保护装置 1 无时限电流速断保护的动作电流，又称一次动作电流；K_{rel}^{I}为可靠系数，是考虑到继电器的整定误差、短路电流计算误差和非周期分量的影响等引入的大于 1 的系数，一般取 1.2 ~ 1.3；$I_{kB \cdot max}^{(3)}$为被保护线路末端 B 母线上三相短路时保护安装处测量到的最大短路电流，一般取次暂态短路电流周期分量的有效值。

动作电流按式(6-3)整定后，电流速断保护不会反映本线路以外的故障，所以说无时限电流速断保护是利用动作电流的整定来获得选择性的。由于动作电流整定后是不变的，与短路点的位置无关，从图 6-1 中可以看出，保护动作电流与曲线 1 和 2 分别交于 M 和 N 两点，在交点到保护安装处的一段线路上发生短路时，短路电流 $I_k > I_{op}^{\mathrm{I}}$，保护 1 会动作。在交点以后的线路上发生短路故障时，短路电流 $I_k < I_{op}^{\mathrm{I}}$，保护 1 不会动作。因此，无时限电流速断保护不能保护本线路的全长。同时从图 6-1 可以看出，电流速断保护的保护范围与系统运行方式和短路类型有关。最大运行方式下三相短路，保护范围最大；最小运行方式下两相短路，保护范围最小。

保护范围可以用图解法求得，也可以用计算法求得。当保护的动作电流确定后，可求得最大保护范围 l_{max}和最小保护范围 l_{min}。计算法的条件是在电流速断保护范围末端短路的短路电流刚好等于电流速断保护的动作电流。GB/T 14825—2006 规定，无时限电流速断保护的最大保护范围不应小于线路全长的 50%，其最小保护范围不应小于线路全长的 15% ~20%。

6.1.2　无时限电流速断保护的单相原理接线

无时限电流速断保护的单相原理接线如图 6-2 所示，它是由电流继电器 KA、中间继电器 KM、信号继电器 KS 组成的。

正常运行时，流过线路的电流是负荷电流，其值小于其动作电流，保护不动作。当在被保护线路的速断保护范围内发生短路故障时，短路电流大于保护的动作值，KA 常开触点闭合，启动中间继电器 KM，KM 触点闭合，启动信号继电器 KS，并通过断路器的常开辅助触点，接到跳闸线圈 YT 构成通路，断路器跳闸，切除故障线路。

因电流继电器的触点容量比较小，若直接接通跳闸回路，会被损坏，而 KM 的触点容量较大，可直接接通跳闸回路。另外，考虑当线路上装有管型避雷器时，当雷击线路使避雷器放电时，避雷器放电的时间约为 0.01 s，相当于线路发生瞬时短路，避雷器放电完毕，线路即恢复正常工作。在这个过程中，无时限电流速断保护不应误动作，因此可利用带延时 0.06 ~ 0.08 s 的中间继电器来增加保护装置固有动作时间，以防止管型避雷器放电引起无时限电流速断保护的误动作。

6.1.3　无时限电流速断保护的评价

无时限电流速断保护简单可靠，动作迅速，在双侧电源的线路上也能有选择性地动作。其不足是：不能保护线路的全长，保护范围受系统运行方式与短路类型的影响，尤其对于短距离的输电线路，由于线路末端和下一条线路首端短路时，短路电流数值差别不大，致使它的保护范围可能很小，因而不能采用。在某些特殊情况下，无时限电流速断保护也可以保护线路的全长。例如电网的终端线路上采用线路 - 变压器组的接线方式时，如图 6-3所示，可以把线路 - 变压器组看成一个整体，因此电流速断保护的动作电流可以按躲过变压器低压侧线路出口短路的条件来整定，从而使无时限电流速断保护可以保护线路的全长。

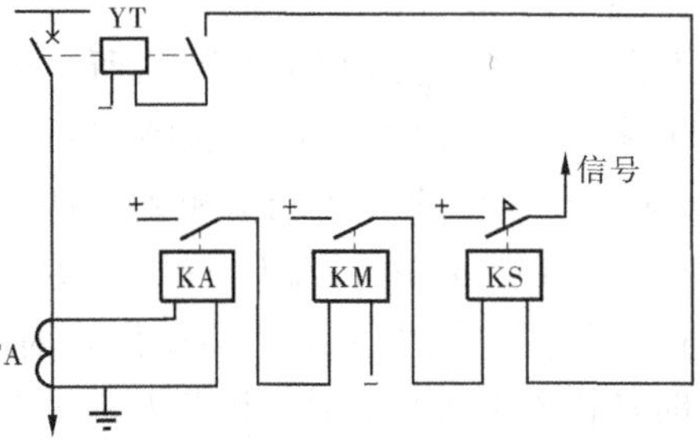

图 6-2　电流速断保护单相原理接线图

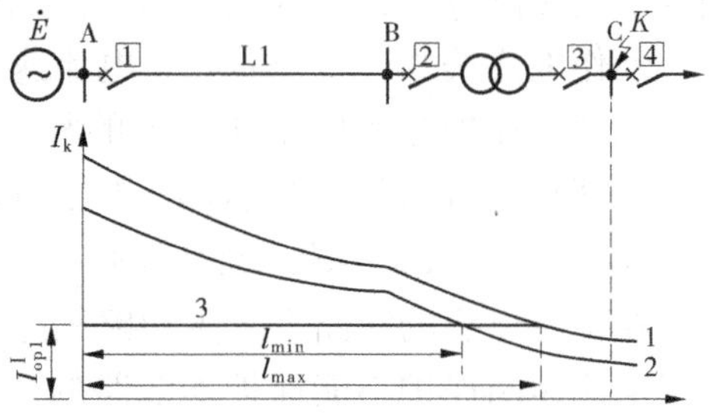

图 6-3　线路 - 变压器组电流速断保护原理图

无时限电流速断保护动作电流为

$$I_{op1}^{I} = K_{co} I_{kC \cdot max} \tag{6-4}$$

式中，K_{co}是配合系数，取 1.3；$I_{kC \cdot max}$是变压器低压母线 C 短路时流过保护安装处的最大短路电流。

6.2 限时电流速断保护

无时限电流速断保护不能保护线路全长，当被保护线路末端附近短路时，必须由其他的保护来切除。为了满足速动性的要求，保护的动作时间应尽可能短。为此，可增加一套带时限的电流速断保护，用以切除无时限电流速断保护范围以外的短路故障，并作为无时限电流速断保护的后备保护。这种带时限的电流速断保护，称为限时电流速断保护，又称为电流Ⅱ段保护。

6.2.1 限时电流速断保护的工作原理

限时电流速断保护的工作原理，可用图 6-4 说明。线路 L1 和 L2 上分别装有无时限电流速断保护，其动作电流分别为 I_{op1}^{I}、I_{op2}^{I}，保护范围如图 6-4 所示。设在线路 L1 和 L2 上还装有限时电流速断保护，以保护 1 的限时电流速断保护为例，要使其能保护 L1 的全长，即线路 L1 末端短路时应该可靠地动作，则其动作电流 I_{op1}^{II} 必须小于线路末端的最小短路电流。

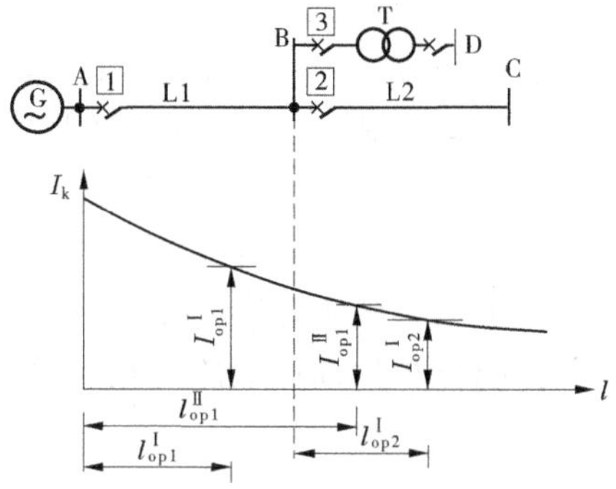

图 6-4　限时电流速断保护的工作原理

由上分析可知，若要使限时电流速断保护能够保护线路全长，其保护范围必然要延伸到相邻线路一部分。为满足选择性，必须给限时电流速断保护增加一定的时限，此时限既能保证选择性的要求又能满足速动性的要求，即尽可能短。所以，可先考虑使限时电流速断保护的保护范围不超出相邻线路无时限电流速断保护的保护范围，而动作时限则比相邻线路的无时限电流速断保护长一个时限级差，用 Δt 表示。可见，限时电流速断保护是通过动作值和动作时限来保证选择性的。

为了满足选择性，保护 1 限时电流速断保护的动作电流 I_{op1}^{II} 应大于保护 2 的无时限电流速断保护的动作电流 I_{op2}^{I}，即

$$I_{op1}^{II} > I_{op2}^{I}$$

写成等式为

$$I_{op1}^{II} = K_{rel}^{II} I_{op2}^{I} \tag{6-5}$$

式中，K_{rel}^{II} 为可靠系数，考虑到短路电流中的非周期分量已经衰减，一般取为 1.1 ~ 1.2。

同时保护 1 的限时电流速断保护也不应超出相邻变压器速断保护区，即

$$I_{op1}^{II} = K_{co} I_{kD \cdot max} \tag{6-6}$$

式中，K_{co} 是配合系数，取 1.3；$I_{kD \cdot max}$ 是变压器低压母线 D 发生短路故障时流过保护安装处的最大短路电流。

为了保证选择性，保护 1 的限时电流速断保护的动作时限 t_1^{II}，还要与保护 2 的无时限电流速断保护、保护 3 的差动保护（或无时限电流速断保护）动作时限 t_2^{I}、t_3^{I} 相配合，即

$$\left.\begin{aligned} t_1^{II} &= t_2^{I} + \Delta t \\ t_1^{II} &= t_3^{I} + \Delta t \end{aligned}\right\} \tag{6-7}$$

式中，Δt 是时限级差。

对于不同型号的断路器及保护装置，Δt 在 0.3～0.6 s 范围内。

确定了保护的动作电流后，还要校验保护的灵敏系数 K_{sen} 是否满足要求。为了达到保护线路全长的目的，限时电流速断保护必须在最不利的情况下，即系统在最小运行方式下线路末端两相短路时，具有足够的反应能力。对于图 6-4 中线路 L1 的限时电流速断保护，其灵敏系数可按式(6-8)校验

$$K_{sen} = \frac{I_{k \cdot min}}{I_{op1}^{II}} \geqslant 1.3 \sim 1.5 \tag{6-8}$$

式中，$I_{k \cdot min}$ 是系统在最小运行方式下，被保护线路末端两相短路时，保护安装处测量到的最小短路电流；I_{op1}^{II} 是限时电流速断保护的动作电流。

灵敏系数要满足式(6-8)的要求，是考虑到当线路末端短路时，可能会出现一些不利于保护启动的因素，如短路点存在过渡电阻、实际的短路电流可能小于计算值、保护装置及电流互感器具有一定的误差等。

如果灵敏系数不能满足要求，一般可用降低保护动作电流的方法来解决，即本线路限时电流速断保护的动作电流与相邻线路的限时电流速断保护相配合，即

$$\left.\begin{aligned} I_{op1}^{II} &= K_{rel}^{II} I_{op2}^{II} \\ t_1^{II} &= t_2^{II} + \Delta t \end{aligned}\right\} \tag{6-9}$$

6.2.2 限时电流速断保护的单相原理接线

限时电流速断保护的单相原理接线如图 6-5 所示。它与无时限电流速断保护相似，只是用时间继电器 KT 代替了图 6-2 中的中间继电器 KM。当保护范围内发生短路故障时，电流继电器 KA 动作后，必须经时间继电器的延时，启动信号继电器，动作于断开断路器。

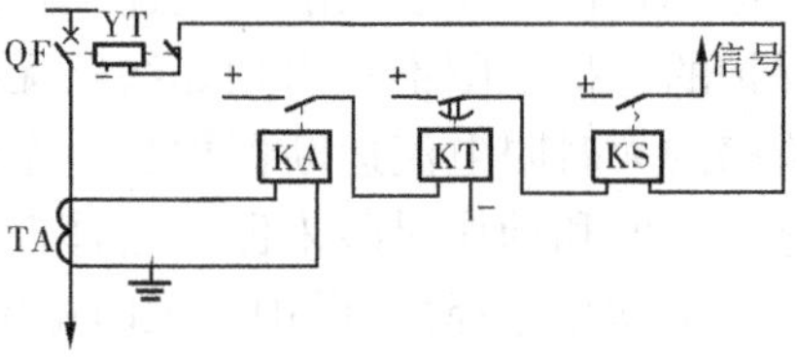

图 6-5 限时电流速断保护单相原理接线图

限时电流速断保护灵敏性较高，能保护线路的全长，并且还可作为本线路无时限电流速断保护的后备保护。这样，无时限电流速断保护和限时电流速断保护配合使用，可以使全线路范围内的短路故障都能在 0.5 s 内动作于跳闸，切除故障。所以，这两种保护可组合构成线路的主保护。

6.3 定时限过电流保护

由于限时电流速断保护的保护范围只能延伸相邻线路的一部分，因此它不能作为相邻线路的远后备保护。为解决远后备保护的问题，还需装设过电流保护（电流第Ⅲ段保护）。

定时限过电流保护是指按躲过最大负荷电流整定，并以动作时限来保证其选择性的一种保护。在输电线路正常运行时，它不应启动；发生短路且短路电流大于其动作电流时，保护启动经延时动作于断路器跳闸。过电流保护不仅能保护本线路的全长，而且也能

保护相邻线路的全长，是本线路的近后备和相邻线路的远后备保护。

6.3.1 定时限过电流保护的工作原理

现以图6-6为例说明定时限过电流保护的工作原理。图6-6所示为单侧电源辐射形电网，线路保护1、保护2、保护3均装有定时限过电流保护。当线路L3上K_1点发生短路时，短路电流I_k将流过保护1、2、3，一般I_k均大于保护1、2、3的动作电流，所以保护1、2、3均将同时启动。但按保护选择性的要求，应由靠故障点最近的保护3动作，使断路器跳闸，切除故障，而保护1、2则在故障切除后立即返回。显然要满足故障切除后，保护1、2立即返回的要求，必须依靠各保护装置具有不同的动作时限来保证。用t_1、t_2、t_3分别表示保护装置1、2、3的动作时限，则有

$$t_1 > t_2 > t_3$$

写成等式为

$$\begin{aligned} t_1 &= t_2 + \Delta t \\ t_2 &= t_3 + \Delta t \end{aligned} \tag{6-10}$$

保护动作时限如图6-6所示。由图可知，各保护装置动作时限的大小是从用户到电源逐级增加的，越靠近电源，过电流保护动作时限越长，其形状好比一个阶梯，故称为阶梯形时限特性。由于各保护装置动作时限都是分别固定的，与短路电流的大小无关，故这种保护称为定时限过电流保护。

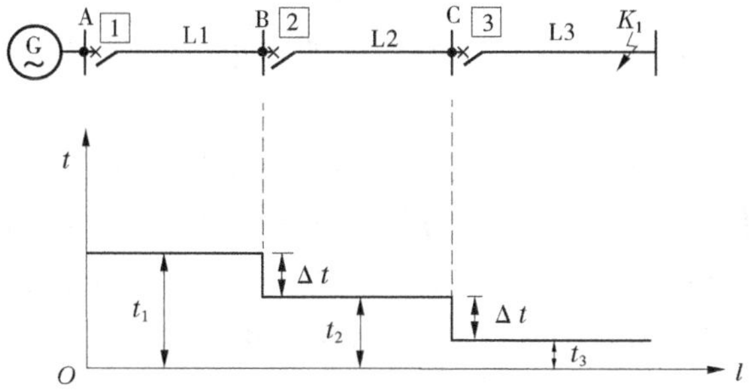

图6-6 定时限过电流保护的工作原理及时限特性

6.3.2 定时限过电流保护的整定计算

定时限过电流保护动作电流值整定的出发点是：只有在被保护线路上故障时，它才启动，而在正常运行（输送最大负荷电流和外部故障切除后电动机自启动）时，不应该动作。因此，动作电流按以下两个原则整定：

（1）电网正常运行时，过电流保护不应该动作，所以其启动电流必须大于正常运行时被保护线路上流过的最大负荷电流$I_{L\cdot max}$，即

$$I_{op}^{Ⅲ} > I_{L\cdot max}$$

式中，$I_{op}^{Ⅲ}$是定时限过电流保护的动作电流。

（2）为保证在外部故障切除后，保护能可靠地返回，保护装置的返回电流I_{re}应大于故障切除后流过保护装置的最大自启动电流$I_{s\cdot max}$，即

$$I_{re} > I_{s \cdot max} = K_{ss} I_{L \cdot max}$$

则过电流保护的动作电流为

$$I_{op}^{\text{III}} = \frac{K_{rel}^{\text{III}} K_{ss}}{K_{re}} I_{L \cdot max} \tag{6-11}$$

式中，$I_{L \cdot max}$为正常运行时被保护线路的最大负荷电流；K_{rel}^{III}为可靠系数，一般取为1.15～1.25；K_{ss}为电动机的自启动系数，其值由电网的接线和负荷的性质决定，一般取1.5～3；K_{re}为返回系数，一般取0.85～0.95。

由前面分析可知，为保证选择性，过电流保护的动作时限应比相邻下一级线路的过电流保护动作时限长一个Δt，如图6-6的时限特性所示。即

$$t_1^{\text{III}} = t_2^{\text{III}} + \Delta t \tag{6-12}$$

式中，t_1^{III}为本线路定时限过电流保护的动作时间；t_2^{III}为相邻线路的过电流保护的动作时间；Δt为时限级差，取0.5 s。

若本线路的下一级有多条线路，则本级过电流保护的动作时间应比下级保护中动作时间最长的多出一个Δt。

6.3.3 定时限过电流保护的灵敏系数校验

灵敏系数校验采用式(6-13)，即

$$K_{sen} = \frac{I_{k \cdot min}}{I_{op}^{\text{III}}} \tag{6-13}$$

式中，$I_{k \cdot min}$为系统在最小运行方式下，本线路末端两相短路时，保护安装处测量到的最小短路电流。

过电流保护既作为本线路主保护的近后备保护，也作为相邻线路的远后备保护，应分别校验其灵敏性。当作为本线路主保护的近后备保护时，应采用最小运行方式下，本线路末端两相短路的短路电流来进行校验，要求$K_{sen} \geq 1.3 \sim 1.5$；当作为相邻线路及其他电气元件的远后备保护时，应采用最小运行方式下，相邻线路及其他电气元件末端两相短路时的短路电流来进行校验，要求$K_{sen} \geq 1.2$。

6.3.4 定时限过电流保护的单相接线原理

定时限过电流保护的单相原理接线图与图6-5所示限时电流速断保护的单相原理接线图相同。

6.4 电流保护的接线方式

6.4.1 相间短路电流保护的常用接线方式

电流保护的接线方式，是指保护中电流继电器线圈与电流互感器二次绕组之间的连接方式。对于相间短路的电流保护，其常用的接线方式主要有三相三继电器完全星形接线和两相两继电器不完全星形接线两种方式。

6.4.1.1 三相三继电器完全星形接线

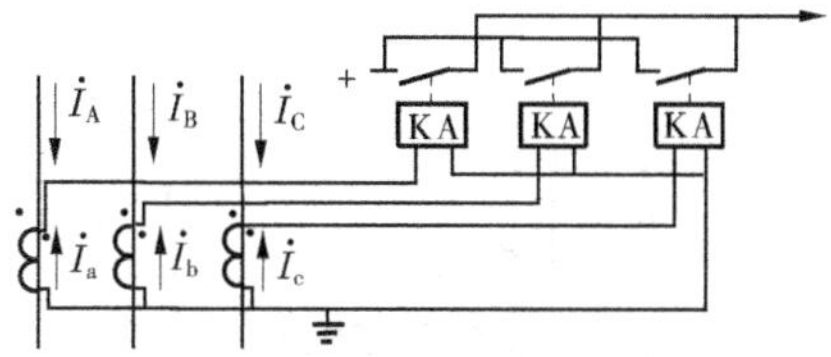

图 6-7 三相三继电器完全星形接线

三相三继电器完全星形接线如图 6-7 所示，将三个电流互感器二次侧与三个电流继电器线圈分别按相连接在一起，互感器和继电器均接成星形，三个继电器的触点并联连接。在中线上流回的电流是三相电流之和。正常时，三相平衡，在中线上流回的电流约为零，在发生接地短路时则为三倍零序电流。三个继电器的触点是并联连接的，当其中任一触点闭合后启动继电保护装置。这种接线方式除可反映各种相间短路外，还可反映单相接地短路。

在三相完全星形接线方式中，流入每个继电器线圈中的电流就是其对应相电流互感器的二次电流，即 $\dot{I}_r=\dot{I}_2$。若用接线系数 K_{con} 表示 $\dot{I}_r$ 与 $\dot{I}_2$ 的比值，则三相完全星形接线系数 $K_{con}=1$。

6.4.1.2 两相两继电器不完全星形接线

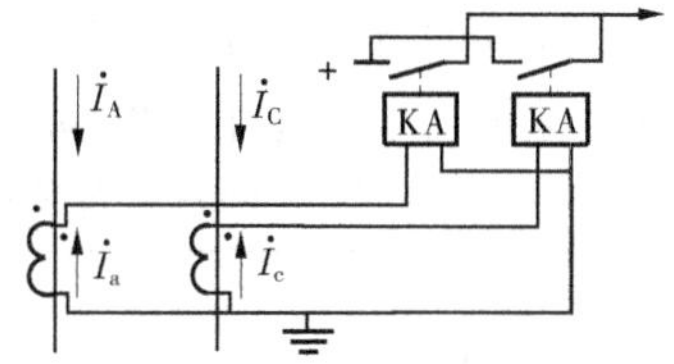

图 6-8 两相两继电器不完全星形接线

两相两继电器不完全星形接线如图 6-8 所示，将两个电流互感器二次侧与两个电流继电器分别按相连接在一起，两个继电器的触点并联连接。两相两继电器不完全星形接线与完全星形接线相比，就是某一相上不装设电流互感器和电流继电器，一般是 B 相不装设，因此它不能反映 B 相中所流过的电流。此接线方式也可反映各种相间短路，但不能反映 B 相上发生的单相接地短路。在两相不完全星形接线中，其接线系数与三相完全星形接线方式相同，即 $K_{con}=1$。

6.4.2 两种接线方式在各种故障时的性能分析比较

在中性点非直接接地电网中发生单相接地故障时，由于不构成短路，所以可继续运行一段时间。故在这种电网中，在不同线路不同相别的两点同时发生接地而形成两点接地短路时，要求只切除一个接地点，以提高供电的可靠性。

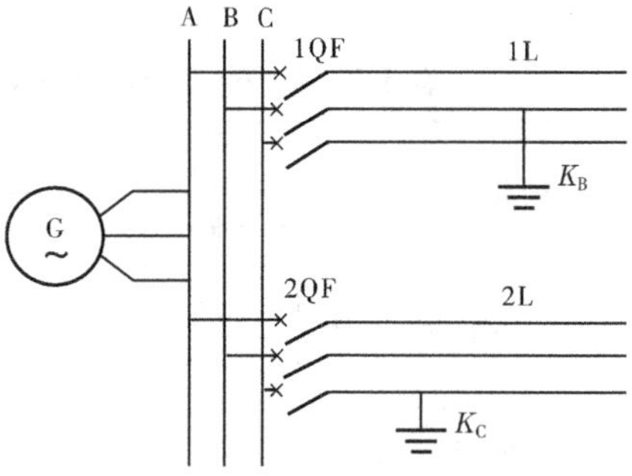

图 6-9 并联线路上的不同线路不同相两点接地

对于并联接线的电网，如图 6-9 所示，当线路 1L 的 B 相和线路 2L 的 C 相同时发生两点接地，并且两线路保护的动作时间相等，采用三相三继电器完全星形接线方式时，两条线路 1L、2L 将同时被切除，与只切除一个接地点的要求不符合，不满足供电可靠性的要求。因此，三相三继电器完全星形接线不适合中性点非直接接地电网。

如果采用两相两继电器不完全星形接线方式，各线路上的电流互感器和相应的保护装置都装在同名相 A、C 相上，如图 6-10(a) 所示，由于线路 2L 的 C 相有保护，线路 2L 被切除；而线路 1L 的 B 相无保护，则线路 1L 可继续运行。

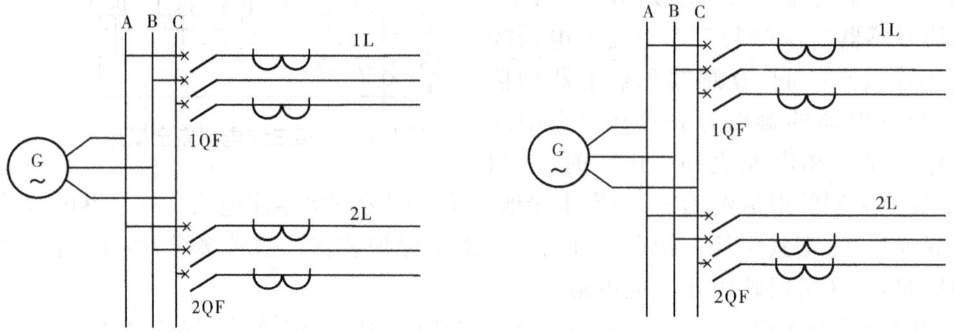

(a)电流互感器接在同名相上　　(b)电流互感器接在非同名相上

图 6-10　电流互感器接在不同相别比较示意图

对于发生在不同线路上的两点接地短路,可以有六种不同的组合,对这六种不同组合的两点接地故障,电流保护的动作情况见表 6-1。

表 6-1　保护装置装在同名相上,不同线路两点接地时保护动作情况

接地相别	1L 线路	A	A	B	B	C	C
	2L 线路	B	C	A	C	A	B
保护动作情况	1L 线路	动作	动作	不动作	不动作	动作	动作
	2L 线路	不动作	动作	动作	动作	动作	不动作
切除线路条数		1	2	1	1	2	1

采用两相两继电器不完全星形接线方式,保护装置装在同名相上,有 2/3 的机会只切除一条线路,有 1/3 的机会同时切除两条线路。

若各线路的电流互感器和相应的保护装置都装在非同名相上,如图 6-10(b)所示,线路 1L 装在 A、C 相上,线路 2L 装在 B、C 相上,对于六种不同组合的两点接地短路,电流保护动作情况见表 6-2。

表 6-2　保护装置装在非同名相上,不同线路两点接地时保护动作情况

接地相别	1L 线路	A	A	B	B	C	C
	2L 线路	B	C	A	C	A	B
保护动作情况	1L 线路	动作	动作	不动作	不动作	动作	动作
	2L 线路	动作	动作	不动作	动作	不动作	动作
切除线路条数		2	2	0	1	1	2

采用两相两继电器不完全星形接线,保护装置装在非同名相上,有 1/3 的机会切除一条线路,有 1/2 的机会同时切除两条线路,1/6 的机会保护不动作,这是不允许的。所以,对系统中同一电压母线上各线路的电流保护装置都要接在同名相上。

在串联接线的电网中，当发生两点接地短路时，按照保护动作选择性的要求，要求切除距离电源侧较远的线路，缩小停电范围。保护装置采用两相两继电器不完全星形接线且装在同名相时，如图 6-11 所示，电流保护动作情况与并联接线一样。此时，希望只切除距离电源较远的线路 2L，而不切除线路 1L。同时，由于线路 1L 的动作时间比线路 2L 的动作时间长，有 2/3 的机会切除后一条线路，有 1/3 的机会无选择性切除前一条线路，扩大停电范围。如采用三相三继电器完全星形接线，保护的动作值和动作时间按要求配合整定，能保证 100% 切除后一条线路。

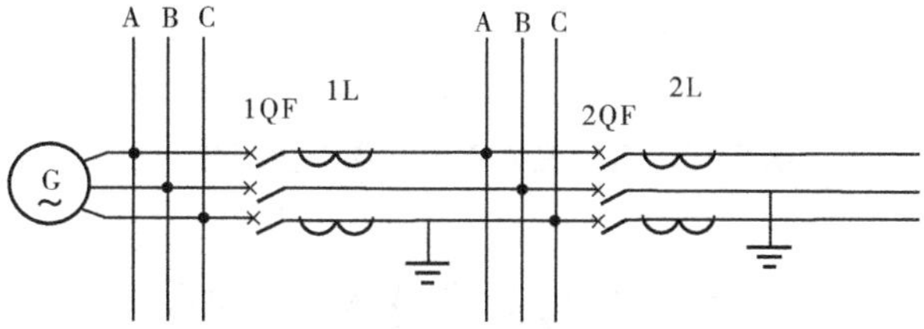

图 6-11　串联接线的两点接地短路分析示意图

6.4.3　两相三继电器接线

Y,d11 接线的变压器较广泛地应用在电力系统中，当 Y,d11 接线的变压器三角形 d 侧发生两相短路而变压器本身的保护拒动时，作为其远后备保护的线路定时限过电流保护应该动作，将故障切除。但是，如果线路定时限过电流保护采用两相不完全星形接线，对于 Y,d11 接线的变压器，其灵敏度将受到影响。图 6-12 所示为 Y,d11 接线变压器两相

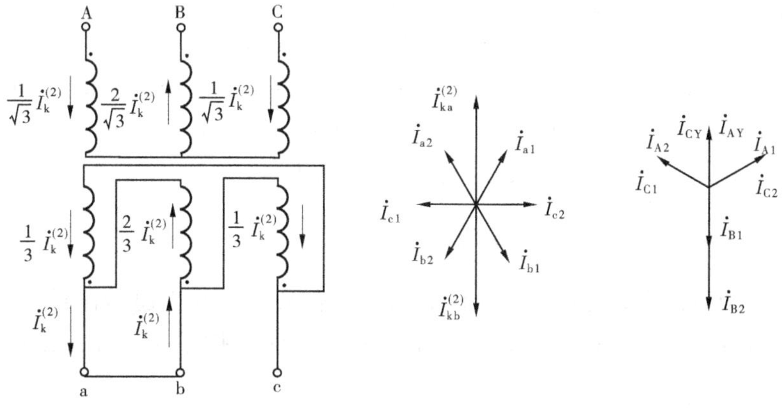

(a)电流分布图　(b)d侧电流相量图　(c)Y侧电流相量图

图 6-12　Y,d11 接线变压器两相短路时的电流分析

短路时的电流分析。为了简化问题的讨论，假设变压器的变比 $n_T=1$，当变压器 d 侧 a、b 两相发生短路故障时，根据短路相序分量边界条件，可得 $\dot{I}_{c\cdot k}=0, \dot{I}_{c1}=-\dot{I}_{c2}$。画出相量图如图 6-12(b) 所示，经过转角得 Y 侧电流相量图，如图 6-12(c) 所示。由相量图及电流分布图可知，Y 侧三相均有短路电流存在，而 B 相短路电流是其余两相的 2 倍。但 B 相没装电流互感器，不能反映该相的电流，其灵敏系数是采用三相三继电器接线保护的一半。

为克服这一缺点,可采用两相三继电器式接线,如图 6-13 所示。第三个继电器接在中性线上,流过的是 A、C 两相电流互感器二次电流的和,等于 B 相电流的二次值,从而可将保护的灵敏系数提高一倍,与采用三相三继电器接线相同。

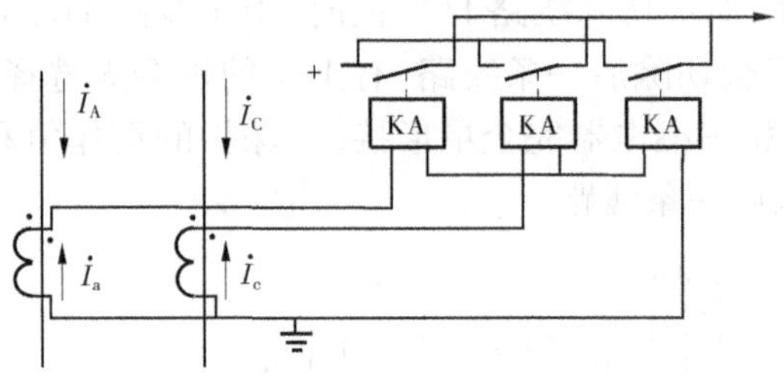

图 6-13　两相三继电器不完全星形接线

6.5　阶段式电流保护

无时限电流速断保护只能保护线路的一部分,限时电流保护虽然能保护本线路的全长和相邻下一线路的一部分,但却不能作为相邻下一线路的后备保护,因此还必须装设定时限过电流保护作为本线路和相邻下一线路的后备保护。这样就形成了由无时限电流速断保护、限时电流速断保护和定时限过电流保护相配合的一整套保护,称为阶段式电流保护。由第Ⅰ、Ⅱ段保护共同构成输电线路的主保护,第Ⅲ段保护既作为本线路第Ⅰ、Ⅱ段保护的近后备保护,也作为相邻下一线路及其他电气元件的远后备保护。阶段式电流保护能快速、可靠地切除输电线路的相间短路故障。

必须指出,输电线路上并不一定都要装设三段式电流保护。根据具体情况,有时只需装设其中两段(如Ⅰ、Ⅲ段或Ⅱ、Ⅲ段)就可以了。例如线路 - 变压器组接线,可不装设Ⅱ段;又如在很短的线路上,只需装设Ⅱ段和Ⅲ段;在电网末端线路上,只需装设Ⅲ段。越靠近电源侧,保护应该越完整,一般需装设三段式电流保护。

6.5.1　三段式电流保护的原理接线

三段式电流保护原理接线图如图 6-14 所示,图中无时限电流速断保护、限时电流速断保护采用两相两继电器不完全星形接线,定时限过电流保护采用两相三继电器不完全星形接线。

图 6-14(a)为三段式电流保护装置的原理图。第Ⅰ段无时限电流速断保护由继电器 1KA、2KA、1KS、KCO 构成。第Ⅱ段限时电流速断保护由继电器 3KA、4KA、1KT、2KS 和 KCO 构成。第Ⅲ段定时限过电流保护由继电器 5KA、6KA、7KA、2KT、3KS 和 KCO 构成。由于三段式电流保护的动作电流和动作时限整定均不相同,必须分别使用不同的电流继电器和时间继电器,而信号继电器 1KS、2KS 和 3KS 则分别用以发出Ⅰ、Ⅱ、Ⅲ段保护动作的信号。

图 6-14(b)为三段式电流保护装置的展开原理图。

三段式电流保护的时限特性如图 6-15 所示。定时限过电流保护的动作时限按阶梯

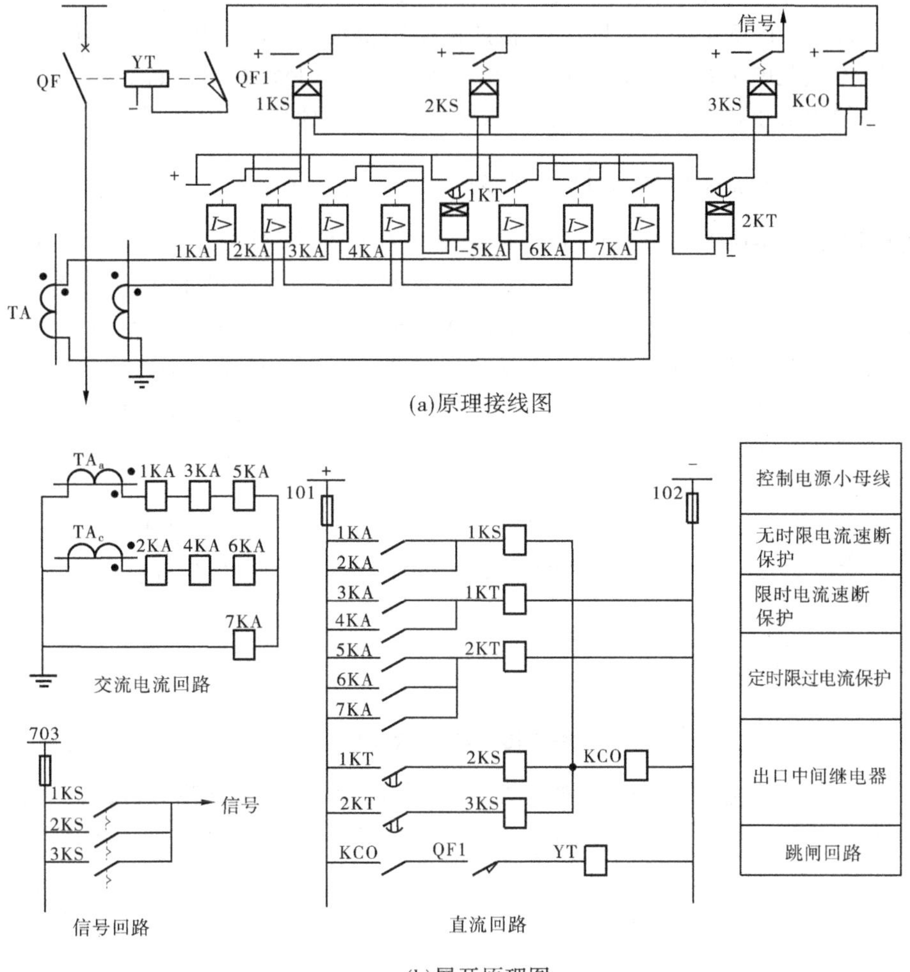

(a)原理接线图

(b)展开原理图

图 6-14　三段式电流保护装置原理图

原则确定,即离电源最远的保护首先确定,越靠近电源,其定时限过电流保护的动作时限就越长,而且系统对其保护性能的要求也越高。

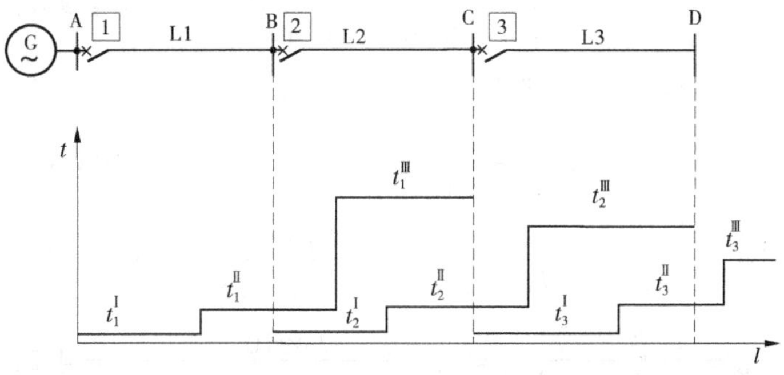

图 6-15　三段式电流保护的时限特性

阶段式电流保护的主要优点是简单、可靠,并且在一般情况下能够满足快速切除故障线路的要求,因此在35 kV及以下的中、低压网络中得到了广泛应用。其缺点是它直接受电网的接线方式及电力系统运行方式的影响,例如整定值必须按电网最大运行方式整定,而灵敏性必须用最小运行方式校验,有时就难以满足灵敏性和保护范围的要求。

6.5.2 三段式电流保护整定计算举例

【例6-1】 图6-16所示为35 kV单侧电源辐射形网络,试计算AB线路三段式电流保护的动作电流、动作时限,并校验保护的灵敏系数。已知变电站B、C变压器连接组别为Y,d11,且变压器上装设差动保护;线路AB传输的最大功率为9.5 MW,功率因数$\cos\varphi=0.9$,系统中的发电机均装设了自动励磁调节器,自启动系数为1.4。图中变压器阻抗为归算至35 kV电压级的有名值,线路单位千米长度的正序电抗为0.4 Ω/km。系统最大运行方式Ⅰ的阻抗$X_{s\cdot\min}=6.3\ \Omega$,最小运行方式Ⅱ的阻抗$X_{s\cdot\max}=9.4\ \Omega$。

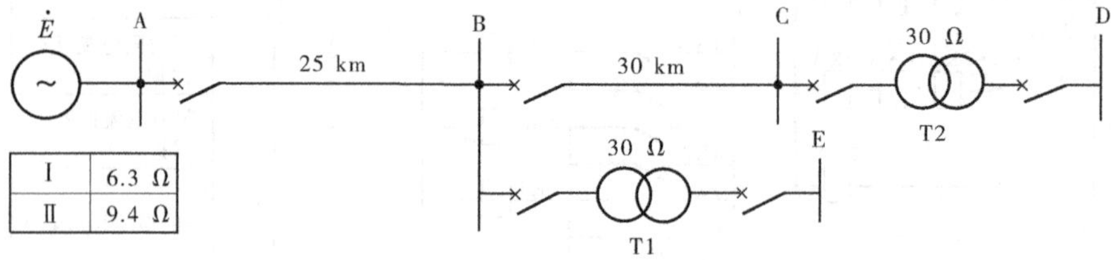

图6-16 网络示意图

分析:Ⅰ段、Ⅱ段电流保护是按照最大运行方式下的短路电流整定的,而灵敏系数是按最小运行方式的短路电流校验的,所以先进行两种运行方式下的短路电流计算。

解:1. 三相短路电流的计算。

(1)最大运行方式下的三相短路电流。

$$I_{KB}^{(3)}=\frac{E_s}{X_{s\cdot\min}+Xl_{AB}}=\frac{37\times10^3}{\sqrt{3}(6.3+0.4\times25)}=1\ 310(\text{A})$$

$$I_{KC}^{(3)}=\frac{E_s}{X_{s\cdot\min}+Xl_{AC}}=\frac{37\times10^3}{\sqrt{3}(6.3+0.4\times55)}=755(\text{A})$$

$$I_{KE}^{(3)}=\frac{E_s}{X_{s\cdot\min}+Xl_{AB}+X_{T1}}=\frac{37\times10^3}{\sqrt{3}(6.3+0.4\times25+30)}=461(\text{A})$$

(2)最小运行方式下的三相短路电流。

$$I_{KB}^{(3)}=\frac{E_s}{X_{s\cdot\max}+Xl_{AB}}=\frac{37\times10^3}{\sqrt{3}(9.4+0.4\times25)}=1\ 101(\text{A})$$

$$I_{KC}^{(3)}=\frac{E_s}{X_{s\cdot\max}+Xl_{AC}}=\frac{37\times10^3}{\sqrt{3}(9.4+0.4\times55)}=680(\text{A})$$

$$I_{KE}^{(3)}=\frac{E_s}{X_{s\cdot\max}+Xl_{AB}+X_{T1}}=\frac{37\times10^3}{\sqrt{3}(9.4+0.4\times25+30)}=432(\text{A})$$

2. 动作值整定计算及灵敏度校验。

(1) AB 线路Ⅰ段电流保护，取可靠系数 $K_{rel}^{I}=1.25$。

①动作电流整定：按照躲开线路末端短路的最大短路电流整定

$$I_{op\cdot AB}^{I}=K_{rel}^{I}I_{KB\cdot max}^{(3)}=1.25\times 1\ 310=1\ 638(A)$$

②AB 线路 I 段的灵敏度用保护范围校验：

最小保护范围 $\frac{\sqrt{3}}{2}\frac{E_s}{X_{s\cdot max}+\alpha_{min}Xl_{AB}}=I_{op\cdot AB}^{I}$，即 $\frac{\sqrt{3}}{2}\times\frac{37\times 10^3/\sqrt{3}}{9.4+0.4\times 25\alpha_{min}}=1\ 638$，解之得 $\alpha_{min}=18.94\%$，满足最小保护范围 15% ~20% 的要求。

最大保护范围 $\frac{E_s}{X_{s\cdot min}+\alpha_{max}Xl_{AB}}=I_{op\cdot AB}^{I}$，即 $\frac{37\times 10^3/\sqrt{3}}{6.3+0.4\times 25\alpha_{max}}=1\ 638$，解之得 $\alpha_{max}=67.4\%$，满足最大保护范围大于 50% 的要求。

(2) AB 线路Ⅱ电流保护，取可靠系数 $K_{rel}^{II}=1.1$。

①动作电流整定。

与相邻 BC 线路的电流速断保护配合

$$I_{op\cdot AB}^{II}=K_{rel}^{II}I_{op\cdot BC}^{I}=K_{rel}^{II}K_{rel}^{I}I_{KC\cdot max}^{(3)}=1.1\times 1.25\times 755=1\ 038(A)$$

与相邻变压器 T1 保护配合

$$I_{op\cdot AB}^{II}=K_{CO}I_{K\cdot Emax}^{(3)}=1.3\times 461=600(A)$$

为了保证选择性，首先取大值，与 BC 线路配合，即 $I_{op\cdot AB}^{II}=1\ 038$ A。

②灵敏系数校验。

$$K_{sen}=\frac{I_{k\cdot min}^{(2)}}{I_{op}^{II}}=\frac{\frac{\sqrt{3}}{2}\times 1\ 101}{1\ 038}=0.92<1.3\sim 1.5$$，不满足灵敏度要求。

则改与相邻变压器 T1 保护配合，即 $I_{op\cdot AB}^{II}=600$ A。

灵敏系数校验 $K_{sen}=\frac{I_{k\cdot min}^{(2)}}{I_{op}^{II}}=\frac{\frac{\sqrt{3}}{2}\times 1\ 101}{600}=1.59>1.3\sim 1.5$，满足要求。

③动作时间的确定 $t_{op\cdot AB}^{II}=1$ s。

(3) 线路 AB 的Ⅲ电流保护，取可靠系数 $K_{rel}^{III}=1.15$。

①动作电流整定。按照躲开线路最大的负荷电流整定：

最大负荷电流 $I_{L\cdot max}=\frac{P}{\sqrt{3}U\cos\varphi}=\frac{9.5\times 10^6}{\sqrt{3}\times 0.95\times 35\times 10^3\times 0.9}=183(A)$

其中，系数 0.95 为考虑电压下降 5% 时，输出的最大功率。

动作电流 $I_{op\cdot AB}^{III}=\frac{K_{rel}^{III}}{K_{re}}K_{ss}I_{L\cdot max}=\frac{1.15}{0.85}\times 1.4\times 183=347(A)$

②灵敏系数校验。

作为本线路后备保护，$K_{sen}=\frac{I_{k\cdot min}^{(2)}}{I_{op\cdot AB}^{III}}=\frac{\frac{\sqrt{3}}{2}\times 1\ 101}{347}=2.75>1.3\sim 1.5$，满足要求。

作为相邻线路 BC 的远后备保护，$K_{sen}=\frac{I_{k\cdot min}^{(2)}}{I_{op\cdot AB}^{III}}=\frac{\frac{\sqrt{3}}{2}\times 680}{347}=1.7>1.2$，满足要求。

作为相邻变压器 T1 的远后备保护，若保护采用两相三继电器不完全星形接线，则其灵敏系数为 $K_{sen}=\frac{I_{k\cdot min}^{(3)}}{I_{op\cdot AB}^{III}}=\frac{432}{347}=1.24>1.2$，满足要求。

③动作时间的确定。

其动作时间按阶梯原则确定，即比相邻线路中最大的定时限过电流保护动作时间大一个时间级差 Δt。

6.6 电流电压联锁保护

当系统运行方式变化较大时，无时限电流速断保护可能没有保护范围，限时电流速断保护的灵敏系数难以满足要求。为了在不延长保护动作时限的前提下提高保护的灵敏性，可以采用电流电压联锁速断保护。

在线路上发生短路故障时，母线电压的变化一般比短路电流的变化大，因此按躲开线路末端短路时、保护安装处母线的残压来整定的电压速断保护在保护范围和灵敏性方面比电流速断保护性能要好。但只用电压元件来构成保护，当同一母线引出的其他线路上发生故障及电压互感器二次回路断线时也会动作，因此可以采用电流电压联锁速断保护。其测量元件由电流继电器和电压继电器组成，它们的触点构成“与”门回路输出，即只有当电流继电器和电压继电器的触点同时闭合时，保护才能启动跳闸。保护装置动作的选择性是由电压元件和电流元件相互配合整定得到的。与三段式电流保护相似，电流电压联锁保护可分为：

(1)无时限电流电压联锁速断保护；

(2)限时电流电压联锁速断保护；

(3)低电压(复合电压)闭锁的过电流保护。

6.6.1 无时限电流电压联锁速断保护

保护采用电流元件、电压元件相互闭锁，在外部故障时，只要有一个测量元件不动作，保护就不启动，所以在电流电压联锁保护中，电流元件的启动电流不需要按照最大运行方式整定，按经常性出现的运行方式(简称正常运行方式)下有较大的保护范围来进行整定计算。

设被保护线路的长度为 l，正常运行方式下的保护范围为 l_1，为了保证选择性，要求 $l_1<l$，写成等式

$$l_1=\frac{l}{K_{rel}}\approx 0.8l \tag{6-14}$$

式中，K_{rel}为可靠系数，取 1.2～1.3。

对应于保护范围 l_1，保护装置的动作电流为

$$I_{op}^{I} = \frac{E_s}{X_s + X_1 l_1} \tag{6-15}$$

式中，E_s 为系统等效电源的相电动势；X_s 为正常运行方式下系统等值电抗；X_1 为线路单位长度的正序电抗。

对应于保护范围 l_1，保护装置的动作电压为

$$U_{op}^{I} = \sqrt{3} I_{op}^{I} X_1 l_1 \tag{6-16}$$

从式(6-16)可看出，U_{op}^{I}就是在正常运行方式下，保护范围 l_1 末端三相短路时，保护安装处母线上的残余电压。因此，在正常运行方式下，电流元件、电压元件的保护范围是相等的，其保护范围约为被保护线路全长的 80%。

这样整定后，当运行方式变化时，如系统在最大运行方式下，电流元件的保护范围会延伸到相邻线路的一部分，而电压元件的保护范围不会超出本线路，此时电压元件起闭锁作用，保证了选择性。反之，在最小运行方式下，电压元件的保护范围也会延伸到相邻线路的一部分，但电流元件的保护范围也不会超出本线路，此时电流元件起闭锁作用，也保证了选择性。

根据规程规定，在各种可能的运行方式下，无时限电流电压联锁速断保护的最小保护范围要不小于被保护线路全长的 15%。

6.6.2 低电压闭锁的过电流保护

在系统正常运行时，不管负载电流多大，母线上的电压都很高，低电压继电器不会动作。因此，在整定电流元件的动作电流时，只需躲过正常的工作电流即可。即使在最大负荷电流时，电流元件启动，而电压元件不启动，所以保护装置不会误动作。

通常按照躲过被保护设备的额定电流来整定电流元件的动作电流，即

$$I_{op}^{III} = \frac{K_{rel}}{K_{re}} I_N \tag{6-17}$$

式中，K_{rel}为可靠系数，一般取 1.15～1.25；K_{re}为返回系数，一般取 0.85～0.95。

低电压继电器接在母线电压互感器 TV 二次侧，动作电压按躲过最小工作电压来整定，即

$$U_{op}^{III} = \frac{1}{K_{re} K_{rel}} U_{min} \tag{6-18}$$

式中，K_{rel}为低电压元件的可靠系数，一般取 1.15～1.25；K_{re}为低电压元件的返回系数，一般取 1.25；U_{min}为保护安装处的最小工作电压，取$(0.9 \sim 0.95) U_N$。

低电压元件的灵敏系数按系统在最大运行方式下，保护区末端相间短路进行校验，这时保护安装处母线残余电压最高，即

$$K_{sen} = \frac{U_{op}^{III}}{U_{k \cdot max}} \geqslant 1.5 \tag{6-19}$$

式中，$U_{k \cdot max}$为系统最大运行方式下保护区末端相间短路时，保护安装处母线的最高相间电压。

小　结

电网相间短路的电流保护是根据短路时电流增大的特点构成的，在单侧电源辐射形网络中采用阶段式电流保护，它由无时限电流速断保护、限时电流速断保护、定时限过电流保护组成，可根据实际情况采用两段式或三段式。无时限电流速断保护、限时电流速断保护共同构成线路的主保护，定时限过电流保护是本线路的近后备保护和相邻线路的远后备保护。

当电流保护灵敏系数不满足要求时，必须采取措施提高灵敏系数。提高灵敏系数最简单的方法是降低动作电流，这样做的结果会使保护装置在保护范围外部故障时误动作。为了保证选择性，在原有电流保护的基础上加装低电压闭锁元件，即构成电流电压联锁保护。

阶段式电流保护接线简单，但保护装置受系统运行方式、接线方式影响较大，一般广泛应用于35 kV及以下的输电线路。

习　题

一、填空题

1. 为防止雷击输电线路放电引起电流速断保护误动作，须采用__________继电器。
2. 限时电流速断保护的保护范围要求达到__________。
3. 定时限过电流保护可作为____________________后备。
4. 过电流保护的自启动系数应根据具体的__________确定。
5. 输电线路的三段式保护由____________________保护构成。
6. 不满足灵敏性要求的保护装置是__________装设的。

二、判断题

1. 输电线路短路时，装设在被保护线路上的限时速断电流保护和定时限过电流保护均会动作。（　　）
2. 三段式电流保护在被保护线路内部发生短路时，总是电流速断保护切除故障。（　　）
3. Y,d11降压变压器三角形侧发生两相短路时，变压器星形侧三相均有短路电流。（　　）
4. 在输电线路上发生短路时，流过保护安装处的短路电流与短路点的短路电流相同。（　　）
5. 在输电线路上同一点发生两相或三相短路（系统运行方式不变），若 $I_k^{(2)}=\frac{\sqrt{3}}{2}I_k^{(3)}$ 成立，则保护安装处测到故障相的相间电压相等。（　　）

三、选择题

1. 一般(　　)保护是依靠动作值来保证选择性的。

A. 无时限电流速断　　B. 限时电流速断

C. 定时限过电流　　D. 过负荷保护

2. 对于输电线路相间短路的电流保护,则应装设(　　)保护。

A. 三段式电流　　B. 二段式电流

C. 四段式电流　　D. 阶段式电流

3. 若为线路 - 变压器组,则要求线路的速断保护应能保护线路全长的(　　)。

A. 100%　　B. 10% ~20%　　C. 75%　　D. 50%

4. 流入保护继电器的电流与电流互感器的二次电流的比值称为(　　)。

A. 接线系数　　B. 灵敏系数　　C. 可靠系数　　D. 分支系数

5. Y,d11 接线的单电源降压变压器在三角形侧发生 AB 两相短路时,星形侧(　　)有短路电流流过。

A. AB 两相　　B. 三相　　C. CA 两相　　D. BC 两相

四、问答题

1. 什么是无时限电流速断保护? 其动作电流如何计算? 灵敏系数如何校验? 为什么在无时限电流速断保护接线中要加入中间继电器?

2. 什么是限时电流速断保护? 其动作电流和动作时限应如何计算? 灵敏系数如何校验? 为什么?

3. 为什么限时电流速断保护的可靠系数比无时限电流速断保护的可靠系数要取小些?

4. 什么是过电流保护? 过电流保护是如何保证选择性的? 为什么要考虑负荷的自启动系数 K_{ss} 和返回系数 K_{re}?

5. 在电流保护的整定计算中,使用了各种系数,如可靠系数 K_{rel}、返回系数 K_{re}、自启动系数 K_{ss}、灵敏系数 K_{sen} 等,试分别说明它们的意义及作用。

6. 三段式电流保护是怎样构成的? 在三段式电流保护中,哪一段最灵敏? 哪一段最不灵敏? 为什么? 画出三段式电流保护的原理接线图。

7. 什么是电流电压联锁速断保护? 为什么要采用它? 电流元件有何作用?

8. 什么是电流保护的接线方式? 常用的接线方式有哪些? 有何优缺点?

五、计算题

1. 如图 6-17 所示 35 kV 系统中,线路 AB 装有无时限电流速断保护,试根据图中所给参数计算其动作电流和最大、最小保护范围($Z_1=0.4\ \Omega/km$)。

2. 在图 6-18 所示 35 kV 系统中,已知:

(1)线路 AB 的最大负荷电流为 340 A,自启动系数为 3.86;线路 BC 的最大负荷电流为 220 A,自启动系数为 2.72。

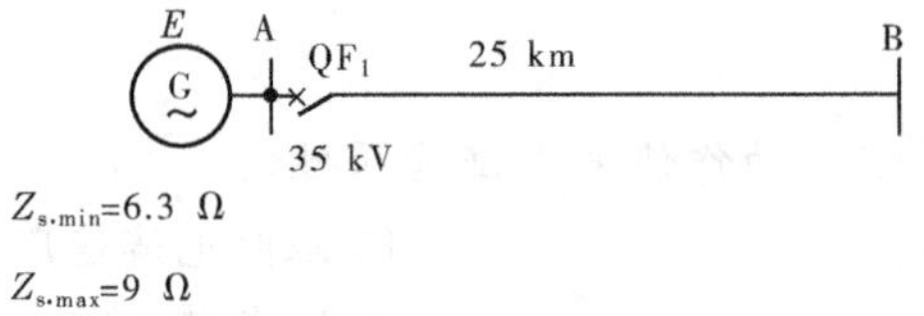

图 6-17

(2)保护 5、保护 4、保护 3 的过电流保护的动作时间为 2 s、1.5 s、4 s。

(3)在系统最小运行方式下,各母线三相短路电流如图 6-18 中所示,括号内数值为双回线 BC 切除一回线时的计算值。

求:保护 1、保护 2 过电流保护的动作电流、动作时限并校验灵敏系数。

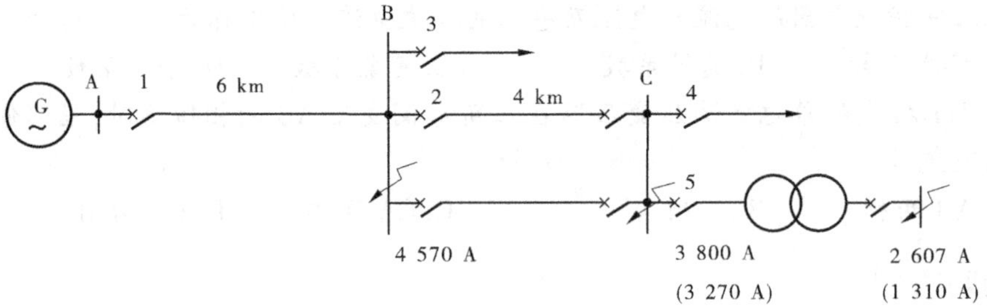

图 6-18

3. 图 6-19 所示 110 kV 单侧电源线路,AB、BC、BD 线路上均装设了三段式电流保护,变压器装设了差动保护。已知Ⅰ段可靠系数取 1.25,Ⅱ段可靠系数取 1.15,Ⅲ段可靠系数取 1.15,自启动系数取 1.4,返回系数取 0.85,AB 线路最大工作电流为 200 A,时限级差取 0.5 s,系统最小运行方式阻抗最大值为 18 Ω,系统最大运行方式阻抗最小值为 13 Ω,其他参数如图所示,各阻抗值均为归算至 115 kV 侧的有名值,试求:AB 线路限时电流速断保护及定时限过电流保护的动作电流、灵敏度和动作时限。

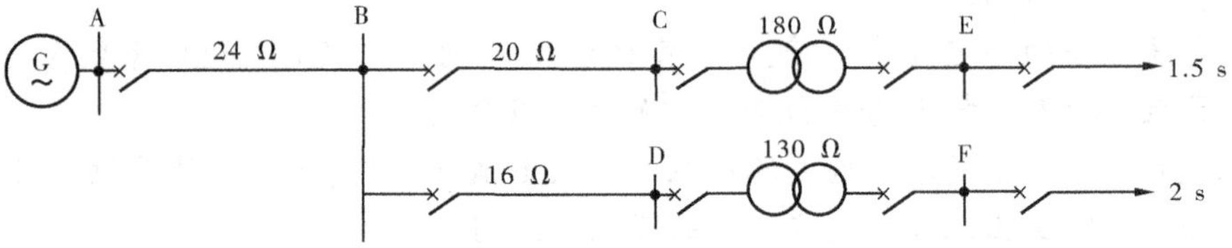

图 6-19

第 7 章　电网相间短路的方向电流保护

教学要求

掌握方向电流保护的工作原理；掌握功率方向继电器的作用、工作原理和 90°接线方式；会进行方向过电流保护时限整定计算，会识读方向电流保护的展开图。

7.1　方向电流保护的工作原理

7.1.1　电流保护方向性问题的提出

阶段式电流保护在单侧电源辐射形电网中，是依靠动作电流的整定值和动作时限的配合取得选择性的。而随着电力系统的发展和用户对供电可靠性要求的提高，出现了双侧电源辐射形电网和单侧电源环形电网，如图 7-1 和图 7-2 所示。在这样的电网中，为了切除故障线路，应在线路两侧都装设断路器和保护装置。例如图 7-1 中，在线路 1L 上 K_1 点发生短路时，装在线路 1L 两侧的保护 1、2 动作，使断路器 1QF、2QF 跳闸，将故障线路 1L 从电网中切除。故障线路切除后，接在 A 母线上的用户以及 B、C、D 母线上的用户，仍然由电源 A 和 D 分别继续供电，从而大大地提高了对用户供电的可靠性。但是，这种电网也给继电器保护带来了新的问题。若将阶段式电流保护直接用在这种电网中，靠动作电流的整定值和动作时限的配合，不能完全满足保护动作选择性的要求。

以图 7-1 所示的双侧电源辐射形电网为例进行分析。图中各断路器上分别装设与断路器编号 1QF ~ 6QF 相同的保护装置 1 ~ 6，图中作出了由电源 A 和 D 分别提供的最大短路电流曲线。为了保证保护动作的选择性，断路器 1QF、3QF、5QF 应该有选择地切除由电源 A 提供的短路电流，2QF、4QF、6QF 应该有选择地切除由电源 D 提供的短路电流。

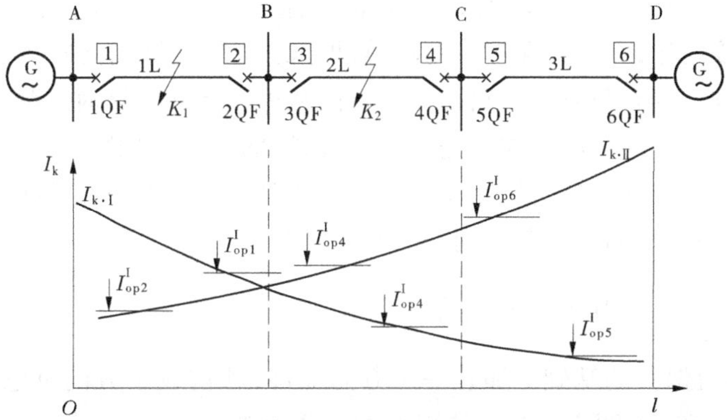

图 7-1　双侧电源辐射形电网方向电流保护工作原理示意图

7.1.1.1 对无时限电流速断保护的影响

对于无时限电流速断保护，只要短路电流大于其动作电流整定值，就可能动作。在图7-1中，当K_1点发生短路时，应该由保护1、保护2动作，切除故障。而对保护3来说，k_1点故障，通过它的短路电流是反方向电源D提供的。从电源D提供的短路电流$I_{k.\text{II}}$曲线及保护3电流速断保护的动作电流整定值I_{op3}^{I}可以看出，此时，$I_{k.\text{II}} > I_{op3}^{\text{I}}$，保护3也会无选择地动作，使B母线停止供电，从而扩大了停电的范围。同样，在K_2点短路时，保护2和保护5也可能在反方向电源提供的短路电流下无选择地动作。所以，在这种电网中，当保护装置流过反方向电源提供的短路电流时，无时限电流速断保护可能会无选择地动作。

7.1.1.2 对定时限过电流保护的影响

对于定时限过电流保护，若不采取措施，同样也会发生无选择性误动作。在图7-1中，对装在B母线两侧的保护2和保护3而言，当K_1点短路时，为了满足选择性，要求$t_2^{\text{III}} < t_3^{\text{III}}$；而当$K_2$点短路时，又要求$t_2^{\text{III}} > t_3^{\text{III}}$。显然，这两个要求是相互矛盾的。这说明定时限过电流保护在这种电网中无法满足选择性的要求。对于图7-2所示的单侧电源环形电网，情况也完全相同。

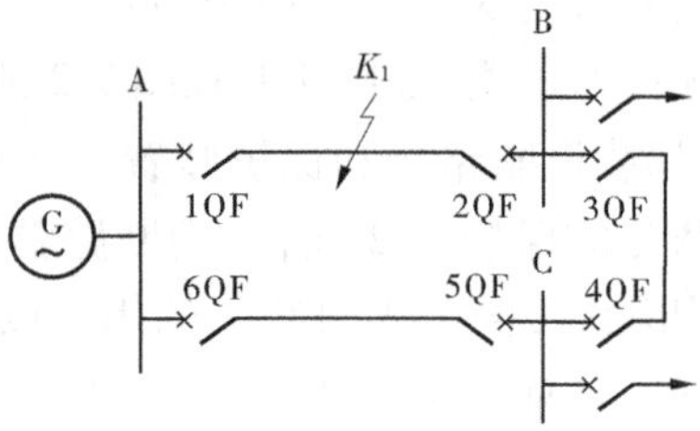

图7-2 单侧电源环形电网

为了解决上述问题，必须进一步分析在双侧电源辐射形电网中发生短路时，流过保护装置的短路功率的方向。

在图7-1所示电网中，在线路AB上K_1点发生短路时，流经保护2的短路功率方向是由母线指向线路，保护2应该动作；而流经保护3的短路功率方向是由线路指向母线，保护3不应动作。在线路BC上当K_2点短路时，流经保护2的短路功率方向是由线路指向母线，保护2不应该动作；而流经保护3的短路功率方向是由母线指向线路，保护3应该动作。从前面分析可看出，只有当短路功率的方向从母线指向线路时，保护动作才是有选择性的。为此，我们可这样解决上述问题：在电流保护的基础上加装一个功率方向判别元件——功率方向继电器，并且规定短路功率方向由母线指向线路为正方向。只有当线路中的短路功率方向与规定的正方向相同，保护才动作。

7.1.2 方向过电流保护的工作原理

在定时限过电流保护的基础上加装一个方向元件，就构成了方向过电流保护。下面以图7-3所示电路为例，说明方向过电流保护的工作原理。

在图7-3(a)所示的电网中，各断路器上均装设了方向过电流保护。图中所示的箭头

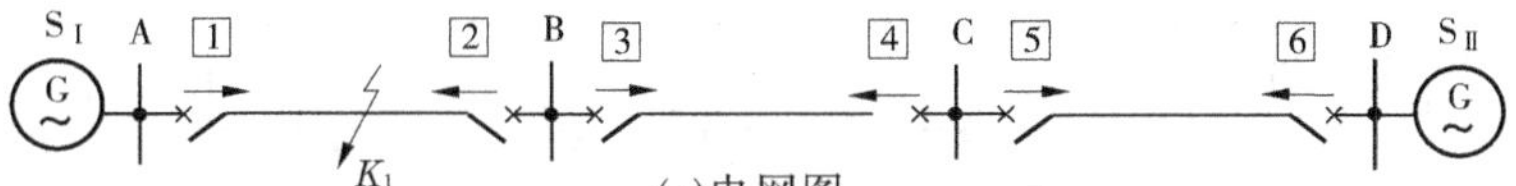

(a)电网图

(b)S Ⅰ供电的单侧电源电网

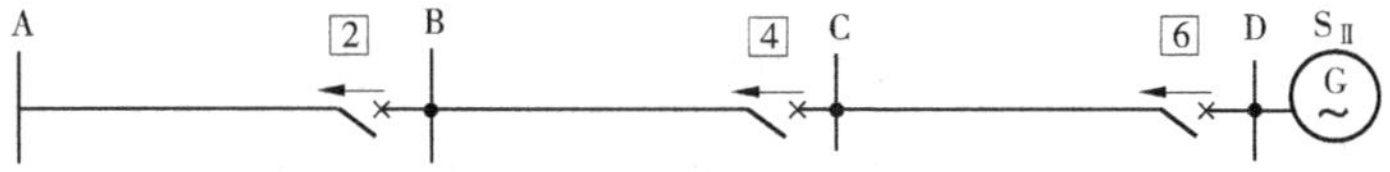

(c)S Ⅱ供电的单侧电源电网

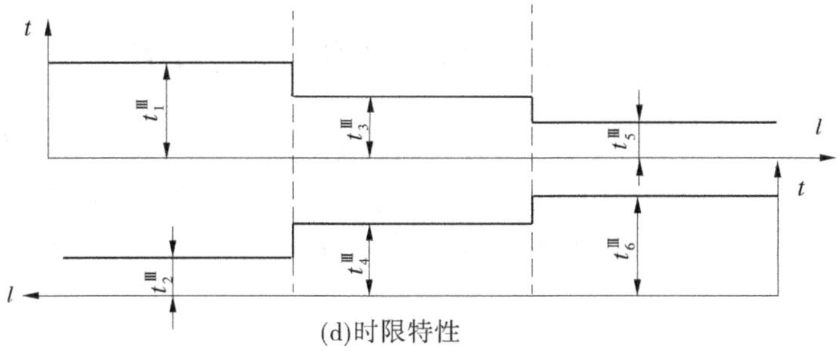

(d)时限特性

图 7-3　方向过电流保护工作原理示意图

方向即为各保护动作的正方向。当 K_1 点短路时，通过保护 2 的短路功率方向是从母线指向线路，符合规定的动作正方向，保护 2 正确动作；而通过保护 3 的短路功率方向由线路指向母线，与规定的动作正方向相反，保护 3 不动作。因此，保护 3 的动作时限不需要与保护 2 配合。同理，保护 4 和保护 5 的动作时限也不需要配合。而当 K_1 点短路时，通过保护 4 的短路功率方向与保护 2 相同，与规定动作正方向相同。为了保证选择性，保护 4 要与保护 2 的动作时限配合，这样，可将电网中各保护按其动作方向分为两组单侧电源电网，电源 $S_{Ⅰ}$，保护 1、3、5 为一组，如图 7-3(b)所示；电源 $S_{Ⅱ}$，保护 2、4、6 为一组，如图 7-3(c)所示。对各电源供电的电网，其过电流保护的动作时限仍按阶段式电流保护的阶梯形原则进行配合，即电源 $S_{Ⅰ}$ 供电的电网中，$t_1^{Ⅲ} > t_3^{Ⅲ} > t_5^{Ⅲ}$；电源 $S_{Ⅱ}$ 供电的电网中，$t_6^{Ⅲ} > t_4^{Ⅲ} > t_2^{Ⅲ}$。它们的时限特性如图 7-3(d)所示，两组方向过电流保护之间不需要考虑配合。

方向过电流保护单相原理接线图如图 7-4 所示。它主要由启动元件（电流继电器 KA）、方向元件（功率方向继电器 KP）、时间元件（时间继电器 KT）、信号元件（信号继电器 KS）构成。其中启动元件反映是否在保护区内发生短路故障、时间元件保证保护动作的选择性、信号元件用于记录故障，而方向元件则是用来判断短路功率方向的。由于在正常运行时，通过保护的功率也可能从母线指向线路，保护装置中的方向元件也可能动作，故在接线中，必须将电流继电器 KA 和功率方向继电器 KP 一起配合使用，将它们的触点串联后，再接入时间继电器 KT 的线圈。只有当正方向保护范围内故障，电流继电器 KA 和功率方向继电器 KP 都动作时，整套保护才动作。电流继电器是保护装置的启动元件，用以判别线路是否发生了短路故障；功率方向继电器作为方向元件，用以判别通过被保护

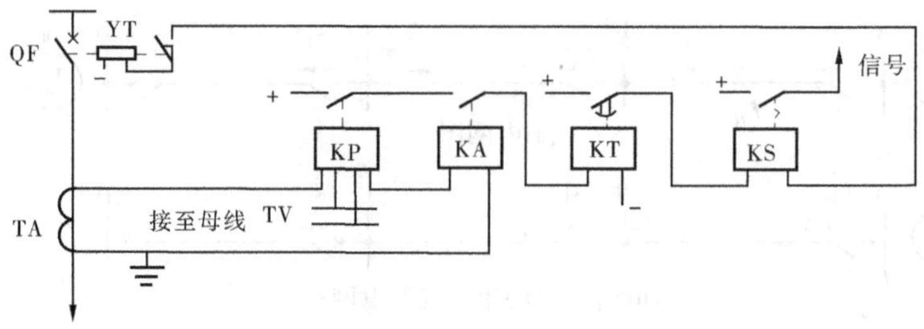

图 7-4　方向过电流保护单相原理接线

线路的短路功率的方向。只有两者同时动作，才能使保护装置动作。

7.2　功率方向继电器工作原理

功率方向继电器之所以能判别正、反方向的故障，是因为正、反方向故障时，接入功率方向继电器中的电流和电压的相位关系不同。当发生正方向故障，即流入保护的短路功率由母线流向线路时，保护能可靠动作，而在发生反方向故障，即短路功率由线路流向母线时，保护可靠不动作。

从原理上来讲，功率方向继电器进行的是相位测量。现以图 7-5(a)所示的电路为例说明功率方向继电器的相位比较原理。

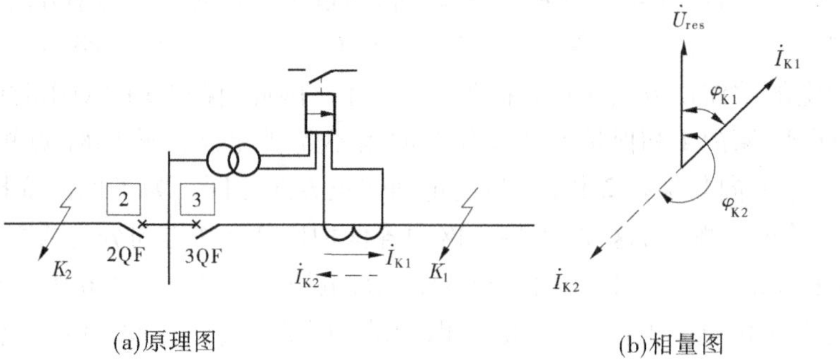

图 7-5　功率方向继电器的原理

在图 7-5 中，对于保护 3 而言，接入功率方向继电器的电压 $\dot{U}_r$ 是保护安装处母线电压的二次值，继电器中的电流 $\dot{I}_r$ 是被保护线路中电流的二次值，$\dot{U}_r$ 和 $\dot{I}_r$ 分别反映了保护安装处母线的电压和被保护线路电流的大小和相位。在正方向 K_1 点发生短路时，流过保护 3 的短路电流 $\dot{I}_{K1}$ 从母线指向线路，由于输电线路的短路阻抗呈感性，这时，接入功率方向继电器的一次短路电流 $\dot{I}_{K1}$ 滞后母线残压 $\dot{U}_{res}$ 的角度 φ_{K1} 为 0° ~ 90°。如果以母线上的残压 $\dot{U}_{res}$ 为参考量，其相量图如图 7-5(b)所示，显然，通过保护 3 的短路功率为 $P_{K1} = U_{res}I_{K1}\cos\varphi_{K1} > 0$，保护 3 将动作；当反方向 K_2 点短路时，通过保护 3 的短路电流 $\dot{I}_{K2}$ 从线路指向母线，如果仍以母线上的残压 $\dot{U}_{res}$ 为参考量，则 $\dot{I}_{K2}$ 滞后 $\dot{U}_{res}$ 的角度 φ_{K2} 为 180° ~

270°,其相量图如图 7-5(b)所示,通过保护 3 的短路功率为 $P_{K2} = U_{res} I_{K2} \cos\varphi_{K2} < 0$,保护 3 不动作。

由此可见,功率方向继电器可以通过故障点电压和电流的相位差来判别正、反向故障,从而控制保护是否动作。该功率方向继电器可以制成:当 $P_K > 0$ 时动作,当 $P_K < 0$ 时不动作,从而实现其方向性。

7.2.1 相位比较式功率方向继电器

功率方向继电器的工作原理,实质上就是判断母线电压和流入线路电流之间的相位角是否在 -90° ~90°范围内。常用的表达式为

$$-90^\circ \leqslant \arg \frac{\dot{U}_r}{\dot{I}_r} \leqslant 90^\circ \tag{7-1}$$

式中,$\dot{U}_r$ 是加入功率方向继电器的电压;$\dot{I}_r$ 是加入功率方向继电器的电流。

构成功率方向继电器,既可直接比较 $\dot{U}_r$ 和 $\dot{I}_r$ 间的夹角,也可间接比较电压 $\dot{C}$、$\dot{D}$ 之间的相角。

$$\dot{C} = \dot{K}_{uv} \dot{U}_r \tag{7-2}$$

$$\dot{D} = \dot{K}_{ur} \dot{I}_r \tag{7-3}$$

式中,$\dot{K}_{uv}$、$\dot{K}_{ur}$是变换系数,决定于继电器内部结构与参数。

$$-90^\circ \leqslant \arg \frac{\dot{C}}{\dot{D}} \leqslant 90^\circ \tag{7-4}$$

$$-90^\circ - \alpha \leqslant \arg \frac{\dot{U}_r}{\dot{I}_r} \leqslant 90^\circ - \alpha \tag{7-5}$$

式中,α 是功率方向继电器的内角,$\alpha = \arg \frac{\dot{K}_{uv}}{\dot{K}_{ur}}$。

功率方向继电器的动作区如图 7-6 所示。

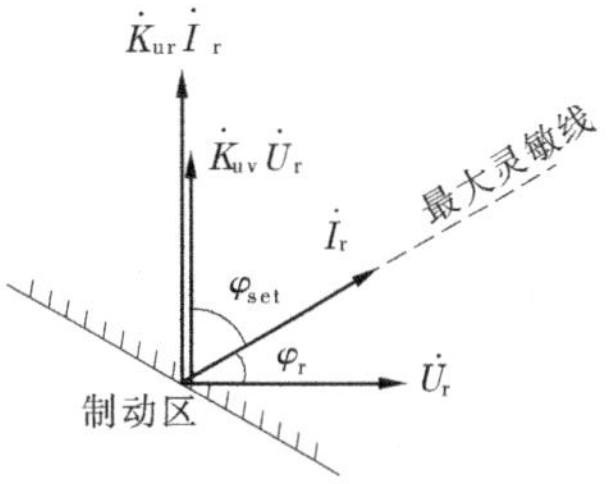

图 7-6 相间短路保护功率方向继电器的动作区

7.2.2 幅值比较式功率方向继电器

所谓幅值比较原理,就是比较两个电气量的幅值大小,而不再比较它们的相位关系,相位比较和绝对值比较之间存在互换关系,即为平行四边形边与对角线关系。比较幅值的两个电气量可按下式构成

$$\left.\begin{aligned} \dot{A} &= \dot{C} + \dot{D} \\ \dot{B} &= \dot{C} - \dot{D} \end{aligned}\right\} \tag{7-6}$$

可以分析,当$|\dot{A}| > |\dot{B}|$时继电器动作,当$|\dot{A}| < |\dot{B}|$时继电器不动作。

7.3　功率方向继电器的接线

功率方向继电器的接线方式是指它与电流互感器和电压互感器二次绕组之间的连接方式，即接入继电器的电压 $\dot{U}_r$ 和电流 $\dot{I}_r$ 的组合方式。对接线方式的要求是：

(1)应能正确反映故障的方向。即正方向短路时继电器动作，反方向短路时继电器不动作。

(2)正方向故障时，加入继电器的电压、电流尽量大，并尽可能使 $\dot{U}_r$ 和 $\dot{I}_r$ 之间的夹角 φ_r 尽量地接近最大灵敏角。

相间短路方向电流保护的功率方向继电器接入的电流和电压见表 7-1。

表 7-1　三相功率方向继电器接入的电流和电压

功率方向继电器	电流线圈 $\dot{I}_r$	电压线圈 $\dot{U}_r$
1KP	$\dot{I}_a$	$\dot{U}_{bc}$
2KP	$\dot{I}_b$	$\dot{U}_{ca}$
3KP	$\dot{I}_c$	$\dot{U}_{ab}$

所谓 90°接线方式，是指在系统三相对称且功率因数 $\cos\varphi = 1$ 的情况下，接入继电器的电流 $\dot{I}_r$ 超前其电压 $\dot{U}_r$ 90°的接线方式。功率方向继电器 90°接线及相量图如图 7-7 所示。

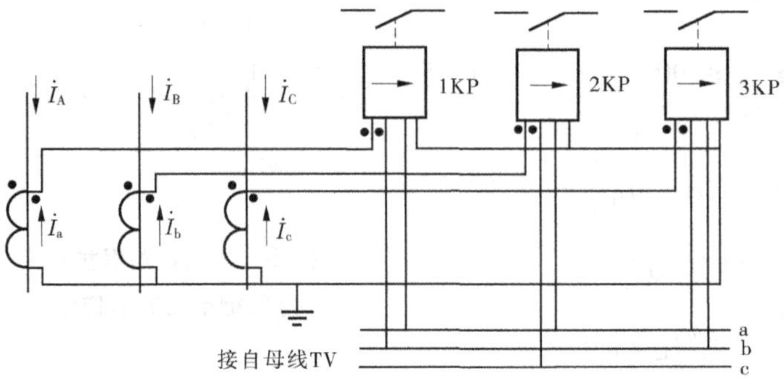

(a)接线图

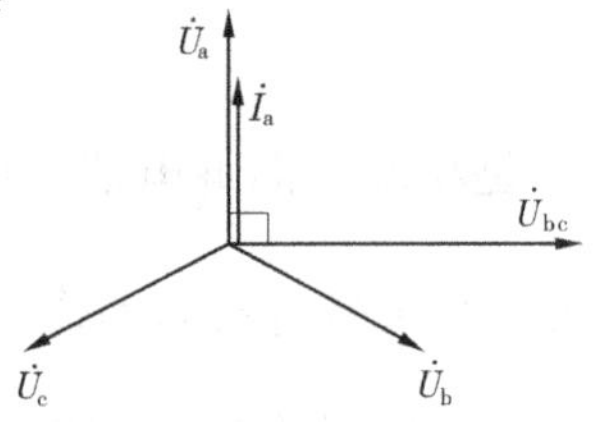

(b)相量图

图 7-7　功率方向继电器的 90°接线

90°接线方式对功率方向继电器的工作十分有利，在不对称短路时，加到电压线圈上的电压较高，继电器动作较灵敏，它还可以消除正方向出口发生两相短路时的电压死区，但对正方向出口发生三相短路时的电压死区却无能为力。

功率方向继电器在接线时，特别要注意电流线圈和电压线圈的极性与相应的电流互感器和电压互感器二次绕组的极性连接正确，否则，会造成功率方向继电器不能正确动作。

7.4 非故障相电流的影响与按相启动

7.4.1 非故障相电流的影响

功率方向继电器采用90°接线，适当选择内角 α 后，在线路上发生任何正方向短路故障，均能正确动作。但当保护背后发生两相短路时，非故障相功率方向继电器就不能完全保证动作的选择性了。如果在同样的故障情况下，故障前电网是带负载运行，那么在非故障相中仍有负荷电流通过，这个电流称为非故障相电流，它可能使非故障相功率方向继电器误动作。

在图 7-8 所示的电网中，线路 2L 在 K 点发生 BC 两相短路，对保护 1 来说，是反方向短路，通过保护 1 的故障相 B、C 相中的短路电流分别为 $\dot{I}_{k\cdot B}$、$\dot{I}_{k\cdot C}$，方向从线路流向母线，B、C 相的功率方向继电器不动作。而非故障相 A 相中的电流为负荷电流 $\dot{I}_{L\cdot A}$（假定正常运行时负荷电流方向由 S_{II} 指向 S_{I}），方向由母线指向线路，因而 A 相的功率方向继电器会误动作。

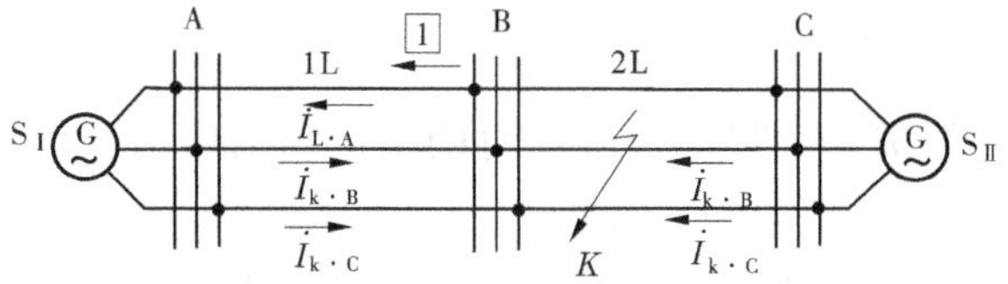

图 7-8　两相短路时非故障相中负荷电流影响的示意图

7.4.2 按相启动

图 7-9（a）为方向过电流保护的按相启动接线，即先把同名相的电流继电器 KA 和功率方向继电器 KP 的触点直接串联，再把各同名相串联支路并联起来，然后与时间继电器 KT 的线圈串联。图 7-9（b）为方向过电流保护的不按相启动接线，即先把各相电流继电器 KA 的触点相并联、各相功率方向继电器的触点相并联，再将其串联，然后与时间继电器 KT 的线圈串联。这两种接线虽然都带有方向元件，但对躲过非故障相电流影响的效果完全不同。

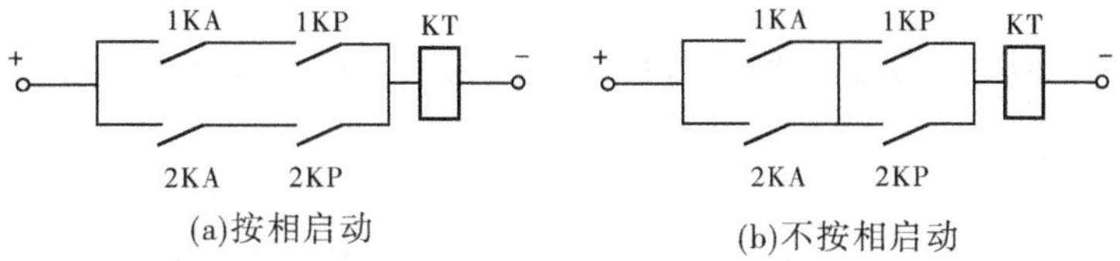

图 7-9　方向过电流保护的启动方式

在图 7-8 中，由于非故障相电流的影响，保护 1 的 A 相方向元件启动，而电流启动元件不动作；B、C 相的电流启动元件动作，而方向元件不动作。此时，若按图 7-9（a）接线，保护 1 不会误动作，若按图 7-9(b)接线，保护 1 会误动作，因此方向电流保护必须采用按相启动接线。

7.5 方向电流保护的整定计算

由于方向电流保护加装了方向元件，因此它不必考虑反方向故障，只需考虑同方向的保护相配合即可。同方向的阶段式方向电流保护的Ⅰ、Ⅱ、Ⅲ段的整定计算可分别按单侧电源相间短路的阶段式电流保护的整定计算方法进行，但应注意以下一些特殊问题。

7.5.1 动作电流的整定

方向过电流保护的动作电流可按下述两个条件整定：

(1)躲过被保护线路中的最大负荷电流。即

$$I_{op}^{Ⅲ} = \frac{K_{rel}}{K_{re}} K_{ss} I_{L \cdot max} \tag{7-7}$$

值得注意的是，在单侧电源环形电网中，不仅要考虑闭环时线路的最大负荷电流，还要考虑开环时负荷电流的突然增加。在如图 7-2 所示的单侧电源环形电网中，对保护 6 来说，正常运行时流过的是闭环时的负荷电流；当 K_1 点短路时，保护 1、2 动作，跳开 1QF、2QF，电网开环运行，此时保护 6 中将流过开环时的全部负荷电流。因此，$\dot{I}_{L \cdot max}$应取开环时的最大负荷电流。

(2)与相邻线路过电流保护动作电流配合。方向过电流保护通常作为相邻下一线路的后备保护。为了保证动作的选择性，要求相同动作方向各保护的动作电流应从离电源最远处开始逐级增加。以图 7-1 中的保护 1、3、5 为例，即当在 K_2 点发生短路故障时，如果短路电流 I_K 介于 $I_{op1}^{Ⅲ}$ 和 $I_{op3}^{Ⅲ}$之间，即 $I_{op1}^{Ⅲ} < I_K < I_{op3}^{Ⅲ}$，保护 1 将发生误动。为了避免误动，则同方向保护的动作电流应满足

$$I_{op1}^{Ⅲ} > I_{op3}^{Ⅲ} > I_{op5}^{Ⅲ} \tag{7-8}$$

$$I_{op6}^{Ⅲ} > I_{op4}^{Ⅲ} > I_{op2}^{Ⅲ} \tag{7-9}$$

以保护 4 为例，其动作电流为

$$I_{op4}^{Ⅲ} = K_c I_{op2}^{Ⅲ} \tag{7-10}$$

式中，K_c 为配合系数，一般取 1.1。

同方向保护应取上述结果中最大者作为方向过电流保护的动作电流整定值。

7.5.2 保护的相继动作

在图 7-2 所示的单侧电源环形电网中，当靠近变电所的 A 母线近处短路时，由于短路电流在环网中的分配与线路的阻抗成反比，所以由电源经 1QF 流向短路点的短路电流很大，而由电源经过环网流过保护 2 的短路电流几乎为零。因此，在短路刚开始时，保护 2 不会动作，只有保护 1 动作跳开 1QF 后，电网开环运行，通过保护 2 的短路电流增大，保

护 2 才动作跳开 2QF。保护装置的这种动作情况称为相继动作。相继动作的线路长度，称为相继动作区域。

7.5.3 方向过电流保护灵敏系数的校验

方向过电流保护灵敏系数，主要取决于电流元件。其校验方法与不带方向元件的过电流保护相同，但在环网中允许用相继动作的短路电流来校验灵敏度。

7.5.4 方向过电流保护动作时限的整定

同一动作方向的方向过电流保护，其动作时限按阶梯原则来整定。需要指出，在双侧电源辐射形电网中，并不是所有的过电流保护都要装设功率方向元件才能保证选择性。一般来说，接入同一变电所母线上的双侧电源线路的过电流保护，动作时限长者可不装设方向元件，而动作时限短者和相等者则必须装方向元件。

【例 7-1】 在如图 7-10 所示的双侧电源辐射形电网中，拟定在各断路器上装设过电流保护。已知时限级差 $\Delta t = 0.5$ s。试确定过电流保护 1 ~ 8 的动作时限，并指出哪些保护应装方向元件。

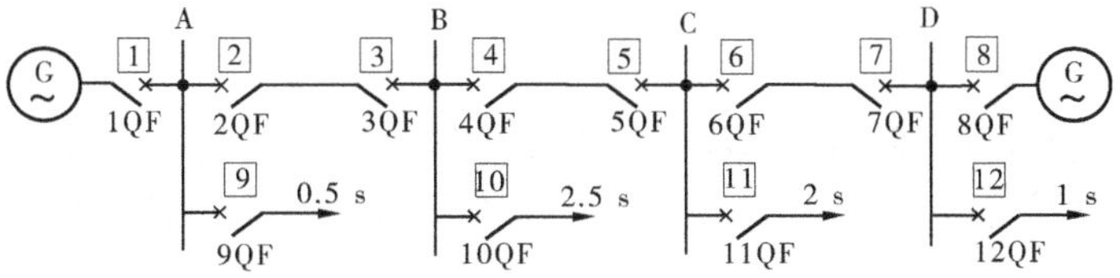

图 7-10　例 7-1 图

解：(1) 计算各保护的动作时限。

保护 2、4、6 和保护 7、5、3 分别按阶梯原则整定动作时限。

对于同一动作方向的保护 2、4、6，其动作时限为

$$t_6 = t_{12} + \Delta t = 1 + 0.5 = 1.5(\text{s})$$

因为 $$t_6 < t_{11}$$

所以 $$t_4 = t_{11} + \Delta t = 2 + 0.5 = 2.5(\text{s})$$

因为 $$t_4 = t_{10}$$

所以 $$t_2 = t_4 + \Delta t = 2.5 + 0.5 = 3(\text{s})$$

对于同一动作方向的保护 7、5、3，其动作时限为

$$t_3 = t_9 + \Delta t = 0.5 + 0.5 = 1(\text{s})$$

因为 $$t_3 < t_{10}$$

所以 $$t_5 = t_{10} + \Delta t = 2.5 + 0.5 = 3(\text{s})$$

因为 $$t_5 > t_{11}$$

所以 $$t_7 = t_5 + \Delta t = 3 + 0.5 = 3.5(\text{s})$$

再确定保护 1、8 的动作时限。由于它们是发电机的过电流保护，所以其动作时限应大于母线上所有连接元件的过电流保护动作时限。

因为 $$t_2 > t_9$$

所以 $$t_1 = t_2 + \Delta t = 3 + 0.5 = 3.5(\mathrm{s})$$

因为 $$t_7 > t_{12}$$

所以 $$t_8 = t_7 + \Delta t = 3.5 + 0.5 = 4(\mathrm{s})$$

(2)确定应装设方向元件的保护。

综上分析可知,因为 $t_1 > t_2, t_3 < t_4, t_5 > t_6, t_7 < t_8$,所以要装方向元件的有保护2、保护3、保护6、保护7。

小 结

在电流保护的基础上加装方向元件就构成了方向电流保护,它用于双侧电源辐射形网络和单侧电源环形网络,可以满足动作选择性的要求。

功率方向继电器是根据保护安装处电流电压间的相位角的不同来判断正方向故障和反方向故障的。为了消除保护两相短路故障的动作死区,功率方向继电器采用90°接线方式,电流继电器与功率方向继电器的触点连接采用按相启动接线。方向电流保护也是阶段式的,整定计算原则基本上与阶段式电流保护相同,但方向过电流保护必须考虑同向保护间的配合问题。

方向电流保护主要用于35 kV及以下的双侧电源辐射形电网和单侧电源环形电网中,通常都是将带方向或不带方向的电流速断保护与方向过电流保护构成阶段式方向电流保护,作为相间短路的整套保护。

习 题

一、填空题

1. 为了使功率方向继电器在出口发生两相短路时能正确动作,相间短路保护功率方向继电器宜采用__________接线。

2. 为了防止非故障相电流影响造成相间短路保护功率方向继电器误动,保护直流回路应采用____________接线。

3. 功率方向继电器接入电流为A相,接入电压为______相,才符合90°接线。

4. 定时限方向过电流保护动作时限按__________________________整定。

二、判断题

1. 可以单独采用功率方向继电器构成线路相间短路保护。 (　　)

2. 双侧电源辐射形网络中,输电线路的电流保护均应加方向元件才能保证选择性。 (　　)

3. 双侧电源线路在确定过电流保护是否加方向元件的判据是:保护动作时间短的应

加方向元件,保护动作时间相同的均加方向元件。 (　　)

4. 功率方向继电器只有在短路时才启动,正常运行时不启动。 (　　)

5. 对有些网络采用方向电流保护仍不能保证选择性的要求。 (　　)

三、选择题

1. 在双端电源的输电线路上,为满足选择性的要求,各段电流保护(　　)。

A. 均应装设方向元件　　B. 不应装设方向元件

C. 视具体情况而定是否装设方向元件　　D. 可装设也可不装设方向元件

2. 在双端电源的输电线路上,三段式电流保护(　　)加方向元件。

A. 均需　　B. 不必　　C. 视具体情况而定是否

3. 方向电流保护装置与电流保护装置相比,可靠性(　　)。

A. 低　　B. 高　　C. 相同

4. 方向过电流保护的动作时限是按(　　)原则整定的。

A. 阶梯原则　　B. 同向阶梯原则　　C. 逆向阶梯原则

四、问答题

1. 双侧电源辐射形电网中的电流速断保护在什么情况下需加装方向元件?试举例说明。

2. 方向电流保护中方向元件的动作方向通常是由母线指向线路,如果要改变它的动作方向,即由线路指向母线,应采取什么办法?

3. 什么是按相启动接线?方向过电流保护的启动元件和方向元件为什么要采用按相启动接线?

五、计算题

1. 单侧电源环形网络如图 7-11 所示,在各断路器上装有过电流保护,已知时限级差为 0.5 s。为保证动作的选择性,确定各过电流保护的动作时限及哪些保护要装设方向元件。

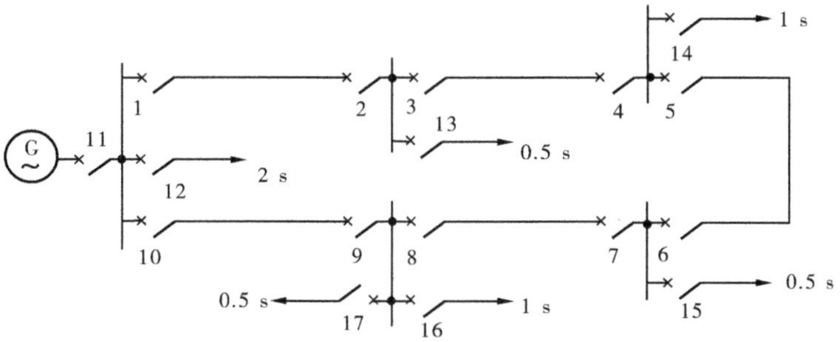

图 7-11

2. 求图 7-12 所示网络方向过电流保护动作时限，时限级差取 0.5 s，并说明哪些保护需要装设方向元件。

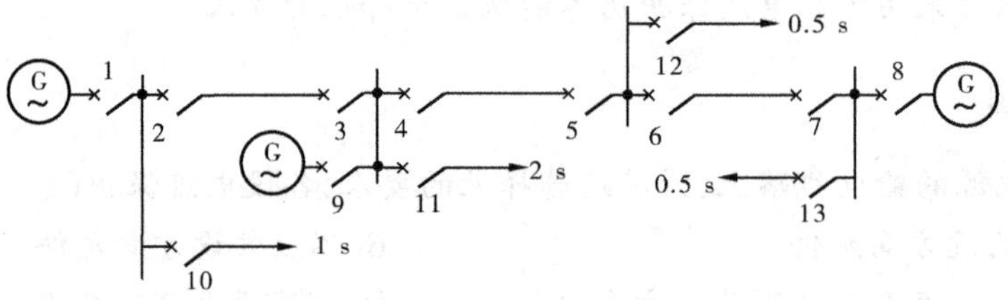

图 7-12

第 8 章　中性点非直接接地电网的接地保护

教学要求

掌握中性点不接地电网发生单相接地时电流、电压的特点及保护的构成原理；会进行中性点不接地保护的零序电流保护、绝缘监视装置的整定计算；会阅读保护的展开接线图，会根据保护的动作情况分析故障原因、查找故障点。

电力系统中性点接地方式通常有中性点直接接地、中性点非直接接地两种。一般 110 kV 及以上电压等级的电网均采用中性点直接接地方式，在中性点直接接地电网中，当发生单相接地故障时，形成单相接地短路，这类电网称为大接地电流电网；110 kV 以下电压等级的电网采用中性点不接地、经消弧线圈或电阻接地方式，这种电网中发生单相接地故障时，不构成短路回路，只有很小的零序电容电流，这类电网称为小接地电流电网。这两类电网发生单相接地故障时，对继电保护的要求是不同的。

本章主要介绍中性点非直接接地电网的接地保护。根据中性点不接地系统发生单相接地故障时的特点，介绍绝缘监视装置、零序电流保护两种保护方式；通过对中性点不接地电网发生单相接地故障情况的分析，分析中性点经消弧线圈接地的原因，并给出相应的接地保护方法。

8.1　中性点不接地电网的接地保护

电压为 3 ~ 35 kV 的电网，主要采用中性点不接地、中性点经消弧线圈接地、中性点经电阻接地，统称为中性点非直接接地电网。在这种电网中发生单相接地时，不构成短路回路，只有很小的零序电容电流，而且三相电压仍然对称，对负荷的供电没有影响，因此保护装置不需要立即作用于断路器跳闸，允许带着接地点继续运行一段时间，一般是 1 ~ 2 h。但是当发生单相接地之后，由于非故障相对地电压升高为正常运行时的$\sqrt{3}$倍，对线路及设备的绝缘是一种威胁。如果又发生另一相接地，则将形成两相接地短路。为了防止故障的扩大，中性点非直接接地电网通常装设作用于信号的零序分量保护，保护装置应及时发出信号，以便运行值班人员及时发现，采取措施消除接地故障。只是在某些特殊的情况下，对人身和设备的安全构成威胁时，才装设有选择性动作于跳闸的接地保护。能完成这种任务的保护装置有时被称为接地选线装置。

8.1.1　中性点不接地电网接地故障分析

中性点不接地简单网络如图 8-1 所示。在正常运行情况下，中性点不接地电网三相对地有相同的电容 C_0，三相对地电压等于各自的相电压，且是对称的，中性点对地电压为零,在相电压的作用下,每相对地电容电流相等,且超前各自的相电压 90°,其相量图如图 8-1(b)所示。由于电源和负载都是对称的,故在正常运行时,电网不会出现零序电压和零序电流。

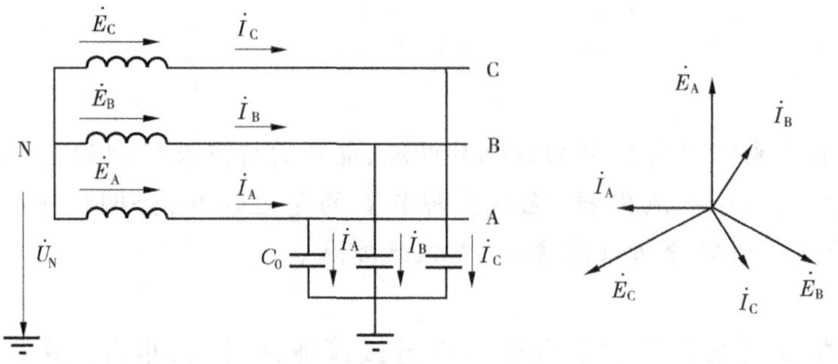

图 8-1　中性点不接地电网正常运行时电流电压及相量图

当电网发生单相接地故障时,由于三相对地电压及电容电流对称性遭到破坏,因而电网将出现零序电压和零序电流。

中性点不接地电网如图 8-2 所示,设线路 1L、2L、3L 和发电机 G 各相对地集中电容分别用 $C_{0.1}$、$C_{0.2}$、$C_{0.3}$ 和 $C_{0.G}$ 表示,为分析方便,假设线路为空载,并且忽略电容电流在线路阻抗上的压降。假设在线路 3L 的 A 相 K 点接地,则该电网 A 相被短接,整个电网的 A 相对地电压和对地电容电流都为零,而非故障相的对地电容电流通过大地、接地点、电源和线路构成回路。

电网中性点对地电压为

$$\dot{U}_N = -\dot{E}_A \tag{8-1}$$

电网中 A、B、C 三相对地电压分别为

$$\left.\begin{aligned}\dot{U}_A &= \dot{E}_A - \dot{E}_A = 0\\ \dot{U}_B &= \dot{E}_B - \dot{E}_A = \sqrt{3}\dot{E}_A e^{-j150°}\\ \dot{U}_C &= \dot{E}_C - \dot{E}_A = \sqrt{3}\dot{E}_A e^{j150°}\end{aligned}\right\} \tag{8-2}$$

电网出现零序电压,且电网各处零序电压相等,零序电压为

$$\dot{U}_0 = \frac{1}{3}(\dot{U}_A + \dot{U}_B + \dot{U}_C) = -\dot{E}_A = \dot{U}_N \tag{8-3}$$

对于线路 1L,非故障相 B、C 相流向故障点的电容电流分别为

$$\left.\begin{aligned}\dot{I}_{A.1} &= 0\\ \dot{I}_{B.1} &= j\omega C_{0.1}\dot{U}_B = j\sqrt{3}\omega C_{0.1}\dot{E}_A e^{-j150°}\\ \dot{I}_{C.1} &= j\omega C_{0.1}\dot{U}_C = j\sqrt{3}\omega C_{0.1}\dot{E}_A e^{j150°}\end{aligned}\right\} \tag{8-4}$$

从式(8-4)可知,A 相对地电容电流为零,B、C 相对地电容电流增大为正常运行时电容电流的$\sqrt{3}$倍,这一结果适用于中性点不接地电网中任意一条线路。

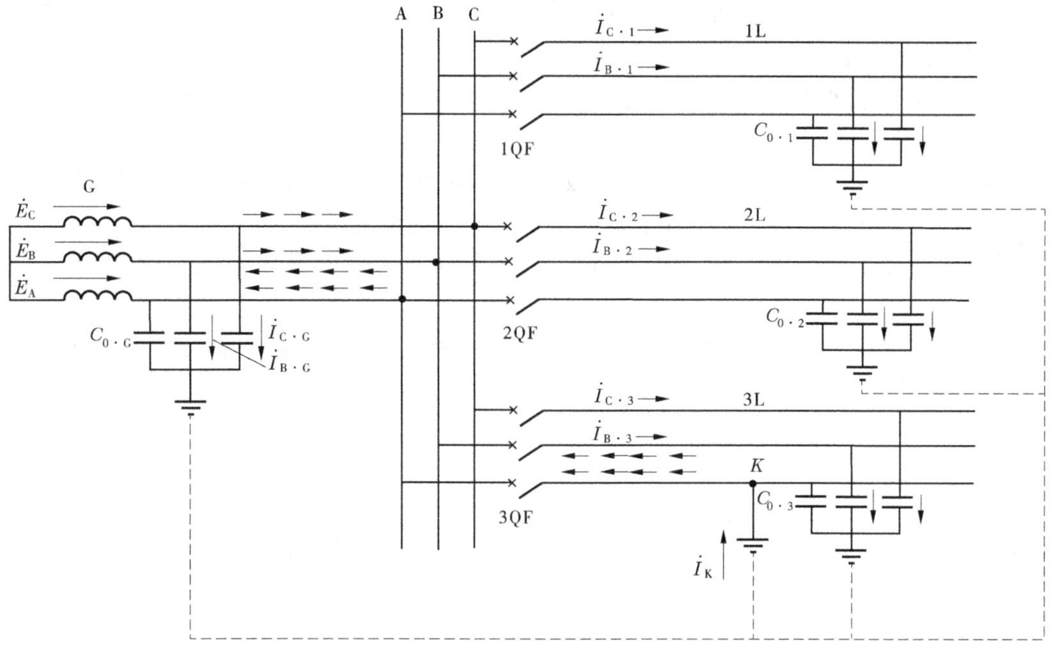

图 8-2　中性点不接地电网单电源多线路单相接地

从图 8-2 可以看出，非故障线路 1L 始端所反映的零序电流为

$$3\dot{I}_{0\cdot1} = \dot{I}_{B\cdot1} + \dot{I}_{C\cdot1} = j\omega C_{0\cdot1}\dot{U}_B + j\omega C_{0\cdot1}\dot{U}_C = j3\omega C_{0\cdot1}\dot{U}_0 \tag{8-5}$$

同理，非故障线路 2L 始端所反映的零序电流为

$$3\dot{I}_{0\cdot2} = \dot{I}_{B\cdot2} + \dot{I}_{C\cdot2} = j3\omega C_{0\cdot2}\dot{U}_0 \tag{8-6}$$

对非故障元件发电机 G，一方面，其本身 B、C 相的对地电容电流 $\dot{I}_{B\cdot G}$和 $\dot{I}_{C\cdot G}$经电容 $C_{0\cdot G}$流向故障点；另一方面，由于发电机 G 是产生其他电容电流的电源，各条线路的电容电流从 A 相绕组流入，又分别从 B、C 相绕组流出，三相电流相量和为零。故对发电机 G 出线端，零序电流为

$$3\dot{I}_{0\cdot G} = \dot{I}_{B\cdot G} + \dot{I}_{C\cdot G} = j3\omega C_{0\cdot G}\dot{U}_0 \tag{8-7}$$

非故障元件零序电流为电容电流，超前 $\dot{U}_0 90°$，方向皆为母线指向线路。

而对故障线路 3L，B、C 相与非故障线路一样，流有它本身的对地电容电流 $\dot{I}_{B\cdot3}$和 $\dot{I}_{C\cdot3}$，而 A 相要流过故障点的电流 $\dot{I}_K$，$\dot{I}_K$ 的方向由线路指向母线，其值为

$$\begin{aligned}\dot{I}_K &= (\dot{I}_{B\cdot1} + \dot{I}_{C\cdot1}) + (\dot{I}_{B\cdot2} + \dot{I}_{C\cdot2}) + (\dot{I}_{B\cdot3} + \dot{I}_{C\cdot3}) + (\dot{I}_{B\cdot G} + \dot{I}_{C\cdot G}) \\ &= j3\omega(C_{0\cdot1} + C_{0\cdot2} + C_{0\cdot3} + C_{0\cdot G})\dot{U}_0 = j3\omega C_{0\cdot\Sigma}\dot{U}_0\end{aligned} \tag{8-8}$$

式中，$C_{0\cdot\Sigma}$为全电网每相对地电容的总和，$C_{0\cdot\Sigma} = C_{0\cdot1} + C_{0\cdot2} + C_{0\cdot3} + C_{0\cdot G}$。

故障线路 3L 始端所反映的零序电流为

$$3\dot{I}_{0\cdot3} = \dot{I}_{A\cdot3} + \dot{I}_{B\cdot3} + \dot{I}_{C\cdot3} = -\dot{I}_k + \dot{I}_{B\cdot3} + \dot{I}_{C\cdot3} = -(\dot{I}_{B\cdot1} + \dot{I}_{C\cdot1} + \dot{I}_{B\cdot2} + \dot{I}_{C\cdot2} + \dot{I}_{B\cdot G} + \dot{I}_{C\cdot G})$$

$$= -(3\dot{I}_{0\cdot 1} + 3\dot{I}_{0\cdot 2} + 3\dot{I}_{0\cdot G}) = -j3\omega(C_{0\cdot 1} + C_{0\cdot 2} + C_{0\cdot G})\dot{U}_0 \tag{8-9}$$

其方向由线路指向母线，相位上落后 $\dot{U}_0 90°$。

综上所述，电网单相接地时电流、电压的相量图，如图 8-3 所示，其零序分量的特点如下：

（1）发生单相金属性接地时，电网各处故障相对地电压为零，非故障相对地电压升高至电网的线电压；零序电压大小等于电网正常运行时的相电压。

（2）非故障线路上零序电流的大小等于其本身的对地电容电流，方向由母线指向线路。

（3）故障线路上零序电流的大小等于全系统非故障元件对地电容电流的总和，方向由线路指向母线。

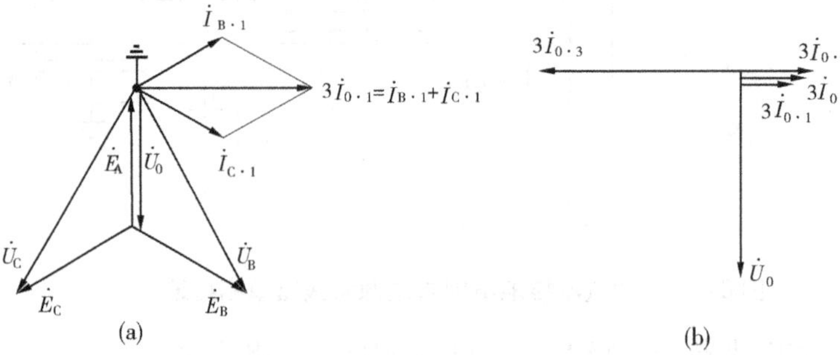

图 8-3　中性点不接地电网单相接地时零序电流、电压的相量图

8.1.2　中性点不接地电网接地保护

根据中性点不接地系统单相接地的特点以及电网的具体情况，对中性点不接地系统的保护可以采用以下几种方式。

8.1.2.1　无选择性绝缘监视装置

在发电厂或变电站母线上装设电压互感器，有两组二次绕组：一组接成星形，在它的引出线上接三只电压表，测量各相电压（注意：电压表的额定工作电压应按线电压来选择）；另一组接成开口三角形，并在开口处接一只过电压继电器，用于反映接地故障时出现的零序电压，并动作于信号，如图 8-4 所示。

正常运行时，系统三相电压对称，没有零序电压，所以三只电压表读数为相电压并且相等，开口三角形没有电压输出，过电压继电器不动作。当任一回出线发生接地故障时，开口三角形出现零序电压，使过电压继电器动作，发出接地故障信号；接地相对地电压为零，而其他两非故障相对地电压升至原来的$\sqrt{3}$倍，可从三只电压表上读出。值班人员根据信号和电压表指示，就可判别出发生了接地故障和故障的相别，即知道哪一相接地了。但却不知道是哪一条线路发生了接地故障。因为当该电网发生单相接地短路时，处于同一电压等级的所有发电厂和变电所母线上，都将出现零序电压，所以该装置发出的信号是没有选择性的。这时值班人员可通过依次短时断开每条线路的方法（可辅以自动重合闸，将断开线路投入）来寻找故障线路。如断开某条线路时，系统接地故障信号消失，则表明被断开的线路为故障线路。找到故障线路后，就可以采取措施进行处理，如转移故障线路负荷，以便停电检查。

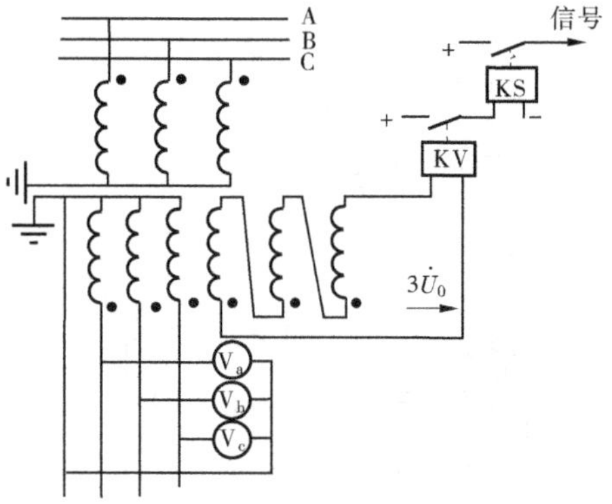

图 8-4　绝缘监视装置

在电网正常运行时，由于电压互感器本身有误差以及高次谐波电压的存在，开口三角形会有不平衡电压输出，所以过电压继电器的动作电压应躲过这一不平衡电压，一般整定为 15 V。

8.1.2.2　**零序电流保护**

在中性点不接地电网中发生单相接地短路时，故障线路的零序电流大于非故障线路的零序电流，利用这一特点可构成零序电流保护。尤其在出线较多的电网中，故障线路的零序电流比非故障线路的零序电流大得多，保护动作更灵敏。

由于电网发生单相接地时，非故障线路上的零序电流为其本身的电容电流，为了保证动作的选择性，零序电流保护的动作电流应大于本线路的电容电流，即

$$I_{op} = K_{rel} 3 U_p \omega C_0 \tag{8-10}$$

式中，K_{rel}为可靠系数，它的大小与保护动作时间有关，如瞬间动作，为防止因暂态电容电流而误动，一般取 4 ~ 5，如保护延时动作，可取 1.5 ~ 2；U_p 为电网正常运行时的相电压；C_0 为被保护线路每相的对地电容。

保护装置的灵敏度的校验，按在被保护线路上发生单相接地短路时，流过保护的最小零序电流来进行，即

$$K_{sen} = \frac{3U_p \omega (C_{0\cdot\Sigma} - C_0)}{K_{rel} 3 U_p \omega C_0} = \frac{C_{0\cdot\Sigma} - C_0}{K_{rel} C_0} \tag{8-11}$$

式中，$C_{0\cdot\Sigma}$是同一电压等级电网中，各元件每相对地电容之和。

显然，出线回路数越多，保护灵敏度越高。利用零序电流互感器构成的接地保护如图 8-5所示。保护工作时，接地故障电流或其他杂散电流，可能在地中流动，也可能沿故障或非故障线路导电的电缆外皮流动，这些电流经电流互感器传变加到电流继电器中，就可能造成接地保护误动、拒动或降低灵敏度。为了解决这一问题，应将电缆盒及零序电流互感器到电缆盒的一段电缆对地绝缘，并将电缆盒的接地线穿回零序电流互感器的铁芯窗口再接地，如图 8-5 所示。这样，可使经电缆外皮流过的电流再经接地线流回大地，使

其在铁芯中产生的磁通互相抵消,从而消除其对保护的影响。在出线较少的情况下,非故障线路的零序电容电流与故障线路的零序电容电流相差不大,采用零序电流保护灵敏度很难满足要求。

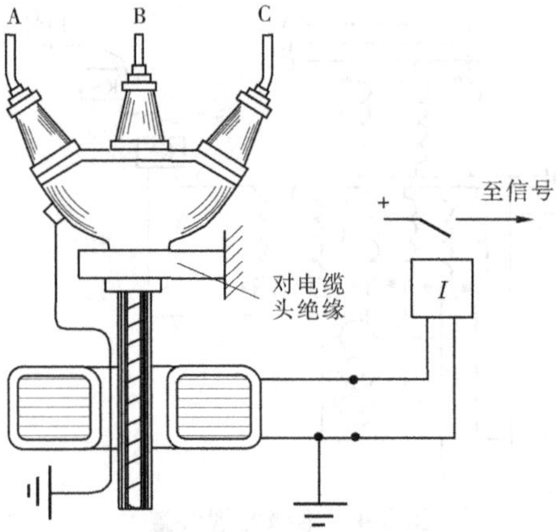

图 8-5　利用零序电流互感器构成的接地保护

8.1.2.3　**零序功率方向保护**

在出线回路数较少的中性点不接地电网中,发生单相接地故障时,故障线路的零序电流与非故障线路的零序电流相差不大,因而采用零序电流保护往往不能满足灵敏度的要求。这时可以考虑采用零序功率方向保护。

根据前面的分析可知,中性点不接地电网发生单相接地故障时,故障线路的零序电流和非故障线路的零序电流方向相反,即故障线路的零序电流滞后零序电压90°。而非故障线路的零序电流超前零序电压90°,因此采用零序功率方向保护可明显地区分故障线路和非故障线路,从而有选择性地动作。零序功率方向保护原理接线图如图 8-6 所示。功率方向元件的电流线圈接于被保护线路零序电流互感器的二次侧,即 $\dot{I}_r = 3\dot{I}_0$,电压线圈接于母线电压互感器二次开口三角形的输出端,即 $\dot{U}_r = 3\dot{U}_0$。

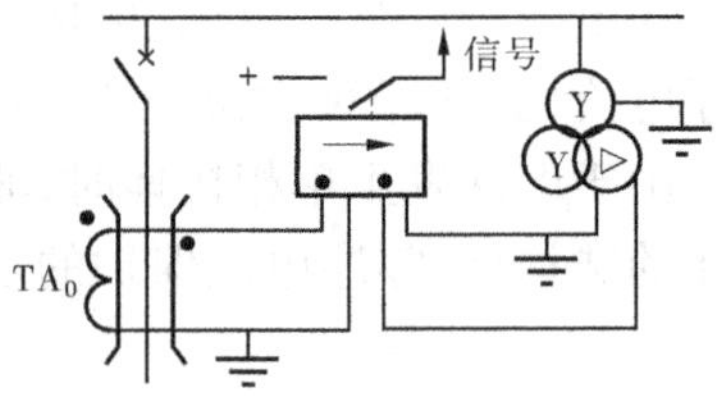

图 8-6　零序功率方向保护原理接线图

8.2　中性点经消弧线圈接地电网的接地保护

8.2.1　中性点经消弧线圈接地电网单相接地故障分析的特点

根据对中性点不接地系统的分析,在中性点不接地电网中发生单相接地时,在接地点要流过全系统的电容电流,如果此电流比较大,就会在接地点燃起电弧,引起弧光过电压,从而使非故障相的对地电压进一步升高,使绝缘损坏,形成两点或多点的接地,构成接地相间短路,造成停电事故。为了解决这个问题,通常在中性点接入一个电感线圈,如

图 8-7所示，这样当单相接地时，在接地点就有一个电感分量的电流通过，此电流和原系统中的电容电流相抵消，就可以减小流经故障点的电流，因此这个电感线圈称为消弧线圈。

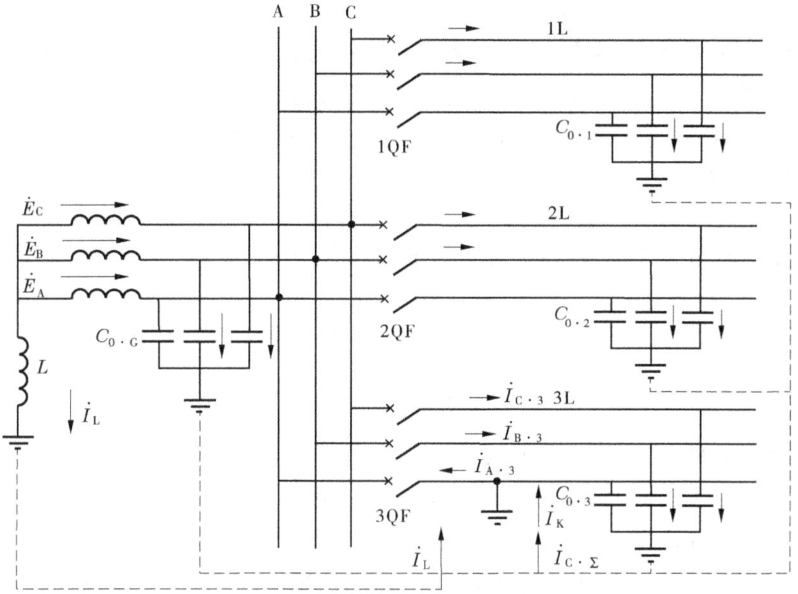

图 8-7　中性点经消弧线圈接地

当 35 kV 电网发生单相接地时，若故障点的电容电流总和大于 10 A，10 kV 电网大于 20 A，3 ~6 kV 电网大于 30 A，则其电源的中性点应采取经消弧线圈接地的方式。

当采用消弧线圈后，单相接地时的电流分布将发生重大的变化。假定在图 8-7 所示的网络中，在电源的中性点接入了消弧线圈，当 3L 线路上 A 相接地以后，电容电流的大小和分布与不接消弧线圈时是一样的，不同之处是在接地点又增加了一个电感分量的电流，因此从接地点流回的总电流为

$$\dot{I}_K = \dot{I}_L + \dot{I}_{C\cdot\Sigma} \tag{8-12}$$

式中，$\dot{I}_{C\cdot\Sigma}$ 为全系统的对地电容电流；$\dot{I}_L$ 为消弧线圈的电流。

假设用 L 表示它的电感，则$\dot{I}_L = -\dfrac{\dot{E}_A}{j\omega L}$，由于$\dot{I}_{C\cdot\Sigma}$和$\dot{I}_L$ 的相位大约相差 180°。因此，接地点的电流$\dot{I}_K$ 将因消弧线圈的补偿而减小。

根据对电容电流补偿程度的不同，消弧线圈有完全补偿、欠补偿及过补偿三种方式。

(1) 当 $I_{C\cdot\Sigma} = I_L$ 时，称为完全补偿。采用这种补偿方式后，接地点的电流近似为零，以消除接地故障点的电弧。从避免出现弧光过电压的角度来看，这种补偿方式是最好的，但是从其他方面来看，因为完全补偿时，$\omega L = \dfrac{1}{3\omega C_\Sigma}$，电路出现串联谐振，这样，在正常情况时，如果架空线路三相对地电容不完全相等，则电源中性点对地之间就产生电压偏移。

此外，在断路器合闸三相触头不同时闭合时，也将短时出现一个数值更大的零序电压分量。

在上述两种情况下所出现的零序电压，都是串联接于 L 和 $3C_{\Sigma}$ 之间的，此电压将在串联谐振回路中产生很大的电压降落，从而使电源中性点对地电压严重升高，这是不能允许的，因此在实际中不能采用这种方式。

(2) 当 $I_{C\cdot\Sigma} > I_L$ 时，称为欠补偿。采用这种补偿方式后，补偿后的接地点电流仍然是电容性的。采用这种方式时，仍然不能避免上述问题的发生，因为当系统运行方式变化时，如某条线路被切除或因发生故障而跳闸，则电容电流就将减少，致使可能得到完全补偿，所以欠补偿的方式一般不采用。

(3) 当 $I_{C\cdot\Sigma} < I_L$ 时，称为过补偿。采用这种补偿方式后，流过接地故障点的电流是电感性的。采用这种补偿方式不可能发生谐振过电压问题，因此其在实际中获得了广泛的应用。

I_L 大于 $I_{C\cdot\Sigma}$ 的程度用过补偿度 K 来表示，其关系为

$$K = \frac{I_L - I_{C\cdot\Sigma}}{I_{C\cdot\Sigma}} \tag{8-13}$$

一般选择过补偿度 $K = 5\% \sim 10\%$。

在过补偿情况下，通过故障线路保护安装处的电流为补偿以后的电感电流，它与零序电压的相位关系和非故障相线路容性电流与零序电压的相位关系相同，在数值上较小。因此，在这种情况下，无法利用零序电流的大小来找出故障线路，即零序电流保护不适用。

8.2.2 中性点经消弧线圈接地电网单相接地故障的特点

综上所述，可以得出如下的结论：

(1) 中性点经消弧线圈接地电网中发生单相金属性接地时，故障相对地电压为零，非故障相对地电压为线电压，电网中将出现零序电压，零序电压的大小等于电网正常运行时的相电压，与此同时也将出现零序电流。

(2) 消弧线圈两端的电压为零序电压，消弧线圈的电流通过接地故障点和故障线路的故障相，但不通过非故障线路。

(3) 当采用完全补偿方式时，流经故障线路和非故障线路的零序电流都是其本身的电容电流，电容性无功功率的实际方向都是由母线流向线路，因此在这种情况下，利用稳态零序电流的大小和功率方向都无法判断哪一条线路发生了故障。

(4) 当采用过补偿方式时，流经故障线路的零序电流将大于其本身的电容电流，过补偿使故障点、故障线路的零序电流大大减小，因此故障线路零序电流的大小与非故障线路零序电流的值差别不大。而电容性无功功率的实际方向仍然是由母线流向线路，和非故障线路的方向一样。在这种情况下，首先就无法利用功率方向的差别来判别故障线路，其次由于过补偿度不大，因此很难像中性点不接地电网那样，利用零序电流大小的不同来找出故障线路。

8.2.3 中性点经消弧线圈接地电网接地保护

在中性点经消弧线圈接地的电网中，一般采用过补偿运行方式。当发生单相接地时，

由于故障线路零序电流不大，采用零序电流保护很难满足灵敏度的要求；由于故障线路零序电流和零序功率方向与非故障线路零序电流和零序功率方向相同，也无法采用零序功率方向保护。因此，在此类电网中，实现接地保护比较困难，目前在中性点经消弧线圈接地的电网中，单相接地保护主要采用以下几种方式：

（1）装设绝缘监视装置。

该装置与中性点不接地电网的绝缘监视装置的原理和接线图相同。

（2）采用高次谐波分量的接地保护。

在电力系统中的谐波电流中，数值最大的是5次谐波分量，它是因电源电势中存在高次谐波分量和负荷的非线性而产生的，并随系统的运行方式而变化。在中性点经消弧线圈接地的电网中，由于消弧线圈对5次谐波分量呈现的感抗较基波分量时增大5倍（$X_L = 5\omega L$），而线路的容抗减小5倍（$X_C = \frac{1}{5\omega C_\Sigma}$），因此消弧线圈已远不能补偿5次谐波的电容电流。5次谐波电流在电网中的分布规律与基波电流在中性点不接地电网中的分布规律几乎一致。因此，发生单相接地故障时，故障线路上5次谐波的零序电流基本上等于非故障线路5次谐波电容电流之和，而非故障线路上5次谐波的零序电流就是本身的5次谐波电容电流，两者的相位相反，在出线较多的情况下，数值也相差很大，因此利用这些差别，便可实现高次谐波电流分量有选择性的接地保护。

（3）反映暂时破坏补偿方法的接地保护。

在发生故障瞬间，短时断开消弧线圈，或者切换它的一部分，使故障线路与非故障线路零序电流有较大的区别，实现有选择性的保护，但这种方法对降低过电压和消弧是不利的。

小　结

在中性点不接地电网中发生单相接地故障时，故障相对地电压为零，非故障相对地电压升高为正常运行时的$\sqrt{3}$倍，同时会出现零序电压和零序电流。根据这一特点及接地时出现的基本特征量，利用零序电压和电流构成中性点不接地电网的接地保护。

中性点不接地电网接地保护的方式有：

（1）绝缘监视装置。为一种无选择性的信号装置，接线简单、经济，但在寻找接地故障过程中，不仅要短时中断对用户的供电，且操作复杂，还需要人工查找故障线路。这种装置广泛用在发电厂和变电所母线上，用以监视本电网中的单相接地故障及母线电压。当采用其他接地保护方式不满足选择性和灵敏性要求时，只得用本装置来构成接地保护。它适用于出线较少的中性点不接地电网。

（2）零序电流保护。只有当电网的线路数目较多时，这种保护才能有足够的灵敏度。当线路的数目较少时，实现这种保护是很困难的。

（3）零序功率方向保护。当零序电流保护灵敏系数不满足时才采用零序功率方向保护。

在中性点经消弧线圈接地的电网中，一般采用过补偿运行方式，当发生单相接地时，故障线路零序电流不大。中性点经消弧线圈接地电网的保护方式目前主要采用绝缘监视装置,中性点经消弧线圈接地电网故障的保护还没有很好地完善,有待进一步改进。有选择性的接地保护广泛应用微机选线装置。

习 题

一、填空题

1. 对中性点不接地系统,接地保护常见方式有:______________________。

2. 对中性点不接地系统,故障线路的零序电流与非故障线路的零序电流方向________,并________零序电压90°。

二、判断题

1. 输电线路装设了零序电流保护之后,相间短路保护可以不必再装设。 ( )

2. 对中性点不接地系统,当线路的回路数不够多时,不宜采用无选择性绝缘监视装置。 ( )

3. 可以单独使用过电压继电器构成中性点不接地系统输电线路单相接地保护。 ( )

三、选择题

1. 零序电流保护具有( )特点。

A. 接线简单,灵敏度低　　B. 接线简单,可靠性低

C. 动作迅速和保护区稳定　　D. 接线简单,灵敏度高,保护区稳定

2. 中性点非直接接地系统发生单相金属性接地时,故障点的电容电流与( )有关。

A. 电网电压　　B. 电网电压及线路长度

C. 线路阻抗　　D. 系统运行方式

四、问答题

1. 对中性点不接地电网和中性点经消弧线圈接地电网,在发生单相接地故障时,其零序电容电流分布的特点是什么?

2. 试述在中性点不接地电网中发生单相接地故障时,电流、电压变化的特点。

3. 中性点不接地系统为什么不用电压继电器构成有选择性的零序保护?

4. 说明绝缘监视装置的工作原理。

5. 消弧线圈的作用是什么?中性点经消弧线圈接地一般采用何种补偿方式?说明在中性点经消弧线圈接地电网中发生单相接地时,为什么不能采用一般的零序电流保护。

第 9 章　电力变压器的继电保护

教学要求

了解变压器故障和异常运行情况及其保护的配置；熟悉瓦斯保护工作原理；掌握变压器差动保护工作原理、差动保护产生不平衡电流的原因及消除方法；理解微机差动保护的原理；了解电力变压器接地保护的构成原理；掌握变压器相间短路后备保护工作原理及整定计算方法。

9.1　电力变压器的故障类型及保护措施

变压器的故障分为油箱内的故障和油箱外的故障两类。油箱内的故障主要有绕组的相间短路、匝间短路和接地短路。这些故障产生的电弧不仅会烧坏变压器绕组和铁芯，而且由于绝缘油汽化，可能引起变压器油箱爆炸，后果十分严重。变压器油箱外的故障最常见的是套管和引出线上发生的相间短路和接地短路。

变压器的不正常运行状态主要包括：由于外部短路引起的过电流；由于电动机自启动或并联工作的变压器被断开及尖峰负荷等原因引起的过负荷；油箱漏油造成的油面降低；变压器中性点电压升高；由于外加电压过高或频率降低引起的过励磁等。

针对上述变压器的故障和不正常运行状态，根据《继电保护与安全自动装置运行条例》，变压器一般应配置下列继电保护装置。

(1)瓦斯保护。

瓦斯保护是防御油箱内部故障的主保护，重瓦斯保护动作于跳闸，轻瓦斯保护动作于发信号。800 kVA 及以上的油浸式变压器和 400 kVA 以上的户内油浸式变压器，均应装设瓦斯保护。

(2)纵差保护或电流速断保护。

对变压器绕组、引出线和套管的故障，可装设纵差保护或电流速断保护，保护动作于跳开变压器各侧断路器。6 300 kVA 及以上并列运行的变压器，6 300 kVA 及以上的发电厂厂用变压器和工业企业中的重要变压器，10 000 kVA 及以上单独运行的变压器，20 000 kVA 以上的变压器，当采用电流速断保护灵敏度不能满足要求时，均可采用纵差保护。

(3)相间短路的后备保护。

为防止外部相间短路引起的过电流及作为变压器内部故障的后备保护，应采用下列保护：

①对于中小容量的降压变压器，宜采用过电流保护和低电压启动的过电流保护。

②对于升压变压器和系统联络变压器及过电流保护不满足灵敏度要求的降压变压器，可采用复合电压启动的过电流保护。

③6 300 kVA 及以上的升压变压器,可采用负序电流保护及单相式低电压启动的过电流保护。

④对于大容量的升压变压器或系统联络变压器,当采用上述②、③保护不能满足灵敏度和选择性要求时,可采用阻抗保护。

(4)接地短路的零序保护。

110 kV 及以上中性点直接接地电网中,应装设零序保护作为变压器主保护的后备保护及相邻元件接地保护的后备保护。变压器中性点直接接地运行时,应装设零序电流保护;变压器中性点可能接地或不接地运行时,应装设零序电流、电压保护。

(5)过负荷保护。

对于 400 kVA 以上的变压器,当数台并列运行或单独运行并作为其他负荷的备用电源时,应装设过负荷保护,用于反映对称过负荷。

(6)其他保护。

高压侧电压为 500 kV 及以上的变压器,对频率降低或电压升高而引起的变压器励磁电流升高,应装设过励磁保护。对变压器温度和油箱内压力升高,以及冷却系统故障,均应装设相应的保护装置。

9.2 电力变压器的瓦斯保护

9.2.1 气体继电器的构成原理

当油浸式变压器油箱内发生故障时,短路点电弧使变压器油及其他绝缘材料分解,产生气体(含有瓦斯成分),从油箱向油枕流动。故障越严重,产生的气体越多,流速越快,甚至气流中还夹杂着变压器油。反映这种气流和油流而动作的保护称为瓦斯保护。瓦斯保护的测量继电器为气体继电器。

气体继电器安装于变压器油箱和油枕之间的连接管道上,如图 9-1 所示。为了便于气体的排放,安装时需要有一定的倾斜度:变压器顶盖与水平面应有 1% ~1.5% 的坡度,连接管道应有 2% ~4% 的坡度。

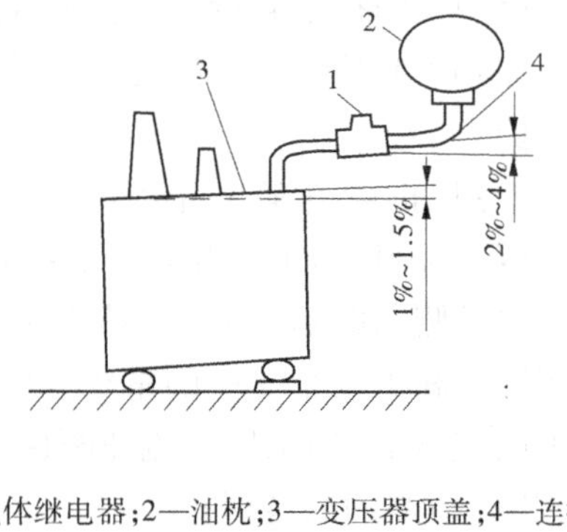

1—气体继电器;2—油枕;3—变压器顶盖;4—连接管道

图 9-1 气体继电器安装示意图

我国目前采用的气体继电器有三种形式,即浮筒式、挡板式和复合式,其中复合式气体继电器具有浮筒式和挡板式的优点,在工程实践中应用较多。现以 QJ_1-80 型复合式气体继电器为例,来说明气体继电器的动作原理。如图 9-2 所示为 QJ_1-80 型复合式气体继电器结构图。

向上的开口杯 5 和重锤 6 固定在它们之间的一个转轴上。正常运行时,继电器及开口杯内都充满了油,开口杯因其自重抵消浮力后的力矩小于重锤自重抵消浮力后的力矩而处于上翘状态,固定在开口杯旁的磁铁 4 位于干簧触点 15 的上方,干簧触点可靠断开,

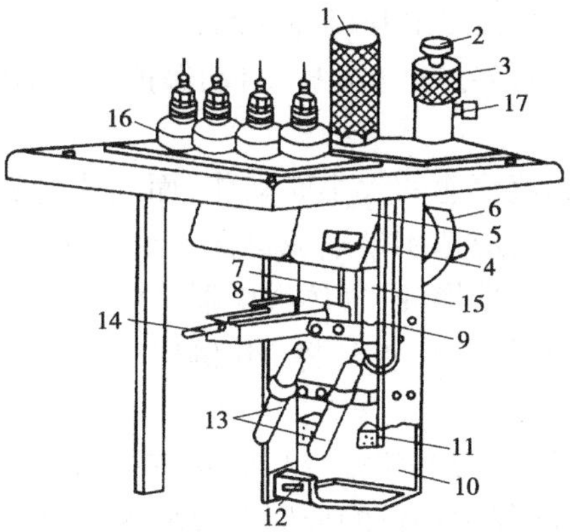

1—罩;2—顶针;3—气塞;4、11—磁铁;5—开口杯;6—重锤;7—探针;8—开口销;
9—弹簧;10—挡板;12—螺杆;13—干簧触点(重瓦斯);14—调节杆;
15—干簧触点(轻瓦斯);16—套管;17—排气口

图 9-2　QJ_1-80 型复合式气体继电器结构图

轻瓦斯保护不动作;挡板 10 在弹簧 9 的作用下处于正常位置,磁铁 11 远离干簧触点 13,干簧触点可靠断开,重瓦斯保护也不动作。由于采取了两个干簧触点 13 串联且用弹簧 9 拉住挡板 10 的措施,使重瓦斯保护具有良好的抗震性能。

当变压器内部发生轻微故障时,所产生的少量气体逐渐聚集在继电器顶盖下面,使继电器内油面缓慢下降,油面低于开口杯时,开口杯所受浮力减小,其自重加杯内油重抵消浮力后的力矩将大于重锤自重抵消浮力后的力矩,开口杯位置随油面的降低而下降,磁铁 4 逐渐靠近干簧触点 15,接近到一定程度时触点闭合,发出轻瓦斯动作信号。

当变压器内部发生严重故障时,所产生的大量气体形成从油箱内冲向油枕的强烈气流,带油的气体直接冲击着挡板 10,克服了弹簧 9 的拉力使挡板偏转,磁铁 11 迅速靠近干簧触点 13,触点闭合(即重瓦斯保护动作)启动保护出口继电器,使变压器各侧断路器跳闸。

9.2.2　瓦斯保护的接线

瓦斯保护接线如图 9-3 所示。

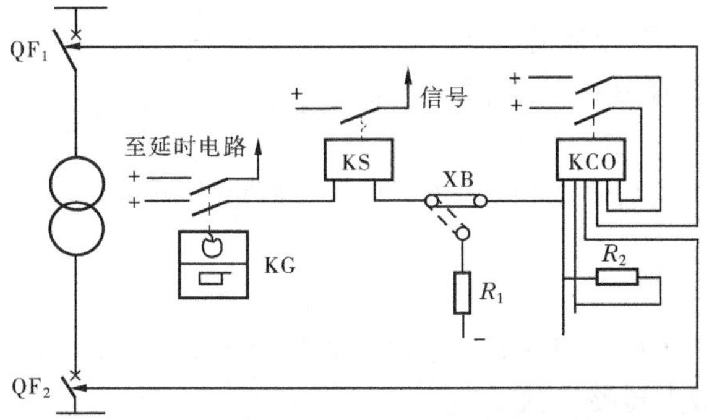

图 9-3　变压器瓦斯保护原理图

气体继电器 KG 的轻瓦斯触点由开口杯控制，闭合后延时发出动作信号。KG 的重瓦斯触点由挡板控制，动作后经信号继电器 KS 启动保护出口继电器 KCO，使变压器各侧断路器跳闸。

由于重瓦斯保护反映油流流速的大小而动作，而油流的流速在故障过程中往往很不稳定，为了使断路器可靠跳闸，应选用带电流自保持线圈的中间继电器。

为了防止瓦斯保护在变压器换油、气体继电器试验、变压器新安装或大修后投入运行之初时误动作，出口回路设有切换片 XB，将 XB 倒向电阻 R_1 侧，可使重瓦斯保护改为只发信号。

瓦斯保护动作后，应从瓦斯器上部排气口收集气体，进行分析。根据气体的数量、颜色、化学成分、可燃性等，判断保护动作的原因和故障的性质。

瓦斯保护能反映油箱内各种故障，且动作迅速，灵敏性高，接线简单，特别对于变压器绕组的匝间短路（当短路匝数很少时），灵敏度好于其他保护。所以，瓦斯保护目前仍然是大、中、小型变压器必不可少的油箱内部故障最有效的主保护。但瓦斯保护不能反映油箱外的引出线和套管上的故障，故不能单独作为变压器的主保护，须与纵差保护或电流速断保护配合使用。

9.3 电力变压器的电流速断保护

变压器的电流速断保护是反映电流增大而瞬时动作的保护。装于变压器的电源侧，与瓦斯保护配合，对变压器及其引出线上各种形式的短路进行保护。为保证选择性，速断保护只能保护变压器部分，它适用于容量在 10 MVA 以下较小容量的变压器。当过电流保护时限大于0.5 s时，可在电源侧装设电流速断保护，其原理接线如图 9-4 所示。

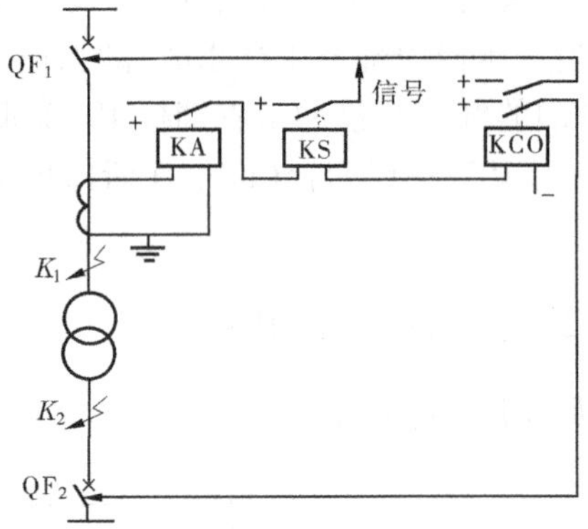

图 9-4　变压器电流速断保护单相原理接线图

变压器的电源侧为直接接地系统时，保护采用完全星形接线；变压器的电源侧为非直接接地系统时，保护采用两相不完全星形接线。

电流速断保护按以下原则进行整定：按下面两种情况计算，选择其中较大值作为保护的动作电流。

(1) 按躲开变压器负荷侧出口 K_2 点（即变压器低压侧母线）短路时的最大短路电流 $I_{k\cdot max}$ 来整定，即

$$I_{op} = K_{rel} I_{k\cdot max} \tag{9-1}$$

式中，K_{rel} 为可靠系数，取 1.3 ~ 1.4；$I_{k\cdot max}$ 是最大运行方式下，变压器低压侧母线发生短路故障时，流过保护的最大短路电流。

(2) 躲过变压器空载投入时的励磁涌流，通常取

$$I_{op} = (3 \sim 5) I_N \tag{9-2}$$

式中，I_N 是保护安装侧变压器的额定电流。

取上述两条件的较大值为保护动作电流值。

保护的灵敏度按变压器电源侧 K_1 点（保护出口）短路时，流过保护的最小短路电流校验，即

$$K_{sen}=\frac{I_{k\cdot min}^{(2)}}{I_{op}}\geqslant 2 \tag{9-3}$$

式中，$I_{k\cdot min}^{(2)}$为最小运行方式下，保护出口两相短路时的最小短路电流。

保护动作后，瞬时断开变压器两侧断路器。电流速断保护的优点是接线简单、动作迅速，能瞬时切除变压器电源侧引出线和套管以及变压器部分绕组的故障。它的缺点是不能保护变压器的整个范围，不能反映负荷侧套管、引出线的故障，此时需由变压器相间短路的后备保护来切除故障，导致切除故障的时间较长，不利于系统的安全运行；系统容量较小时，保护范围较小，灵敏度较难满足要求。

9.4 电力变压器的纵差保护

9.4.1 变压器纵差保护的工作原理

变压器纵差保护主要用来反映变压器绕组、引出线及套管上的各种短路故障，广泛运用于各种大中型变压器保护中，是变压器的主保护之一。

纵差保护是比较变压器各侧电流的大小和相位而构成的保护。为了实现这种比较，在变压器两侧各装设一组电流互感器 TA1、TA2，其二次侧按环流法连接（通常变压器两端的电流互感器一次侧的极性端子均置于靠近母线侧，则将它们二次侧的同极性端子相连接组成差动臂，再将差动继电器的线圈跨接在差动臂上），构成纵差保护，见图 9-5。

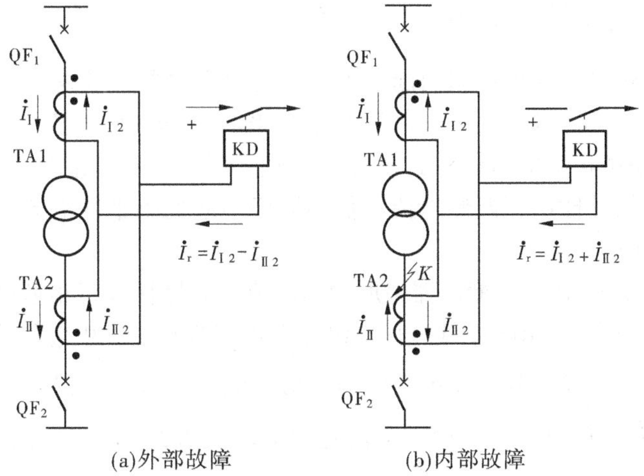

(a)外部故障　　(b)内部故障

图 9-5　变压器纵差保护单相原理接线图

由于变压器高压侧和低压侧的额定电流不同，因此必须选择好变压器两侧电流互感

器的变比和接线方式，保证变压器在正常运行和外部短路时两侧的二次电流大小相等、方向相同。其保护范围为两侧电流互感器 TA1、TA2 之间的全部区域，包括变压器的高、低压绕组、套管及引出线等。为了保证纵差保护的正确工作，就须适当选择两侧电流互感器的变比，使得正常运行和外部故障时，两个二次电流相等，即

$$I_{\mathrm{I}2} = I_{\mathrm{II}2} = \frac{I_{\mathrm{I}}}{n_{\mathrm{TA1}}} = \frac{I_{\mathrm{II}}}{n_{\mathrm{TA2}}} \tag{9-4}$$

式中，n_{TA1}为高压侧电流互感器的变比；n_{TA2}为低压侧电流互感器的变比。

若上述条件满足，则当变压器正常运行或发生外部故障时，流入差动继电器的电流为

$$\dot{I}_{\mathrm{r}} = \dot{I}_{\mathrm{I}2} - \dot{I}_{\mathrm{II}2} = 0 \tag{9-5}$$

但实际上由于电流互感器特性、变比等因素，变压器两侧二次电流大小并不完全相等，流过继电器的电流为不平衡电流 I_{unb}，当该电流小于 KD 的动作电流时，KD 不动作。

当变压器内部故障时，流入差动继电器的电流为

$$\dot{I}_{\mathrm{r}} = \dot{I}_{\mathrm{I}2} + \dot{I}_{\mathrm{II}2} = \dot{I}_{\mathrm{K}} \tag{9-6}$$

式中，$\dot{I}_{\mathrm{K}}$ 为短路点的短路电流。

为了保证动作的选择性，差动继电器的动作电流 I_{op}应按躲开外部短路时出现的最大不平衡电流来整定，即

$$I_{\mathrm{op}} = K_{\mathrm{rel}} I_{\mathrm{unb \cdot max}} \tag{9-7}$$

式中，K_{rel}为可靠系数，取 1.3。

可见，不平衡电流 I_{unb}愈大，差动继电器的动作电流也愈大。I_{unb}太大，就会降低内部短路时差动保护的灵敏度，因此减小不平衡电流及其对差动保护的影响，就成为实现变压器纵差保护的主要问题。为此，应分析不平衡电流产生的原因，并讨论消除其对保护影响的措施。

9.4.2 变压器纵差保护中的不平衡电流

9.4.2.1 变压器各侧电流相位不同引起的不平衡电流及其补偿措施

电力系统中变压器常采用 Y，d11 接线方式，因此变压器两侧电流的相位差为 30°，如果两侧电流互感器采用相同的接线方式，即使两侧电流数值相同，也会产生 $2I_2\sin 15°$的不平衡电流。因此，必须补偿由于两侧电流相位不同而引起的不平衡电流。

1. 常规保护的补偿方法

具体方法是将 Y，d11 接线的变压器星形侧的电流互感器接成三角形接线，三角形侧的电流互感器接成星形接线，Y，d11 接线变压器纵差保护接线及电流相量图，如图 9-6 所示。

图 9-6 中，$\dot{I}_{\mathrm{AY}}$、$\dot{I}_{\mathrm{BY}}$和 $\dot{I}_{\mathrm{CY}}$分别表示变压器星形侧的三个线电流，和它们对应的电流互感器二次侧电流为 $\dot{I}_{\mathrm{aY}}$、$\dot{I}_{\mathrm{bY}}$和 $\dot{I}_{\mathrm{cY}}$。由于电流互感器的二次绕组为三角形接线，所以流入差动臂的电流为 $\dot{I}_{\mathrm{ar}} = \dot{I}_{\mathrm{aY}} - \dot{I}_{\mathrm{bY}}$，$\dot{I}_{\mathrm{br}} = \dot{I}_{\mathrm{bY}} - \dot{I}_{\mathrm{cY}}$，$\dot{I}_{\mathrm{cr}} = \dot{I}_{\mathrm{cY}} - \dot{I}_{\mathrm{aY}}$。它们分别超前于 $\dot{I}_{\mathrm{AY}}$、$\dot{I}_{\mathrm{BY}}$和 $\dot{I}_{\mathrm{CY}}$30°，如图 9-6(b)所示。在变压器的三角形侧，其三相电流为 $\dot{I}_{\mathrm{Ad}}$、$\dot{I}_{\mathrm{Bd}}$和 $\dot{I}_{\mathrm{Cd}}$，相位分别超前 $\dot{I}_{\mathrm{AY}}$、$\dot{I}_{\mathrm{BY}}$和 $\dot{I}_{\mathrm{CY}}$ 30°。该侧电流互感器为星形连接，则其输出电流 $\dot{I}_{\mathrm{ad}}$、$\dot{I}_{\mathrm{bd}}$、$\dot{I}_{\mathrm{cd}}$分别

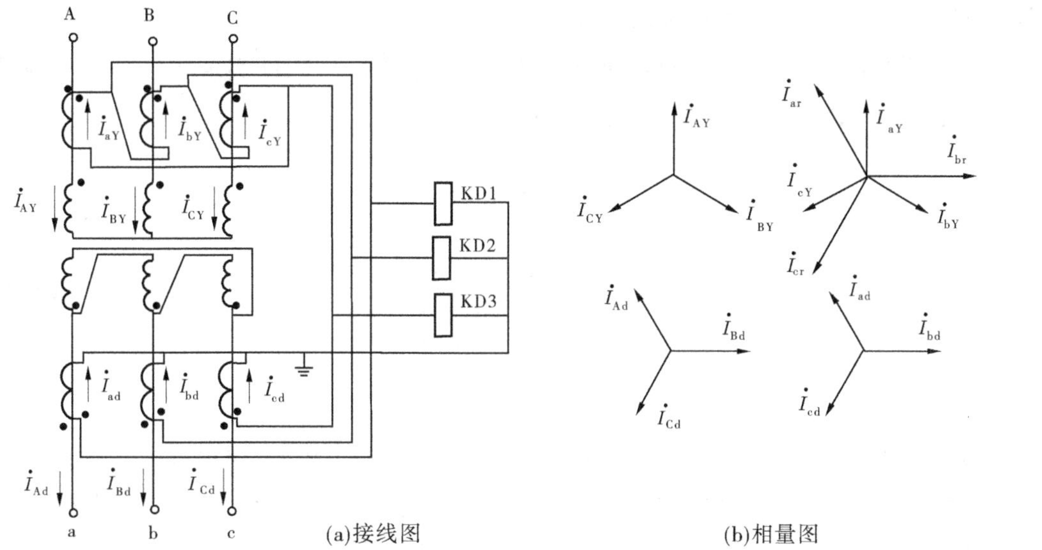

(a)接线图　　(b)相量图

图 9-6　Y,d11 接线变压器纵差保护接线及电流相量图

与 $\dot{I}_{Ad}$、$\dot{I}_{Bd}$、$\dot{I}_{Cd}$同相位，所以流入差动臂的这三个电流 $\dot{I}_{ad}$、$\dot{I}_{bd}$和 $\dot{I}_{cd}$分别与变压器星形侧加入差动臂的电流 $\dot{I}_{ar}$、$\dot{I}_{br}$和 $\dot{I}_{cr}$同相，这就使 Y,d11 变压器两侧电流的相位差得到了校正，从而有效地消除了因两侧电流相位不同而引起的不平衡电流。

采用了相位补偿接线后，在电流互感器绕组接成三角形的一侧，流入差动臂中的电流要比电流互感器的二次电流大$\sqrt{3}$倍。为了使正常工作及外部故障时差动回路中两差动臂的电流大小相等，可通过适当选择电流互感器变比解决，考虑到电流互感器二次侧额定电流为 5 A，则变压器星形侧电流互感器的计算变比为

$$n_{TA\cdot Y} = \frac{\sqrt{3}I_{NY}}{5} \tag{9-8}$$

而变压器三角形侧电流互感器的计算变比为

$$n_{TA\cdot d} = \frac{I_{Nd}}{5} \tag{9-9}$$

式中，I_{NY}为变压器星形侧的额定电流；I_{Nd}为变压器三角形侧的额定电流。

实际选择电流互感器变比时，根据式(9-8)和式(9-9)的计算结果，选择一个接近且略大于计算值的标准变比作为实际变比。

在实际接线中，必须严格注意变压器与两侧电流互感器的极性要求，防止发生差动继电器的电流相互接错，极性接反现象。在变压器的纵差保护投入前要做接线检查，在运行后，如测量不平衡电流值过大不合理，应在变压器带负载时，测量互感器一、二次侧电流相位关系，以判别接线是否正确。

2. 微机保护的补偿方法

由于微机保护软件计算的灵活性，允许变压器各侧的电流互感器二次侧都按星形接线，也可以采用常规保护的补偿接线方式。如果两侧都采用星形接线，在进行差动电流计

算时由软件对变压器星形侧电流进行相位补偿及电流数值补偿。

如变压器星形侧二次三相电流采样值为 $\dot{I}_{aY}$、$\dot{I}_{bY}$、$\dot{I}_{cY}$，用软件实现相位补偿时，则用下式可求得用作差动计算的三相电流 $\dot{I}_{ar}$、$\dot{I}_{br}$ 和 $\dot{I}_{cr}$。

$$\left.\begin{aligned}\dot{I}_{ar}&=\frac{\dot{I}_{aY}-\dot{I}_{bY}}{\sqrt{3}}\\ \dot{I}_{br}&=\frac{\dot{I}_{bY}-\dot{I}_{cY}}{\sqrt{3}}\\ \dot{I}_{cr}&=\frac{\dot{I}_{cY}-\dot{I}_{aY}}{\sqrt{3}}\end{aligned}\right\}\tag{9-10}$$

经软件计算后的 $\dot{I}_{ar}$、$\dot{I}_{br}$、$\dot{I}_{cr}$ 就与低压侧的电流 $\dot{I}_{ad}$、$\dot{I}_{bd}$ 和 $\dot{I}_{cd}$ 同相位了，相位关系见图 9-6(b)。与常规保护补偿方法不同的是，微机保护软件在进行相位补偿的同时也进行了数值补偿。值得一提的是，采用在变压器星形侧进行补偿的方式，当变压器星形侧发生单相接地短路故障时，由于差动回路不反映零序分量电流，差动保护的灵敏度将受影响。微机型差动保护可以通过叠加变压器中性点零序电流分量补偿，从而达到在变压器三角形侧进行相位补偿，提高差动保护灵敏度的目的。

9.4.2.2　两侧电流互感器型号不同而产生的不平衡电流

由于变压器各侧电压等级和额定电流不同，所以变压器各侧的电流互感器型号不同，它们的饱和特性、励磁电流（归算至同一侧）也就不同，从而在差动回路中产生较大的不平衡电流。此不平衡电流应在保护的整定计算中予以考虑，即适当增大保护的动作电流。计算时需引入电流互感器同型系数 K_{st}，当两侧电流互感器的型号相同时，K_{st} 取 0.5；当两侧电流互感器的型号不同时，K_{st} 取 1。这样，两侧电流互感器的型号不同时，实际上是采用较大的 K_{st} 值来提高纵差保护的动作电流，以躲开不平衡电流的影响。

9.4.2.3　电流互感器计算变比与实际变比不同引起的不平衡电流及平衡方法

由于电流互感器在制造上的标准化，选择的电流互感器的变比与计算变比往往不相等，因此在差动回路中又会引起不平衡电流。表 9-1 中，以一台容量为 31.5 MVA、变比为 115/10.5 的 Y,d11 变压器为例，列出了由于电流互感器的实际变比与计算变比不等引起的不平衡电流。从表 9-1 中可见，不平衡电流为 0.23 A。

表 9-1　计算变压器额定运行时纵差保护臂中的不平衡电流

电压(kV)	115	10.5
额定电流(A)	$\frac{31.5\times10^3}{\sqrt{3}\times115}=158$	$\frac{31.5\times10^3}{\sqrt{3}\times10.5}=1\ 732$
电流互感器接线方式	D	Y
电流互感器计算变化	$\frac{\sqrt{3}\times158}{5}=\frac{274}{5}$	$\frac{1\ 732}{5}$
电流互感器实际变比	300/5 = 60	2 000/5 = 400
保护臂中电流(A)	$\frac{\sqrt{3}\times158}{60}=4.56$	$\frac{1\ 732}{400}=4.33$
不平衡电流(A)	4.56 − 4.33 = 0.23	

为了减小不平衡电流对纵差动保护的影响，一般采用自耦变流器或利用差动继电器的平衡线圈予以补偿。

1. 采用自耦变流器

自耦变流器通常接在二次电流较小的一侧，如图 9-7（a）所示。改变自耦变流器 TBL 的变比，使得在正常运行状态下接入差动回路的二次电流相等，从而补偿了不平衡电流。

2. 利用带速饱和铁芯的差动继电器的平衡线圈

利用差动继电器的平衡线圈补偿的接线如图 9-7(b)所示，选择两侧的平衡绕组 W_{b1}、W_{b2}匝数，并使之满足关系式

$$\dot{I}_{\mathrm{I}2}(W_d + W_{b1}) = \dot{I}_{\mathrm{II}2}(W_d + W_{b2}) \tag{9-11}$$

式中，W_d 为差动绕组；W_{b1}、W_{b2}为平衡绕组。

满足式(9-11)，则磁势平衡，差动继电器铁芯的磁化力为零，从而补偿了不平衡电流。实际上，差动继电器平衡线圈只有整数匝可供选择，计算时较难满足式(9-11)，因而其铁芯的磁化力一般不会等于零，仍有不平衡电流。这可以在保护的整定计算中引入相对误差系数加以解决。

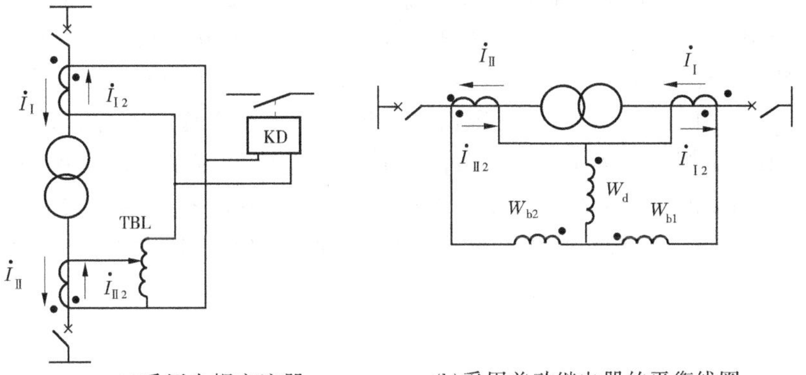

(a)采用自耦变流器　　(b)采用差动继电器的平衡线圈

图 9-7　不平衡电流的补偿

9.4.2.4　变压器带负荷调节分接头而产生的不平衡电流

变压器带负荷调节分接头是电力系统中电压调整的一种方法，改变分接头就是改变变压器的变比。整定计算中，纵差保护只能按照某一变比整定，选择恰当的平衡线圈减小或消除不平衡电流的影响。当纵差保护投入运行后，在调压抽头改变时，一般不可能对纵差保护的电流回路重新操作，因此又会出现新的不平衡电流。不平衡电流的大小与调压范围有关。因此在带负荷调压的变压器纵差保护中，应在整定计算时加以考虑，即用提高保护动作电流的方法来躲过这种不平衡电流的影响。

9.4.2.5　励磁涌流引起的不平衡电流

变压器纵差保护继电器的正确选型、设计和整定，都与变压器励磁电流有关。变压器的励磁电流是只流入变压器接通电源一侧绕组的，对纵差保护回路来说，励磁电流的存在就相当于变压器内部故障时的短路电流。因此，它必然给纵差保护的正确工作带来影响。正常情况下，变压器的励磁电流很小，通常只有变压器额定电流的 3% ~6% 或更小，故纵

差保护回路中的不平衡电流也很小。在外部短路时，由于系统电压下降，励磁电流也将减小，因此在稳态情况下，励磁电流对纵差保护的影响常常可忽略不计。但是，当变压器空载投入和外部故障切除后电压恢复时，可能出现很大的励磁涌流，其值可达变压器额定电流的 6 ~8 倍。因此，励磁涌流将在差动回路中引起很大的不平衡电流，可能导致保护的误动作。

励磁涌流，就是变压器空载合闸时的暂态励磁电流。由于在稳态工作时，变压器铁芯中的磁通滞后于外加电压 90°，如图 9-8(a)所示。所以，如果空载合闸正好在电压瞬时值过零瞬间接通电路，则铁芯中就具有一个相应的磁通 $-\Phi_{max}$，而铁芯中的磁通又是不能突变的，所以在合闸时必将出现一个 Φ_{max} 的磁通分量。该磁通将按指数规律自由衰减，故称之为非周期性磁通分量。如果这个非周期性磁通分量的衰减过程比较慢，那么在最严重的情况下，经过半个周期后，它与稳态磁通相叠加的结果，将使铁芯中的总磁通达到 $2\Phi_{max}$ 的数值，如果铁芯中还有方向相同的剩余磁通 Φ_{res}，则总磁通将为 $2\Phi_{max}+\Phi_{res}$，如图 9-8(b)所示。此时由于铁芯处于高度饱和状态，励磁电流将剧烈增加，从而形成了励磁涌流，如图 9-8(c)所示。该图中与 Φ_{max} 对应的为变压器额定励磁电流的最大值 $I_{\mu \cdot N}$，与 $2\Phi_{max}+\Phi_{res}$ 对应的则为励磁涌流的最大值 $I_{\mu \cdot max}$。随着铁芯中非周期分量磁通的不断衰减，励磁电流也逐渐衰减至稳态值，如图 9-8(d)所示。以上分析是在电压瞬时值过零瞬间合闸的情况。当然，如果变压器在电压瞬时值为最大的瞬间合闸，因对应的稳态磁通等于零，故不会出现励磁涌流，合闸后变压器将立即进入稳态工作。但是，对于三相式电力变压器，因三相电压相位差为 120°，空载合闸时出现励磁涌流是无法避免的。根据以上分析可以看出，励磁涌流的大小与合闸瞬间电压的相位、变压器容量的大小、铁芯中剩磁的大小和方向以及铁芯的特性等因素有关，而励磁涌流的衰减速度则随铁芯的饱和程度及导磁性能的不同而变化。

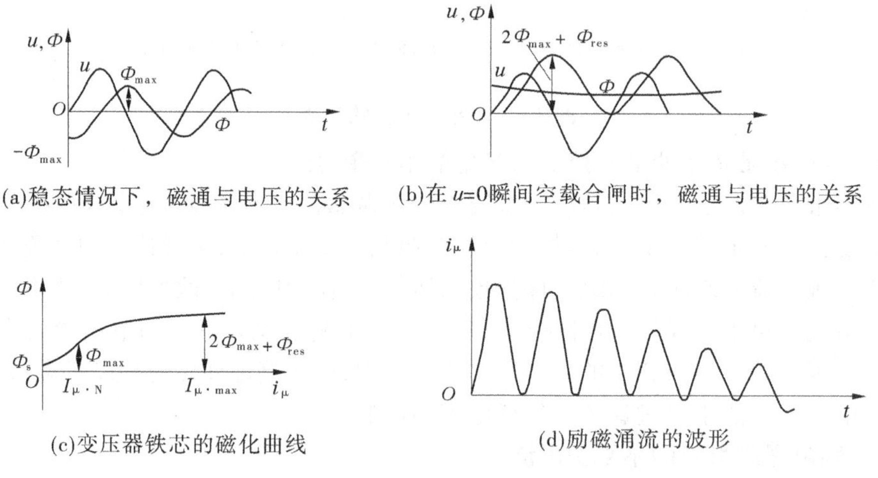

(a)稳态情况下，磁通与电压的关系　(b)在 u=0瞬间空载合闸时，磁通与电压的关系

(c)变压器铁芯的磁化曲线　(d)励磁涌流的波形

图 9-8　变压器励磁涌流的产生及变化曲线

由图 9-8(d)可见，变压器的励磁涌流具有以下特点：

(1)励磁涌流很大，含有很大成分的非周期分量，使曲线偏向时间轴的一侧。

(2)励磁涌流中含有大量的高次谐波，其中 2 次谐波所占比重最大，而短路电流中 2 次谐波成分很小。表 9-2 中列出了短路电流和励磁涌流中各次谐波分量的比例。

表 9-2　变压器内部短路电流和励磁涌流谐波分析结果

谐波分量占基波分量的百分比(%)	励磁涌流试验数据				短路电流	
	例 1	例 2	例 3	例 4	不饱和	饱和
基波	100	100	100	100	100	100
2 次谐波	36	30	50	23	9	4
3 次谐波	7	6.9	9.4	1.0	4	32
4 次谐波	9	6.2	5.4	—	7	9
5 次谐波	5	—	—	—	4	2
直流	66	80	62	73	38	0

(3)励磁涌流的波形削去负波之后将出现间断，如图 9-9 所示，图中 α 称为间断角。

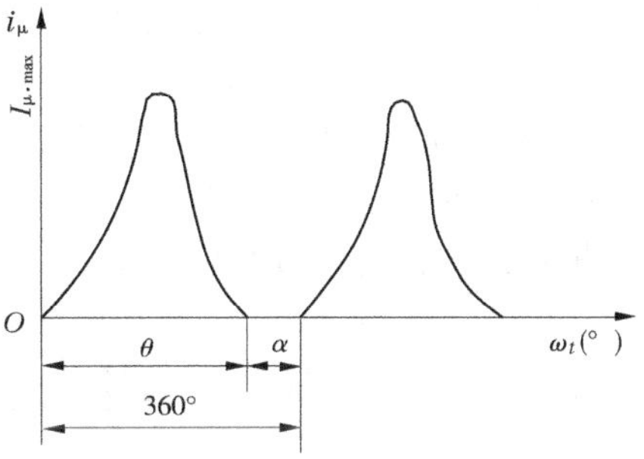

图 9-9　励磁涌流波形的间断角

为了消除励磁涌流对变压器纵差保护的影响，通常采取的措施是：

(1)接入速饱和变流器。为了消除励磁涌流中非周期分量的影响，通常在差动回路中接入速饱和变流器 T_{sat}，如图 9-10 所示。当励磁涌流进入差动回路时，其中数值很大的非周期分量将使速饱和变流器 T_{sat} 的铁芯迅速严重饱和，变换能力锐减，使得励磁涌流中几乎全部非周期分量及部分周期分量电流仅从速饱和变流器 T_{sat} 的一次绕组通过，传变到二次回路(流入电流继电器 KA)的电流很小，故差动继电器 KD 不动作。

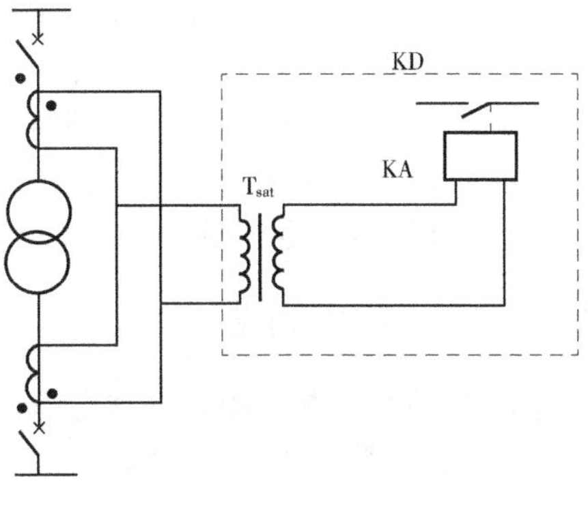

图 9-10　带速饱和变流器接线

(2)采用差动电流速断保护。利用励磁涌流随时间衰减的特点，借保护固有的动作时间，躲开最大的励磁涌流，从而取保护的动作电流 $I_{op}=(2.5\sim3)I_N$，即可躲过励磁涌流的影响。

(3)采用以二次谐波电流制动原理构成的纵差保护。测量纵差保护的三相差动电流中的二次谐波含量识别励磁涌流，其判别式为

$$I_{d2\varphi} > K_{2\varphi} I_{d\varphi} \qquad (9\text{-}12)$$

式中，$I_{d2\varphi}$ 为差动电流中的二次谐波电流；$K_{2\varphi}$ 为二次谐波制动系数；$I_{d\varphi}$ 为差动电流。

当式(9-12)满足时，判为励磁涌流，闭锁纵差保护；当式(9-12)不满足时，开放纵差保护。

(4)采用以鉴别波形间断角原理构成的纵差保护。

根据以上分析，变压器差动保护的最大不平衡电流为

$$I_{unb\cdot max} = I_{unb\cdot 1} + I_{unb\cdot 2} + I_{unb\cdot 3} \tag{9-13}$$

$$I_{unb\cdot 1} = K_{unp}K_{st}f_{er}I_{k\cdot max}$$

$$I_{unb\cdot 2} = \Delta U_{h}I_{k\cdot h\cdot max} + \Delta U_{m}I_{k\cdot m\cdot max}$$

$$I_{unb\cdot 3} = \Delta f_{er\cdot 1}I_{k\cdot 1\cdot max} + \Delta f_{er\cdot 2}I_{k\cdot 2\cdot max}$$

式中，K_{unp}为非周期分量系数；K_{st}为电流互感器同型系数，同型取0.5，不同型取1；f_{er}为电流互感器相对误差，取0.1；$I_{k\cdot max}$为最大外部短路电流周期分量；ΔU_{h}、ΔU_{m}为变压器高、中压侧分接头改变而引起的误差；$I_{k\cdot h\cdot max}$、$I_{k\cdot m\cdot max}$为外部短路情况下，流经相应的高、中压侧最大短路电流的周期分量；$\Delta f_{er\cdot 1}$、$\Delta f_{er\cdot 2}$为平衡线圈整定匝数与计算匝数不等引起的相对误差；$I_{k\cdot 1\cdot max}$、$I_{k\cdot 2\cdot max}$为外部短路时，流经所计算的Ⅰ、Ⅱ侧相应电流互感器的短路电流。

当三绕组变压器仅一侧有电源时，式(9-13)中的各短路电流为同一数值$I_{k\cdot max}$。若外部短路电流不流过某一侧，则式中相应项为零。

当为双绕组变压器时，式(9-13)改为

$$I_{unb\cdot max} = (K_{st}f_{er} + \Delta U + \Delta f_{er})I_{k\cdot max}/n_{TA} \tag{9-14}$$

式中，f_{er}为电流互感器相对误差，取0.1；K_{st}为电流互感器同型系数；ΔU为变压器分接头改变而引起的相对误差，取调压范围的一半；Δf_{er}为平衡线圈整定匝数与计算匝数不等产生的相对误差，初算时取0.05；$I_{k\cdot max}$为外部短路时最大短路电流。

9.5 电力变压器微机差动保护

变压器微机差动保护具有以下特点：变压器各侧绕组中因连接组别关系而引起的电流相位差可由电流互感器二次侧星形、三角形连接相位补偿改为数字计算补偿，从而变压器差动保护允许所有电流互感器二次侧都采用星形接线。因电流互感器变比标准化带来的误差同样可以用数字计算进行补偿，较之常规继电器差动保护的补偿方法更准确，从而进一步减小了不平衡电流。另外，微机差动保护采用复杂的运算和逻辑判断，可实现电流互感器断线报警和闭锁。因此，变压器微机差动保护与常规继电器差动保护相比，其调试、整定、运行、维护更方便。

9.5.1 常规比率制动

电流互感器的误差随着一次电流的增大而增加，为保证区外短路故障时纵差保护不误动，差动继电器的动作电流为

$$I_{op\cdot max} = K_{rel}I_{unb\cdot max} \tag{9-15}$$

式中，K_{rel}为可靠系数，取1.3～1.5。

继电器的动作电流I_{op}、制动电流I_{res}用下式表示

$$\left.\begin{aligned} I_{op} &= |\dot{I}_{h} + \dot{I}_{l}| \\ I_{res} &= \frac{I_{h} + I_{l}}{2} \end{aligned}\right\} \tag{9-16}$$

差动电流(即动作电流)取各侧差动电流互感器二次电流相量和的绝对值。对于双绕组变压器

$$I_{op} = |\dot{I}_h + \dot{I}_l|$$

对于三绕组变压器或引入三侧电流的变压器

$$I_{op} = |\dot{I}_h + \dot{I}_m + \dot{I}_l|$$

在微机保护中,变压器制动电流的取得方法比较灵活。

9.5.2 两折线式比率制动特性

图 9-11 所示为两折线式比率制动特性,由线段 AB、BC 组成,特性的上方为动作区,下方为制动区。$I_{op\cdot min}$称为最小动作电流,$I_{res\cdot min}$称为最小制动电流,又称为拐点电流(一般取 $0.5\sim1.0I_N/n_{TA}$)。制动特性可表示为

$$\left.\begin{aligned} &I_{op} > I_{op\cdot min} && (I_{res} \leqslant I_{res\cdot min}) \\ &I_{op} > I_{op\cdot min} + S(I_{res} - I_{res\cdot min}) && (I_{res} > I_{res\cdot min}) \end{aligned}\right\} \tag{9-17}$$

式中,S 为 BC 制动段的斜率,即 $S=\tan\alpha$。

有时也用制动系数表示 BC 制动段的斜率。若令制动系数 $K_{res}=I_{op}/I_{res}$,则由式(9-17)可得到制动系数 K_{res}与斜率 S 的关系式为

$$K_{res} = \frac{I_{op\cdot min}}{I_{res}} + S\left(1 - \frac{I_{res\cdot min}}{I_{res}}\right) \tag{9-18}$$

显然,K_{res}与 I_{res}大小有关,通常由 $I_{res.min}$来确定制动系数 K_{res}。

9.5.3 三折线式比率制动特性

图 9-12 为三折线式比率制动特性,有两个拐点电流 $I_{res\cdot1}$和 $I_{res\cdot2}$,通常 $I_{res\cdot1}$固定为 $0.5I_N/n_{TA}$,即 $0.5I_n(I_n=I_N/n_{TA})$。当比率制动特性由 AB、BC、CD 直线段组成时,制动特性可表示为

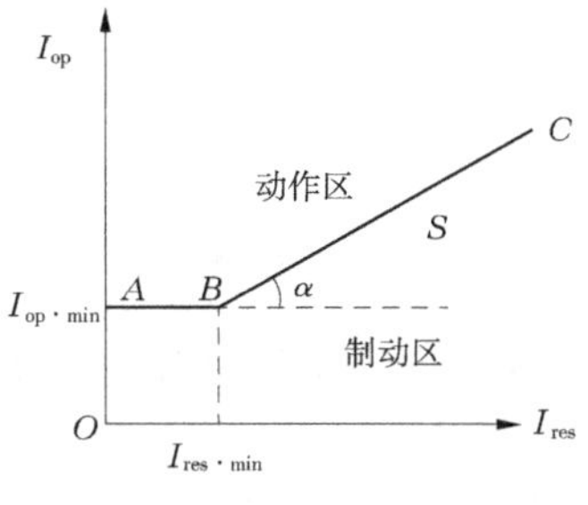

图 9-11 两折线式比率制动特性

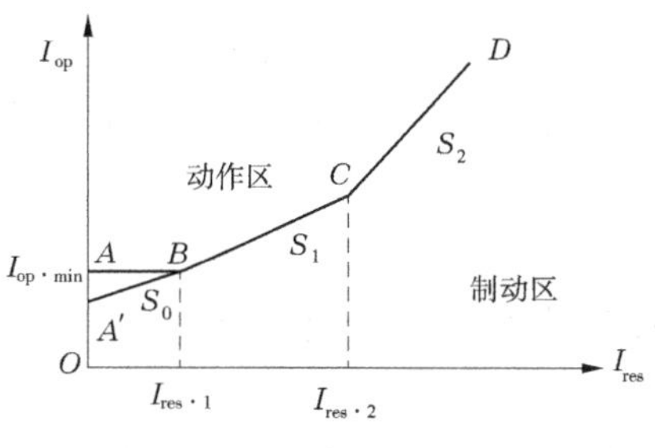

图 9-12 三折线式比率制动特性

$$\left.\begin{aligned} &I_{op} > I_{op\cdot min} && (I_{res} \leqslant I_{res\cdot1}) \\ &I_{op} > I_{op\cdot min} + S_1(I_{res} - I_{res\cdot1}) && (I_{res\cdot1} < I_{res} \leqslant I_{res\cdot2}) \\ &I_{op} > I_{op\cdot min} + S_1(I_{res\cdot2} - I_{res\cdot1}) + S_2(I_{res} - I_{res\cdot2}) && (I_{res\cdot2} < I_{res}) \end{aligned}\right\} \tag{9-19}$$

式中,S_1、S_2 分别为制动段 BC、CD 的斜率。

此时 $I_{res.1}$固定为 $0.5I_n$,$S_1=0.3\sim0.75$ 可调,$I_{res.2}$固定为 $3I_n$ 或$(0.5\sim3)I_n$ 可调,S_2

斜率固定为 1。这种比率特性对于降压变压器、升压变压器都适用，且容易满足灵敏度要求。

在大型变压器纵差保护中，为进一步提高匝间短路故障的灵敏度，比率制动特性由图 9-12 中的 $A'B$、BC、CD 直线段组成，其中 $A'B$ 段特性斜率 S_0 固定为 0.2、S_2 斜率固定为 0.75、$I_{res\cdot1}$ 固定为 $0.5I_n$、$I_{res\cdot2}$ 固定为 $6I_n$，于是制动特性表示为

$$\left.\begin{aligned} I_{op} &> I_{op\cdot min} + 0.2I_{res} && (I_{res} \leqslant 0.5I_n) \\ I_{op} &> I_{op\cdot min} + 0.1I_n + S_1(I_{res} - 0.5I_n) && (0.5I_n < I_{res} \leqslant 6I_n) \\ I_{op} &> I_{op\cdot min} + 0.1I_n + 5.5S_1I_n + 0.75(I_{res} - 6I_n) && (I_{res} > 6I_n) \end{aligned}\right\} \quad (9\text{-}20)$$

式中，S_1 为制动段 BC 的斜率，$S_1 = 0.2 \sim 0.75$。

需要指出的是，由于负荷电流总是穿越性质的，变压器内部短路故障时负荷电流总是起制动作用。为提高灵敏度，特别是匝间短路故障时的灵敏度，纵差动保护可采用故障分量比率制动特性。

9.5.4 变压器微机差动保护整定计算

9.5.4.1 变压器各侧电流相位校正和电流平衡调整

变压器各侧电流互感器可以采用星形接线，二次电流直接接入变压器微机纵差保护装置，同时规定变压器星形侧和三角形侧电流互感器的中性点均在变压器侧。当然也可以采用传统的接线方式，将星形侧电流互感器接成三角形进行相位补偿。

1. 相位校正

由于微机保护软件计算的灵活性，允许变压器各侧的电流互感器二次侧都按 Y 形接线，也可以按常规保护的接线方式。当两侧都采用 Y 形接线时，在进行差动计算时由软件对变压器 Y 侧电流进行相位补偿及电流数值补偿。

2. 电流平衡调整

变压器微机纵差保护电流平衡是建立在差动各侧平衡系数 K_b 计算基础上的，由软件实现电流平衡的自动调整。求平衡系数 K_b 的步骤如下：

(1) 计算变压器各侧一次电流，计算式为

$$I_{1N} = \frac{S_N}{\sqrt{3}U_N} \quad (9\text{-}21)$$

式中，S_N 为变压器的额定容量；U_N 为计算侧变压器额定相间电压（不能用电网额定电压）。

(2) 计算变压器各侧电流互感器二次额定电流，计算式为

$$I_{2n} = \frac{I_{1N}}{n_{TA}} \quad (9\text{-}22)$$

式中，I_{2n} 为计算侧变压器电流互感器二次额定电流；n_{TA} 为计算侧变压器电流互感器变比。

(3) 计算差动各侧平衡系数 K_b。在计算时应先确定基本侧。对于发变组纵差保护、主变纵差保护，基本侧在主变低压侧，即发电机侧；对于其他变压器，基本侧为高压侧。若基本侧电流互感器二次额定电流用 $I_{2n\cdot b}$ 表示，则其他侧电流平衡系数为

$$K_b = \frac{I_{2n \cdot b}}{I_{2n}} \tag{9-23}$$

式中，I_{2n}为计算侧变压器电流互感器二次额定计算电流。

变压器纵差保护各侧电流平衡系数 K_b 求出后，只需将各侧电流与其对应的平衡系数相乘即可。应当注意，由于微机保护电流平衡系数取值是二进制方式，因此不可能使纵差保护达到完全平衡，但引起的不平衡电流很小，可忽略不计。

9.5.4.2 比率制动特性参数整定

主要介绍两折线比率制动特性参数整定。若比率制动特性如图 9-11 所示，需确定的参数为 $I_{op \cdot min}$、I_{res}、S，但通常整定的参数是 $I_{op \cdot min}$、K_{res}，应当注意 K_{res}随 I_{res}变化而变化。对于 $I_{op \cdot min}$值，装置内部大多固定，但可以进行调整。

1. 最小动作电流 $I_{op \cdot min}$的确定

$I_{op \cdot min}$应躲过外部短路故障切除时差动回路的不平衡电流，即

$$I_{op \cdot min} = K_{rel} I_{unb \cdot l} \tag{9-24}$$

式中，K_{rel}为可靠系数，取 1.2 ~ 1.5，对于双绕组变压器取 1.2 ~ 1.3，对于三绕组变压器取 1.4 ~ 1.5，对谐波较为严重的场合应适当增大；$I_{unb \cdot l}$为变压器正常运行时差动回路的不平衡电流。

变压器外部短路故障切除后，差动回路的不平衡电流为

$$I_{unb \cdot l} = (K_{cc} K_{ap} f_{er} + \Delta U + \Delta m) \frac{I_l}{n_{TA}} \quad (\text{双绕组变压器}) \tag{9-25}$$

$$I_{unb \cdot l} = (K_{cc} K_{ap} f_{er} + \Delta U_h + \Delta U_m + \Delta m) \frac{I_l}{n_{TA}} \quad (\text{三绕组变压器}) \tag{9-26}$$

式中，I_l 为变压器基本侧的负荷电流；n_{TA}为基本侧电流互感器变比。

2. 拐点电流 I_{res}的确定

可暂取 $I_{res} = 0.8 I_n$。

3. 斜率 S 的确定

按躲过保护区外短路故障时差动回路最大不平衡电流整定，即

$$S = \frac{K_{rel} I_{unb \cdot max} - I_{op \cdot min}}{I_{res \cdot max} - I_{res}} \tag{9-27}$$

式中，K_{rel}为可靠系数，取 1.3 ~ 1.5；$I_{unb \cdot max}$为最大不平衡电流，按式(9-14)计算；$I_{res \cdot max}$为最大制动电流。

若制动电流取各侧电流幅值和的一半，则制动电流为

$$I_{res \cdot max} = \frac{I_{k \cdot max}}{n_{TA}} \quad (\text{双绕组变压器}) \tag{9-28}$$

$$I_{res \cdot max} = \frac{I_{k \cdot max} + I_{kh \cdot max} + I_{km \cdot max}}{2 n_{TA}} = \frac{I_{k \cdot max}}{n_{TA}} \quad (\text{三绕组变压器}) \tag{9-29}$$

4. 制动系数 $K_{res \cdot set}$整定值的确定

制动系数整定式为

$$K_{res \cdot set} = \frac{I_{op \cdot min}}{I_{res \cdot max}} + S\left(1 - \frac{I_{op \cdot min}}{I_{res \cdot max}}\right) \tag{9-30}$$

从而可确定 $K_{res \cdot set}$，但 $S \neq K_{res \cdot set}$，除非图 9-11 中 BC 制动段通过原点 O。

9.5.4.3 内部短路故障灵敏度计算

在最小运行方式下计算保护区（指变压器引出线上）两相金属性短路故障时最小短路电流 $I_{k \cdot min}$（折算至基本侧）和相应的制动电流 I_{res}（折算至基本侧）。根据制动电流的大小在相应制动特性曲线上求得相应的动作电流 I_{op}。于是灵敏系数 K_{sen} 为

$$K_{sen} = \frac{I_{k \cdot min}}{I_{op}} \tag{9-31}$$

要求 $K_{sen} \geq 2$。应当指出，对于单侧电源变压器，内部故障时的制动电流采用不同方式，保护的灵敏度也不同。

9.5.4.4 谐波制动比整定

差动回路中 2 次谐波电流与基波电流的比值一般整定为 15% ~20%。

9.5.4.5 差动电流速断保护定值

差动电流速断保护定值应躲过变压器初始励磁涌流和外部短路故障时的最大不平衡电流，表示式为

$$I_{op} > KI_n \tag{9-32}$$

$$I_{op} > K_{rel} I_{unb \cdot max} \tag{9-33}$$

式中，K_{rel} 为可靠系数，取 1.3 ~1.5；K 为倍数，根据变压器容量和系统电抗大小而定，一般变压器容量为 6.3 MVA 及以下，K =7 ~12；容量为 6.3 ~31.5 MVA，K =4.5 ~7；容量为 40 ~120 MVA，K =3 ~6；容量为 120 MVA 及以上，K =2 ~5。变压器容量越大、系统电抗越小时，K 值应取低值。

动作电流取式(9-32)、式(9-33)中的较大值。

对于差动电流速断保护，正常运行方式下保护安装处两相短路故障时，要求 $K_{sen} \geq 1.2$。

9.6 电力变压器相间短路的后备保护

为了防止外部短路引起的过电流，变压器需装设过电流保护，既作为变压器主保护的后备保护，又是相邻母线或线路的后备保护。根据变压器容量的大小、地位及性能和系统短路电流的大小，可采用的后备保护方式有过电流保护、复合电压启动的过电流保护、低电压启动的过电流保护及负序电流保护等。

9.6.1 过电流保护

过电流保护宜用于降压变压器，采用三相式接线，且应装设在电源侧，其单相原理接线如图 9-13 所示。它的工作原理与线路定时限过电流保护相同。保护动作后，跳开变压器两侧的断路器。保护的动作电流按躲过变压器可能出现的最大负荷电流 $I_{L \cdot max}$ 来整定，即

$$I_{op} = \frac{K_{rel}}{K_{re}} I_{L \cdot max} \tag{9-34}$$

式中，K_{rel} 为可靠系数，一般取 1.2 ~1.3；K_{re} 为返回系数，取 0.85 ~0.95。

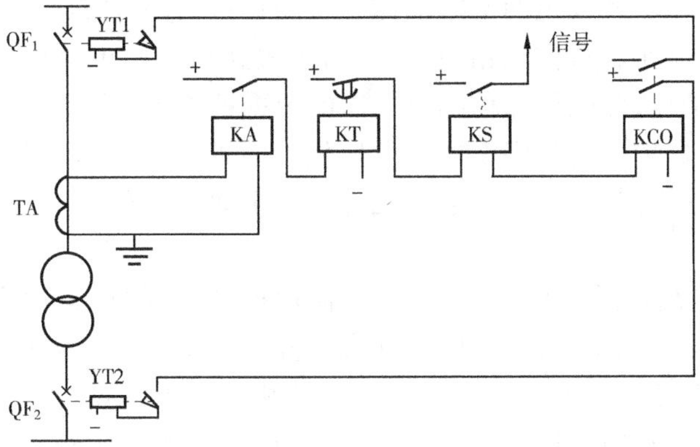

图 9-13　变压器过电流保护单相原理接线图

确定 $I_{L\cdot max}$时,应按下列情况考虑:

(1)对并列运行的变压器,应考虑去除一台变压器以后所产生的过负荷。若各变压器容量相等,可按下式计算

$$I_{L\cdot max} = \frac{m-1}{m}I_N \tag{9-35}$$

式中,m 为并列运行变压器的台数;I_N 为变压器的额定电流。

(2)对降压变压器,应考虑负荷中电动机自启动时的最大电流,即

$$I_{L\cdot max} = K_{ss}I'_{L\cdot max} \tag{9-36}$$

式中,K_{ss}为综合负荷的自启动系数,其值与负荷性质及用户与电源间的电气距离有关。对 110 kV 降压变压器,6 ~ 10 kV 侧,K_{ss}取 1.5 ~ 2.5;35 kV 侧,K_{ss}取 1.5 ~ 2.0。$I'_{L\cdot max}$为正常运行时最大负荷电流(一般为变压器的额定电流)。

保护的动作时限应比下一级保护的最大动作时限大一个阶梯时限 Δt。

保护的灵敏度为

$$K_{sen} = \frac{I_{k\cdot min}}{I_{op}} \tag{9-37}$$

式中,$I_{k\cdot min}$为最小运行方式下,后备保护范围末端两相金属性短路时,流过保护的最小短路电流。

在被保护变压器低压母线发生短路时,要求 K_{sen} = 1.5 ~ 2;而在远后备保护范围末端短路时,要求 $K_{sen} \geq 1.2$。

过电流保护动作值一般较大,往往不能满足作为相邻元件后备保护的要求,为此需要采用复合电压启动的过电流保护来提高保护的灵敏性。

9.6.2　复合电压启动的过电流保护

微机保护中,接入装置电压为三个相电压或三个线电压,负序过电压与低电压功能由算法实现。过电流元件通过接入三相电流和保护算法实现,两者构成复合电压启动的过电流保护。

不对称两相短路时存在较大的负序电压,负序过电压元件将动作,一方面开放过电流

保护,过电流保护动作后经设定的延时动作于跳闸;另一方面使低电压保护的数据窗的数据清零,低电压保护动作。对称三相短路时,由于短路初瞬间也会出现短时的负序电压,负序过电压元件将动作,低电压保护的数据窗的数据被清零,低电压保护也动作。当负序电压消失后,低电压保护可由程序设定为电压较高时返回,三相短路电压一般都会降低,若它低于低电压元件返回电压,则低电压元件仍处于动作状态。

9.6.2.1 动作逻辑

图9-14所示为复合电压启动(方向)过电流保护逻辑框图(只画出Ⅰ段,最末段不设方向元件控制),图中或门H1输出"1"表示复合电压已动作,U_2为保护安装处母线负序电压,$U_{2 \cdot set}$为负序整定电压,$U_{\varphi\varphi \cdot min}$为母线上最低相间电压;KW1、KW2、KW3为保护安装侧A相、B相、C相的功率方向元件,I_A、I_B、I_C为保护安装侧变压器三相电流,$I_{1 \cdot set}$为Ⅰ段电流定值。KG为方向元件控制字,KG1为"1"时,方向元件投入,KG1为"0"时,方向元件退出,各相的电流元件和该相的方向元件构成"与"关系,符合按相启动原则;KG2为其他侧复合电压控制字,KG2为"1"时,其他侧复合电压起到该侧方向电流保护的闭锁作用,KG2为"0"时,其他侧复合电压不引入,引入其他侧复合电压可提高复合电压元件灵敏度;KG3为复合电压的控制字,KG3为"1"时,复合电压起闭锁作用,KG3为"0"时,复合电压不起闭锁作用;KG4为保护段投、退控制字,KG4为"1"时,该段投入,KG4为"0"时,该段保护退出。显然,KG1 = 1、KG3 = 1时为复合电压闭锁的方向过电流保护;KG1 = 1、KG3 = 0时为方向过电流保护;KG1 = 0、KG3 = 0时为过电流保护;KG1 = 0、KG3 = 1时为复合电压闭锁过电流保护。

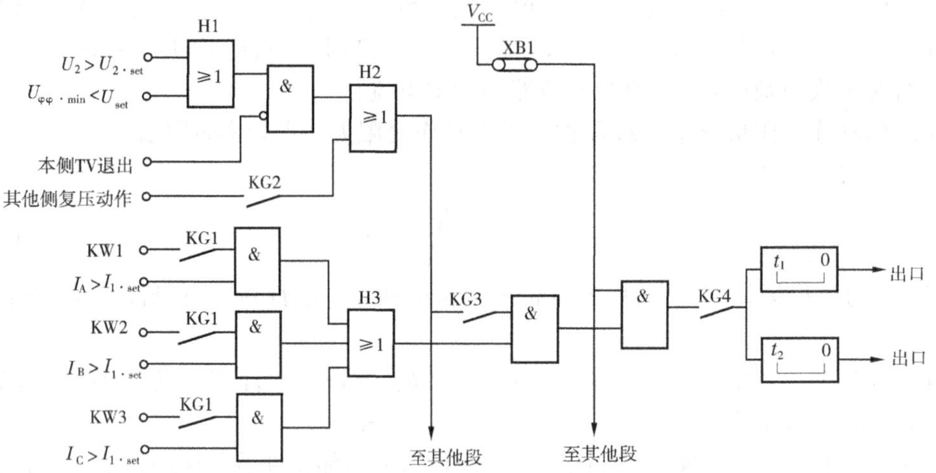

图9-14 复合电压启动(方向)过电流保护逻辑框图

对多侧电源的三绕组变压器,一般情况下三侧均要装设反映相间短路故障的后备保护,每侧设两段。高压侧的第Ⅰ段为复合电压闭锁的方向过电流保护,设有两个时限,短时限跳本侧母联断路器,长时限跳本侧或三侧断路器;第Ⅱ段为复合电压闭锁的过电流保护,设一个时限,可跳本侧或三侧断路器。中压侧、低压侧的第Ⅰ段、第Ⅱ段均为复合电压闭锁的方向过电流保护,第Ⅰ段同样设两个时限,短时限跳本侧母联断路器,长时限跳本侧、三侧断路器；第Ⅱ段也设两个时限，可跳本侧母联和本侧断路器或三侧断路器。根据具体情况由控制字确定需跳闸的断路器。

电压互感器二次断线时，应设断线闭锁。判出断线后，根据控制字可退出经方向或复合电压闭锁的各段过电流保护，也可取消方向或复合电压闭锁。

9.6.2.2 方向判别元件

方向元件的动作方向由控制字设定，动作方向可设定为变压器指向母线为正方向，作为变压器外部本侧相邻元件短路故障的后备保护；也可以设定为母线指向变压器为正方向，此时作为变压器内部短路故障及其他侧相邻元件短路故障的后备保护。

9.6.2.3 整定计算

(1)电流元件动作电流为

$$I_{op} = \frac{K_{rel}}{K_{re}} I_N \tag{9-38}$$

式中，I_N 为保护安装侧变压器额定电流。

(2)低电压元件动作电压为

$$U_{op} = 0.7U_N \tag{9-39}$$

式中，U_N 为保护安装侧变压器额定电压。

低电压元件灵敏度计算式为

$$K_{sen} = \frac{K_{re}U_{op}}{U_{k\cdot max}} > 1.2 \tag{9-40}$$

式中，$U_{k\cdot max}$是相邻元件末端三相金属性短路故障时，保护安装处的最大母线残压；K_{re}是低电压元件的返回系数，一般取1.05～1.15。

(3)负序电压元件动作电压为

$$U_{2\cdot op} = (0.06 \sim 0.12)U_N \tag{9-41}$$

负序电压元件灵敏度为

$$K_{sen} = \frac{U_{k2\cdot min}}{U_{2\cdot op}} > 1.2 \tag{9-42}$$

式中，$U_{k2\cdot min}$是相邻元件末端两相相间短路故障时，保护安装处最小负序电压。

9.6.3 负序电流和单相低电压启动的过电流保护

对于大容量的发电机－变压器组，由于额定电流大，电流元件往往不能满足远后备灵敏度的要求，可采用负序电流和单相低电压启动的过电流保护。它是由反映不对称短路故障的负序电流元件和反映对称短路故障的单相低电压过电流保护组成的。

负序电流保护灵敏度较高，且在Y，d接线的变压器另一侧发生不对称短路故障时，灵敏度不受影响，接线也较简单，但整定计算较复杂。

9.6.4 三绕组变压器后备保护的配置原则

对于三绕组变压器来说，当变压器油箱内部故障时，其后备保护应断开变压器各侧断路器；当油箱外部故障时，其后备保护只应断开近故障点侧的变压器断路器，变压器另两侧继续运行。

(1)单侧电源三绕组变压器应配置两套后备保护,分别装于电源侧和负荷侧,如图 9-15所示。负荷侧保护的动作时限 t_{II},按比该侧母线所连接的元件保护的最大动作时限大一个阶梯时限 Δt 选择。电源侧保护带两级时限,以较小的时限 t_{III}($t_{\text{III}}=t_{\text{II}}+\Delta t$)跳开变压器Ⅲ侧断路器 QF_3,以较大的时限 t_{I}($t_{\text{I}}=t_{\text{III}}+\Delta t$)断开变压器各侧断路器。

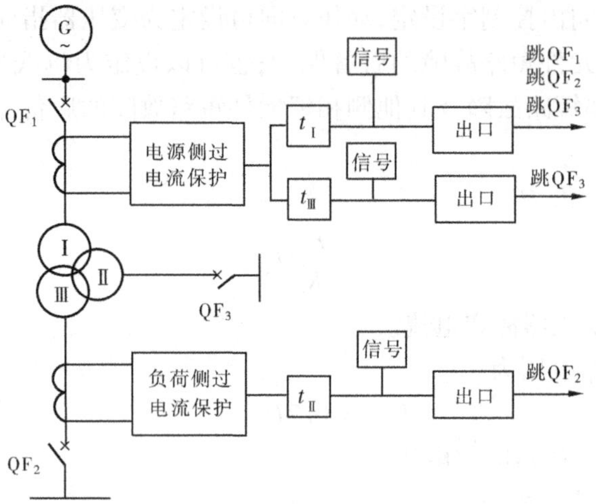

图 9-15 单侧电源三绕组变压器后备保护配置图

(2)对于多侧电源的三绕组变压器,应在三侧都装设后备保护。对动作时限最小的保护,应加方向元件,动作功率方向取为由变压器指向母线。各侧保护均动作于跳开本侧断路器。在装有方向保护的一侧,加装一套不带方向的后备保护,其时限应比三侧保护最大的时限大一个阶梯时限 Δt,保护动作后,断开三侧断路器,作为内部故障的后备保护。

9.6.5 变压器的过负荷保护

变压器的过负荷电流在大多数情况下都是三相对称的,因此只需装设单相过负荷保护。变压器的过负荷保护反映变压器对称过负荷引起的过电流。保护只用一个电流继电器,接于任一相电流中,经延时动作于信号。

过负荷保护的安装侧,应根据保护能反映变压器各侧绕组可能过负荷情况来选择,具体如下:

(1)对于双绕组升压变压器,装于发电机电压侧。

(2)对于一侧无电源的三绕组升压变压器,装于发电机电压侧和无电源侧。

(3)对于三侧有电源的三绕组升压变压器,三侧均应装设。

(4)对于双绕组降压变压器,装于高压侧。

(5)仅一侧有电源的三绕组降压变压器,若三侧绕组的容量相等,只装于电源侧;若三侧绕组的容量不等,则装于电源侧及绕组容量较小侧。

(6)对于两侧有电源的三绕组降压变压器,三侧均应装设。

过负荷保护的动作电流,应按躲开变压器的额定电流整定,即

$$I_{op}=\frac{K_{rel}}{K_{re}}I_N \tag{9-43}$$

式中,K_{rel}为可靠系数,取 1.05;K_{re}为返回系数,取 0.85。

为了防止过负荷保护在外部短路及短时过负荷时误发信号,其动作时限应比变压器后备保护的动作时限大一个 Δt。

9.7 电力变压器的接地保护

电力系统中,接地故障是最常见的故障形式。接于中性点直接接地系统的变压器,一般要求在变压器上装设接地保护,作为变压器主保护和相邻元件接地保护的后备保护。发生接地故障时,变压器中性点将出现零序电流,母线将出现零序电压,变压器的接地后备保护通常都是由反映这些的电气量构成的。

大接地电流系统发生单相或两相接地短路时,零序电流的分布和大小与系统中变压器中性点接地的数目和位置有关。通常,对只有一台变压器的升压变电所,变压器都采用中性点直接接地的运行方式。对有若干台变压器并联运行的变电所,则采用一部分变压器中性点接地运行的方式,以保证在各种运行方式下,变压器中性点接地的数目和位置尽量维持不变,从而保证零序保护有稳定的保护范围和足够的灵敏度。

110 kV 以上变压器中性点是否接地运行,还与变压器中性点绝缘水平有关。对于 220 kV 及以上的大型电力变压器,高压绕组一般都采用分级绝缘,其中性点绝缘有两种类型:一种是绝缘水平很低,例如 500 kV 系统的中性点绝缘水平为 38 kV,这种变压器,中性点必须直接接地运行,不允许将中性点接地回路断开;另一种则绝缘水平较高,例如 220 kV 变压器的中性点绝缘水平为 110 kV,其中性点可直接接地,也可在系统中不失去接地点的情况下不接地运行。当系统发生单相接地短路时,不接地运行的变压器,应能够承受加到中性点与地之间的电压。因此,采用这种变压器,可以安排一部分变压器接地运行,另一部分变压器不接地运行,从而可把电力系统中接地故障的短路容量和零序电流水平限制在合理的范围内,同时也是为了接地保护本身的需要。故变压器零序保护的方式就与变压器中性点的绝缘水平和接地方式有关,应分别予以考虑。

9.7.1 中性点直接接地变压器的零序电流保护

零序电流保护装于变压器中性点接地引出线的电流互感器上,其原理接线图如图 9-16 所示。保护动作后切除变压器两侧的断路器。

保护的动作电流按与被保护侧母线引出线零序电流保护后备段在灵敏度上相配合的条件来整定,即

$$I_{op0}=K_cK_bI_{op0\cdot L} \tag{9-44}$$

式中,I_{op0}为变压器零序过电流保护的动作电流;K_c 为配合系数,取 1.1 ~ 1.2;K_b 为零序电流分支系数,其值为远后备范围内故障时,流过本保护与流过出线零序保护零序电流之比;$I_{op0\cdot L}$为引出线零序电流保护后备段的动作电流。

灵敏度校验公式为

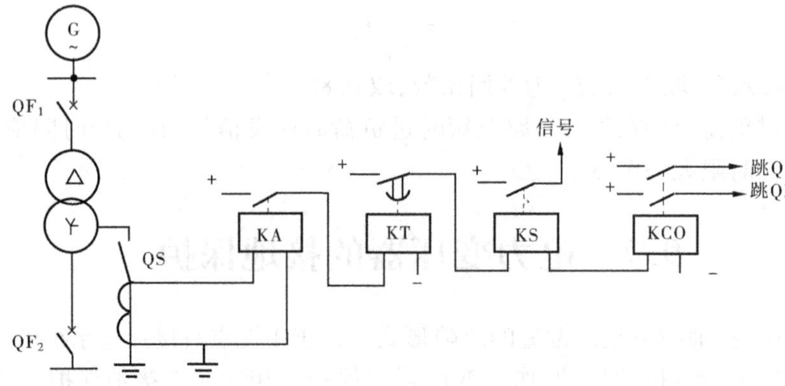

图 9-16 中性点直接接地变压器零序电流保护原理接线图

$$K_{\text{sen}} = \frac{3I_{0\cdot\min}}{I_{\text{op0}}} \geqslant 1.2 \tag{9-45}$$

式中，$3I_{0\cdot\min}$为引出线末端接地故障时流过变压器零序保护的最小零序电流。

保护的动作时限应比引出线零序电流后备段的最大动作时限大一个阶梯时限 Δt。

9.7.2 中性点可能接地或不接地变压器的接地保护

当变电所有多台变压器并列运行时，只将部分变压器中性点接地运行，原因是零序电流的大小和分布与变压器中性点接地数目和位置有关，这样可保证零序保护有稳定的保护范围和足够的灵敏度。

当发生接地故障时，变压器接地保护不能辨认接地故障发生在哪一台变压器。若接地故障发生在不接地的变压器，接地保护动作后切除接地的变压器，此时接地故障并未消除，系统变成中性点不接地运行，导致不接地的变压器中性点电压升高。对于分级绝缘的变压器，其中性点绝缘水平较低，中性点产生的零序过电压可能损坏中性点绝缘。因此，对于分级绝缘变压器，应先切除中性点不接地运行的变压器，若故障仍然存在，则经过一个阶梯时限 Δt 后，再切除接地变压器。原理接线图如图 9-17 所示。

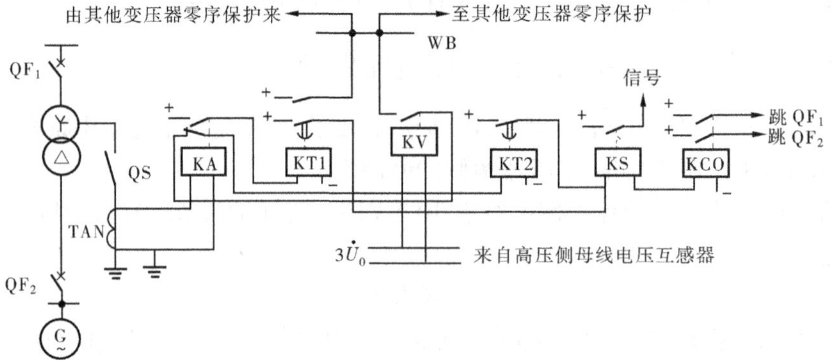

图 9-17 中性点可能接地或不接地变压器接地保护原理接线图

每台变压器都装有同样的零序保护，它由电流元件和电压元件两部分组成。正常时零序电流及零序电压很小,零序电流继电器和零序电压继电器均不动作。发生接地故障时,出现零序电流和零序电压,当它们大于启动值后,零序电流继电器和零序电压继电器均动作。电流继电器启动后,常开触点闭合,启动时间继电器 KT1。KT1 的瞬动触点闭合,给小母线 WB 接通正电源,将正电源送至中性点不接地变压器的零序保护。不接地的变压器零序电流继电器不会动作,常闭触点闭合。小母线 WB 的正电源经零序电压继电器的常开触点、零序电流继电器的常闭触点启动有较短延时的时间继电器 KT2,经较短时限首先切除中性点不接地的变压器。若接地故障消失,零序电流消失,则接地变压器的零序电流继电器返回,保护复归;若接地故障没有消失,接地点在接地变压器处,零序电流继电器不返回,时间继电器 KT1 一直处于启动状态,经过较长的延时 KT1 跳开中性点接地的变压器。

零序电流元件的动作电流按以下条件确定:

(1)与被保护侧母线引出线零序电流保护后备段在灵敏度上相配合(见式(9-44))。

(2)与中性点不接地变压器零序电压元件在灵敏度上相配合,以保证零序电压元件的灵敏度高于零序电流元件的灵敏度。

设零序电压元件的动作电压为 U_{op0},则

$$U_{op0} = 3I_0X_{0\cdot T} \tag{9-46}$$

式中,I_0 为流过被保护变压器的零序电流;$X_{0\cdot T}$为被保护变压器的零序电抗。

零序电流元件的动作电流为

$$I_{op0} = K_c\frac{U_{op0}}{X_{0\cdot T}} \tag{9-47}$$

式中,K_c 为配合系数,取 1.1。

以上两条件计算结果中选较大值作为零序电流元件的动作电流。

零序电压元件的动作电压按躲开正常运行时的最大不平衡零序电压进行整定。根据经验,零序电压继电器的动作电压一般为 5 V。

接地保护作为后备保护,其较短延时的时间继电器 KT2 的动作时限应比引出线零序电流后备段的最大动作时限大一个阶梯时限 Δt。

灵敏度校验公式为

$$K_{sen} = \frac{3I_{0\cdot min}}{I_{op0}} \geqslant 1.5 \tag{9-48}$$

式中,$3I_{0\cdot min}$为引出线末端接地故障时流过变压器零序保护的最小零序电流。

9.8 电力变压器微机主保护装置举例

9.8.1 概述

DMP322 型微机变压器差动保护,适用于 110 kV 及以下电压等级的双绕组变压器,保护功能有:①差动电流速断保护;②二次谐波制动的比率差动保护;③TA 断线识别和闭锁功能等;④过负荷告警;⑤过载启动风冷;⑥过载闭锁有载调压。

9.8.2 保护的逻辑原理

9.8.2.1 比率差动保护

比率差动保护采用两线折式比率制动特性,如图9-11所示。

动作判据同式(9-17),即

$$\left.\begin{array}{ll} I_{op} > I_{op\cdot min} & (I_{res} \leqslant I_{res\cdot min}) \\ I_{op} > I_{op\cdot min} + S(I_{res} - I_{res\cdot min}) & (I_{res} > I_{res\cdot min}) \end{array}\right\}$$

9.8.2.2 二次谐波制动原理

本保护利用三相差动电流二次谐波来防止涌流误动,动作判据为

$$\frac{I_{d2}}{I_{d1}} > K_{d2} \tag{9-49}$$

式中,I_{d1}和I_{d2}分别为基波和二次谐波电流模值;K_{d2}为二次谐波制动系数。

二次谐波制动采用或制动方式,即A、B、C三相中有一相满足制动条件,则闭锁差动保护出口。

9.8.2.3 差动速断保护

当任一相差动电流大于差流速断定值时,瞬时动作于出口继电器。该保护可在变压器内部发生严重故障时快速切除故障变压器。

9.8.2.4 TA断线判断方法

当主变(双绕组或三绕组)两侧有正常三相电流时,如果一侧不平衡电流产生的负序电流大于0.2 A,程序判断TA断线,当差电流不大于6 A时,发TA断线信号,闭锁保护出口;当差电流大于6 A时,不闭锁保护出口。

9.8.2.5 过负荷告警

动作条件:

$$\begin{array}{c} I_{hb}(\text{高压侧}B\text{相电流}) > I_{set} \\ T > T_{set} \end{array} \tag{9-50}$$

式中,I_{set}为该保护整定电流;T_{set}为该保护整定时间。

9.8.2.6 过载启动风冷

启动风冷动作条件:

$$\begin{array}{c} I_{hb}(\text{高压侧}B\text{相电流}) > I_{set1} \\ T > T_{set} \end{array} \tag{9-51}$$

关闭风冷动作条件:

$$\begin{array}{c} I_{hb}(\text{高压侧}B\text{相电流}) < I_{set2} \\ T > T_{set} \end{array} \tag{9-52}$$

式中,I_{set1}、I_{set2}为该保护整定电流;T_{set}为该保护整定时间。

9.8.2.7 过载闭锁有载调压

动作条件:同式(9-50)。

9.8.2.8 主变本体保护

变压器本体保护通过主变操作箱中重动板上的重动继电器分别出口,跳各侧开关,其

事件信号在差动装置采集与上送。

9.8.3 保护的主要技术数据

9.8.3.1 差动速断保护

电流元件:整定范围2~80 A,整定级差0.01 A,误差小于±5%。

时间元件:整定范围0~10 s,整定级差0.01 s,误差小于40 ms。

9.8.3.2 比率差动保护

差动门坎电流:整定范围0.5~10 A,整定级差0.01 A,误差小于±5%。

二次谐波制动比:整定范围0.1~0.15。

制动比:固化为0.5。

9.8.3.3 过负荷告警

电流元件:(高压侧B相电流)整定范围0.5~10 A,整定级差0.01 A,误差小于±5%。

时间元件:整定范围0~10 s,整定级差0.01 s,误差小于40 ms。

9.8.3.4 过载启动风冷

电流元件:整定范围2~80 A,整定级差0.01 A,误差小于±5%。

9.8.3.5 过载闭锁有载调压

电流元件:(高压侧B相电流)整定范围0.5~10 A,整定级差0.01 A,误差小于±5%。

时间元件:整定范围0~10 s,整定级差0.01 s,误差小于40 ms。

小　结

瓦斯保护是变压器内部短路故障的主保护,可反映本体内部匝间短路、相间短路及油面降低的故障;变压器差动保护用来反映变压器绕组、引出线及套管上的各种相间短路,也是变压器的主保护。对于变压器差动保护来说,由于变压器两侧电压等级不同,Y,d接线时两侧电流相位不一致,电流互感器的计算变比与标准变比不一致,带负荷调压,励磁涌流等原因,将在差动回路中产生较大的不平衡电流。为了提高变压器差动保护的灵敏度,必须设法减小不平衡电流。

为了进行相位补偿,常规的变压器差动保护将变压器星形侧的互感器接成三角形,其目的是减小不平衡电流。

本章分析了微机比率制动特性、变压器差动保护整定计算,以两折线式比率制动差动保护为例分析了微机差动保护的基本原理。需要注意的是,在工程实践中,应结合厂家说明书及实际运行经验来修正整定值。

变压器相间短路的后备保护,应根据变压器容量及重要程度,确定采用的保护方案。同时必须考虑保护的接线方式、安装地点等问题。

变压器接地保护主要利用零序分量这一特点来实现,同时与变压器接地方式有关。

本章以一实例分析了变压器微机差动保护的配置及整定计算要求。

习　题

一、填空题

1. 为了反映变压器绕组、引出线及套管的短路故障，应装设________或__________保护。

2. 差动保护因变压器各侧电流互感器型号不同而产生不平衡电流，解决办法是______________________________。

3. 变压器差动保护由于变压器调压抽头改变而产生不平衡电流，解决办法是__________________。

4. 采用 DCD－2 构成的变压器差动保护的基本侧是以________________的大小决定的。

5. 变压器复合电压启动的过电流保护，负序电压主要反映________短路故障，正序电压反映___________短路故障。

6. 双绕组降压变压器复合过电流保护，电压元件应接于______________侧电压互感器上。

7. 变压器相间短路后备保护主要作为______________________。

二、判断题

1. 变压器纵差保护能正确反映绕组匝间短路。（　　）

2. 变压器采用纵差保护后，可不必装设瓦斯保护。（　　）

3. 变压器纵差保护是油箱内部各种故障的主保护。（　　）

4. 设置变压器差动速断元件的主要原因是防止区内故障电流互感器饱和，产生高次谐波，致使差动保护拒动或延缓动作。（　　）

5. 变压器采用微机差动保护时，对 Y，d11 接线变压器仍然不允许在变压器低压侧进行相位补偿。（　　）

三、选择题

1. 变压器的瓦斯保护能反映（　　）。

A. 油箱内的故障　B. 油面降低　C. 油箱内故障和油面降低　D. 引出线短路

2. 在中性点直接接地系统中，降压变压器的过电流保护宜采用（　　）接线。

A. 两相式　B. 两相三继电器　C. 三相完全星形　D. 两相电流差

3. 降压变压器后备保护采用复合电压启动的过电流保护时，电流元件应接于（　　）的电流互感器上。

A. 低压侧　B. 高压侧　C. 电源进线输电线路　D. 负荷侧

4. 三侧都有电源的三绕组变压器过负荷保护，应在（　　）装设过负荷保护。

A. 高、低压侧　B. 中、低压侧　C. 所有三侧　D. 高、中压侧

四、问答题

1. 电力变压器可能发生的故障和不正常运行工作情况有哪些？应装设哪些保护？
2. 瓦斯保护的作用是什么？瓦斯保护特点和组成如何？
3. 叙述变压器差动保护产生不平衡电流的原因及消除措施。
4. 如何对Y，d11变压器进行相位补偿？补偿方法和原理是什么？
5. 变压器相间短路后备保护有哪几种常用方式？试比较它们的优缺点。

五、计算题

如图9-18所示，降压变压器采用三折线式比率制动特性构成纵差保护，已知变压器容量为20 MVA，电压为110(1±2×2.5%)/11 kV，Y，d11接线，系统最大电抗为52.7 Ω，最小电抗为26.4 Ω，变压器的电抗为69.5 Ω，以上电抗均为归算到高压侧的有名值，试对差动保护进行整定计算。

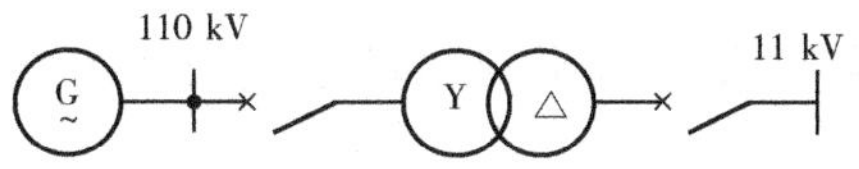

图9-18

第 10 章　电动机的继电保护

教学要求

了解电动机常见故障、不正常运行状态及其保护配置;掌握电动机相间短路的保护、单相接地保护、低电压保护、同步电动机失步保护的工作原理及整定计算方法。

10.1　电动机的故障类型及保护措施

10.1.1　异步电动机故障特点及保护配置

异步电动机的主要故障是定子绕组的相间短路、单相接地、一相匝间短路及转子鼠笼断条等。

相间短路会引起电动机的严重损坏,并造成供电网络电压严重下降,破坏其他用电设备的正常工作。因此,对电动机的定子绕组及其引出线的相间短路应装设相应的保护装置。规程规定:对 3 ~ 10 kV 的高压异步电动机,当容量低于 2 MW 时,应装设电流速断保护,保护宜采用两相式接线;2 MW 及以上的电动机或电流速断保护灵敏度不能满足要求的电动机,应装设纵差保护。保护装置动作于跳闸。

定子绕组的单相接地故障对电动机的危害程度取决于供电网络的中性点接地方式以及单相接地电流的大小。在 380/220 V 三相四线制电网中,电源变压器中性点通常是直接接地的,这时单相接地可借助反映相间短路的三相式保护来切除。3 ~ 10 kV 高压供电电网的中性点对地一般都是绝缘的,高压异步电动机单相接地后只有全电网的对地电容电流流过故障点,其危害较小。按照规定,当接地电容电流大于 5 A 时,应装设单相接地保护。单相接地电流为 10 A 及以下时,保护装置可动作于跳闸或信号;接地电流为 10 A 以上时,保护一般动作于跳闸。

定子绕组的匝间短路将破坏电动机的对称运行,并使相电流增大,电流增大的程度与短路匝数有关,最严重的情况是电动机的一相绕组全部被短接。这时,非故障相的两个绕组均直接接在线电压上,将使电动机严重损坏。过去由于没有简单而完善的方法来保护匝间短路,因此一般都没有装设专门的匝间短路保护。近年来,随着微机保护的广泛应用,可用负序电流来反映此种故障。

运行中的异步电动机有时还会出现鼠笼断条的故障。转子鼠笼断条后,转子绕组失去平衡,电动机运行不平稳。

10.1.2　异步电动机的不正常工作状态及保护配置

电动机的不正常运行状态有:过负荷、相电流不平衡、低电压和堵转等。

电动机最常见也是最严重的不正常工作状态是由过负荷引起的过电流。引起过负荷的原因是电动机所带机械部分的过负荷，供电网络电压和频率降低而使转速下降，熔断器一相熔断造成两相运行，电动机启动和自启动的时间过长等。

长时间的过负荷运行，将使电动机温升超过允许值，从而造成绝缘老化，甚至将电动机烧坏。因此，应根据电动机的重要程度及不正常运行发生的条件而装设过负荷保护，使之带时限动作于信号、跳闸或自动减负荷。所谓重要的电动机，是指断开后会引起工艺过程长期破坏或对国民经济带来严重后果的电动机。如发电厂中，主要厂用机械的电动机（如各种水泵、风机等）就占有特别重要的地位。

电动机的电源电压因某种原因降低时，电动机的转速将下降，当电压恢复时，由于电动机自启动，将从系统吸收很大的无功功率，造成电源电压不能恢复。因此，为保证重要电动机的自启动，应装设低电压保护。

由于运行中的电动机大部分都是中小型的，因此不论是根据经济条件还是根据运行要求，它们的保护装置都应该力求简单和可靠，如在低压、小容量电动机上广泛采用熔断器及自动空气开关的过流脱扣器作为相间短路保护，这时磁力启动器中的热继电器及自动空气开关中的热脱扣器作为过负荷保护。

10.2　电动机的电流速断保护和过负荷保护

10.2.1　保护原理接线

一切电动机上都必须装设相间短路的保护作为电动机的主保护。电压在 500 V 及以下的电动机，一般采用熔断器保护。

容量在 2 MW 以下的高压电动机、容量在 100 kW 以上的低压电动机广泛装设电流速断保护作为相间短路保护。为了在电动机内部及电动机与断路器之间的连接电缆上发生故障时保护均能动作，电流互感器应尽可能安装在断路器侧。通常对于不易过负荷的电动机，宜采用两相不完全星形接线（如图 10-1（a）所示）；对易产生过负荷的电动机，宜采用两相电流差接线（如图 10-1（b）所示），可采用感应型电流继电器，其中的速断部分用做相间短路保护，反时限部分用做过负荷保护。

10.2.2　电流速断保护的整定计算

电动机电流速断保护动作电流按躲过电动机的启动电流整定，即

$$I_{op} = \frac{K_{rel}K_{con}}{n_{TA}}I_{s\cdot max} \tag{10-1}$$

式中，K_{rel}为可靠系数，对电磁型继电器，取 1.4 ~1.6；对感应型继电器，取 1.8 ~2.0。K_{con}为接线系数，若采用两相不完全星形接线，取 1；若采用两相电流差接线，取$\sqrt{3}$。$I_{s\cdot max}$为最大启动电流，由制造厂提供或由实验方法实测决定，通常取（4 ~8）I_N（I_N 为电动机额定电流）。n_{TA}为电流互感器的变比。

保护装置灵敏系数按下式校验

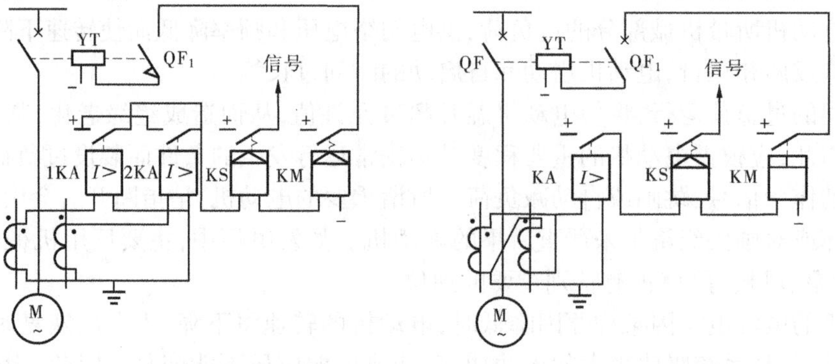

(a)两相不完全星形接线　　(b)两相电流差接线

图 10-1　电动机电流速断保护的原理接线图

$$K_{sen} = \frac{I_{k\cdot min}}{n_{TA}I_{op}} \geqslant 2 \tag{10-2}$$

式中，$I_{k\cdot min}$为最小运行方式下电动机出口两相短路电流。

10.2.3　过负荷保护

电动机的过负荷保护一般采用反时限特性，这是考虑到电动机一般都有一定的过载能力，通过的过负荷电流越小，电动机允许的运行时间越长。因此，电动机过载电流与允许工作时间的关系是一条反时限特性曲线。如果用反时限过电流继电器作为电动机的过负荷保护，其反时限特性曲线与电动机允许过载的时间特性相配合，是十分合理的过载保护。

电动机过负荷保护的动作电流按躲过电动机的额定电流进行整定，即

$$I_{op} = \frac{K_{rel}K_{con}}{K_{re}n_{TA}}I_N \tag{10-3}$$

式中，K_{rel}为可靠系数，当保护动作于信号时，取 1.05；动作于减负荷或跳闸时，取 1.2。K_{re}为返回系数，取 0.85。I_N 为电动机的额定电流。

过负荷保护的动作时间，应大于电动机带负荷启动的时间，当采用 GL－10 系列继电器的感应元件作过负荷保护时，动作时间一般取 15～20 s。

10.3　电动机的纵差保护

对于容量为 2 MW 及以上的高压电动机或装设电流速断保护灵敏度不够的电动机，应装设纵差动作为相间短路的主保护，保护动作于跳闸。

10.3.1　保护原理接线

电动机容量在 5 MW 以下时，纵差保护采用两相式接线；在 5 MW 以上时，采用三相式接线，以保证一点在保护区内另一点在保护区外的两点接地时，差动保护快速跳闸。电

动机纵差保护的原理接线图如图 10-2 所示，接入差动回路的继电器可以用电磁型电流继电器，也可以用 BCH－2 型或 DCD－2 型差动继电器。当采用电磁型电流继电器构成纵差保护时，为了躲过电动机启动时励磁涌流的影响，可采用一个带 0.1 s 延时的出口中间继电器动作于跳闸。

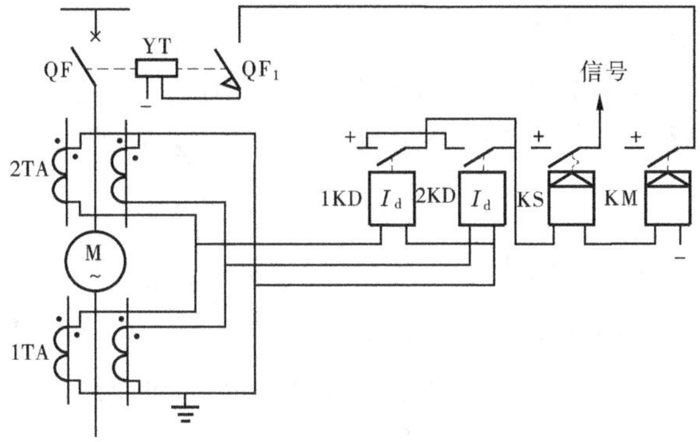

图 10-2　电动机纵差保护原理接线图

10.3.2　整定计算

为防止二次回路断线时保护误动作，保护的动作电流按躲过电动机额定电流整定，即

$$I_{op} = \frac{K_{rel}}{n_{TA}} I_N \tag{10-4}$$

式中，K_{rel}为可靠系数，若采用 DL－11 型继电器，取 1.5～2；若采用 BCH－2 型或 DCD－2 型继电器，取 1.3。

灵敏度校验同电流速断保护。

10.4　电动机的单相接地保护和低电压保护

10.4.1　电动机的单相接地保护

在中性点非直接接地电网中的高压电动机，当容量小于 2 MW，而接地电容电流大于 10 A 时，或容量等于 2 MW 及以上，而接地电容电流大于 5 A 时，应装设接地保护，并瞬时动作于跳闸。

电动机单相接地保护原理接线图如图 10-3 所示。保护装置由一个具有环形导磁体的零序电流互感器和一个电流继电器构成。电缆头的保护接地线应穿过零序电流互感器的窗口。

保护的动作电流按大于电动机本身的电容电流整定，因为在保护区外发生单相接地故障时，电动机电容电流将流过零序电流互感器，而这时保护不应动作，即

$$I_{op} = \frac{K_{rel}}{n_{TA}} 3I_{0C \cdot max} \tag{10-5}$$

式中，K_{rel}为可靠系数，取4～5；$3I_{0C.max}$为电动机外部单相接地时，流经零序电流互感器的被保护电动机及电缆的最大接地电容电流。

保护的灵敏度按下式校验

$$K_{sen}=\frac{3I_{0C.min}}{n_{TA}I_{op}}\geqslant 2 \tag{10-6}$$

式中，$3I_{0C.min}$为被保护电动机发生单相接地时，流过保护装置电流互感器一次侧的最小接地电容电流。

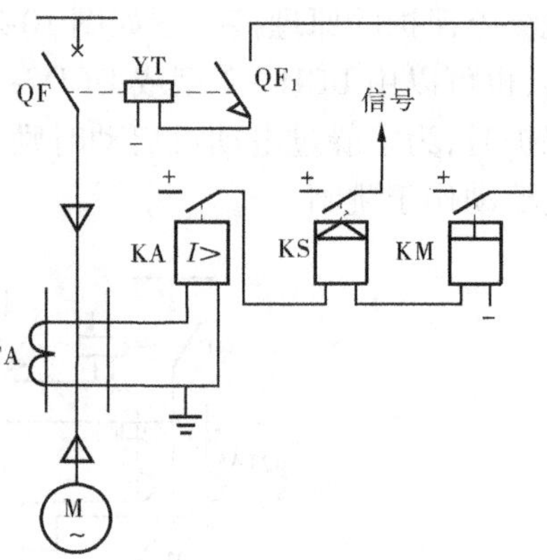

图10-3 电动机单相接地保护原理接线图

10.4.2 电动机的低电压保护

当供电电压降低或短时中断后，为防止电动机自启动时使供电电压进一步降低，以致造成重要电动机自启动困难，所以在一些次要电动机或不需要自启动的电动机上装设低电压保护。

图10-4示出了低电压保护逻辑框图。可以看出，当三个相间电压均低于整定值时，保护延时动作。保护经低电流、TV断线闭锁和开关跳闸闭锁。

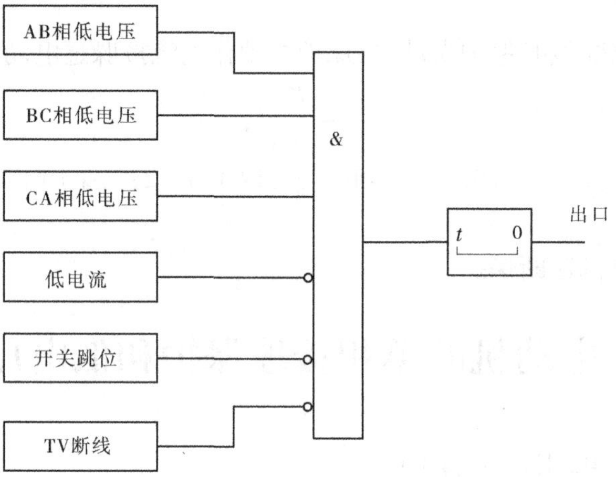

图10-4 低电压保护逻辑框图

TV断线判据如下：

(1)电动机三相均有电流而无负序电流，但有负序电压，其值大于8 V。

(2)无正序电压而三相均有电流。

条件(1)判为TV单相断线或两相断线；条件(2)判为TV三相断线。

需要指出的是，重要厂用电动机的低电压保护动作时限应躲过发电厂与系统发生振荡时的最长振荡周期。

10.4.3 电动机的低电压保护整定计算

电动机的低电压保护动作值按如下原则进行整定：

(1)0.5 s 切除次要电动机的低电压保护装置是为了保证重要电动机的自启动。为此,在电力系统中发电厂内的厂用电动机可取为:

对中温中压电厂

$$U_{op} = (0.6 \sim 0.65)\frac{U_N}{n_{TV}} \tag{10-7}$$

对高温高压电厂

$$U_{op} = (0.65 \sim 0.7)\frac{U_N}{n_{TV}} \tag{10-8}$$

在一般的工业企业中的电动机可取为

$$U_{op} = (0.6 \sim 0.7)\frac{U_N}{n_{TV}} \tag{10-9}$$

式中,U_N 为供电网络的额定线电压;n_{TV} 为电压互感器变比。

(2)9 s 切除重要电动机的低电压保护应按保证电动机自启动的条件整定。

以发电厂的厂用电动机为例,对中温中压电厂

$$U_{op} = \frac{(0.6 \sim 0.65)U_N}{K_{rel}K_{re}n_{TV}} \tag{10-10}$$

对高温高压电厂

$$U_{op} = \frac{(0.65 \sim 0.7)U_N}{K_{rel}K_{re}n_{TV}} \tag{10-11}$$

式中,K_{rel}为可靠系数,取 1.2;K_{re}为电压继电器的返回系数,一般取 1.15。

10.5 同步电动机的失步保护

同步电动机的励磁电流减小、供电电压降低均导致转矩减小,当转矩最大值小于机械负荷的制动力矩时,同步电动机将失去同步。失步后,同步电动机转速下降,在启动线圈和励磁回路中感应出交变电流,产生异步转矩,逐渐转入异步运行。在异步运行期间,由于转矩交变,所以转子转速和定子电流发生振荡,严重时可能引起机械共振和电气共振,导致同步电动机的损坏,故需装设失步保护。失步保护动作后,可作用于再同步控制回路;如不能再同步或不需要同步,则失步保护可动作于跳闸。失步保护原理可以用反映转子回路出现交流分量、反映定子电流电压相位变化、反映定子过负荷等构成。

10.5.1 反映定子绕组振荡电流的失步保护

利用定子绕组在失步时出现的振荡电流而实现的分闸失步保护的原理接线图,如图 10-5 所示,这种保护比较简单,在电力用户中应用较普遍,一般由过负荷保护兼任。其原理接线、动作电流整定计算均与过负荷保护基本相同。

在图 10-5 中装设时间继电器 KT 的目的,是考虑到同步电动机失步后有可能恢复同步运行及在电动机启动过程中保护不误动作。电流继电器 KA 是反映振荡电流而动作的,从如图 10-6 所示的同步电动机失步时振荡电流 I_{vib}的波形图可看出,当 $I_{vib} \geq I_{op}$时,电

流继电器 KA 动作，当 $I_{vib} < I_{op}$ 时，电流继电器 KA 返回，即 Δt 时间内，电流继电器 KA 的触点处于断开状态。为了保持时间继电器 KT 的线圈连续通电，故在电流继电器 KA 和时间继电器 KT 之间增设带延时返回动合触点的中间继电器 KM。

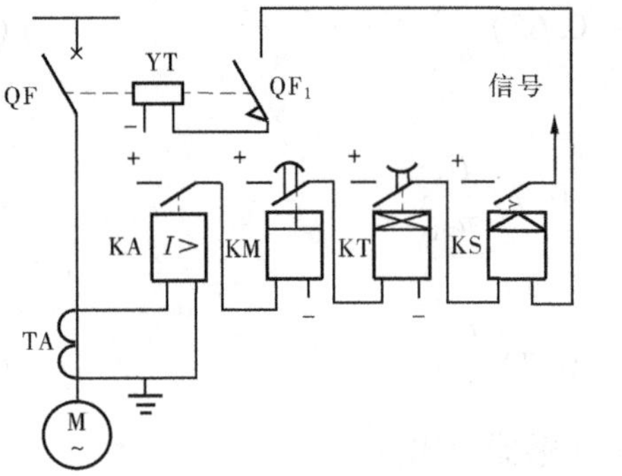

图 10-5　反应电动机定子绕组振荡电流的失步保护原理接线图

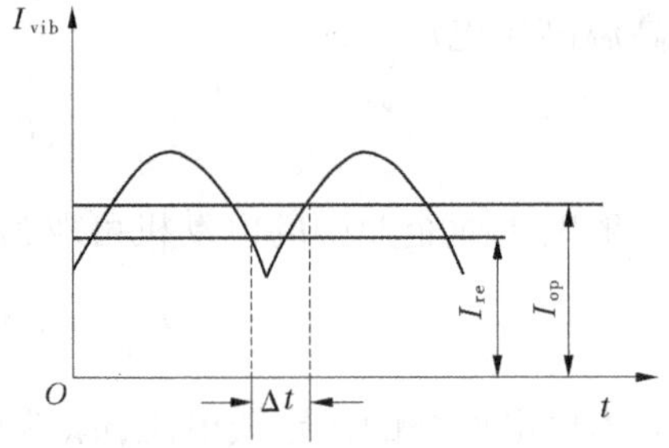

图 10-6　振荡电流波形图

10.5.2　反映转子绕组交流电流的失步保护

图 10-7 为反映转子绕组交流电流的失步保护原理图。交流电流由电流继电器 KA 测量，中间继电器 KM 具有延时返回特性，防止交流电流下降造成时间继电器返回，时间继电器 KT 延时可躲过外部不对称短路故障和自启动过程中加励磁时在转子回路中形成的交变分量的影响，防止了保护误动作。

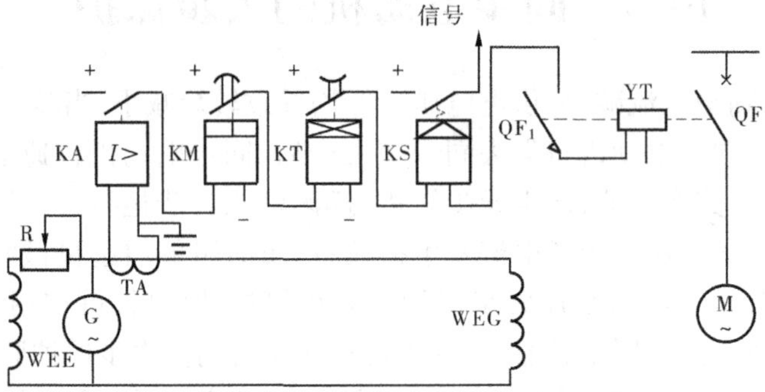

图 10-7　反映转子绕组交流电流的失步保护原理图

小　结

一切电动机上都必须装设相间短路的保护作为电动机的主保护。电压在 500 V 及以下的电动机，用熔断器作为保护装置；容量在 2 MW 以下的高压电动机上广泛装设电流速断保护作为相间短路保护。电动机电流速断保护动作电流按躲过电动机的启动电流整定。对于容量为 2 MW 及以上的高压电动机或装设电流速断保护灵敏度不够的电动机应装设纵差保护作为相间短路的主保护,保护动作于跳闸。

电动机的过负荷保护一般采用反时限特性,这是考虑到电动机一般都有一定的过载能力,通过的过负荷电流越小,电动机允许的运行时间越长。电动机过负荷保护的动作电流按躲过电动机的额定电流进行整定。

在中性点非直接接地电网中的高压电动机,当容量小于2 MW,而接地电容电流大于10 A时,或容量等于2 MW及以上,而接地电容电流大于5 A时,应装设接地保护,并瞬时动作于跳闸。

在电源电压短时降低或中断后的恢复过程中,为了保证重要电动机的自启动,通常应利用低电压保护将一部分不重要的电动机切除;对某些负载,根据生产过程和技术安全等要求,不允许自启动的电动机,当电压降低或中断9 s左右时,也可利用低电压保护将此类电动机切除。

同步电动机失步保护原理可以用反映转子回路出现交流电流分量、反映定子绕组振荡电流等构成。

习 题

1. 电动机可能出现哪些故障和不正常运行?

2. 容易过负荷的和不易过负荷的电动机宜用何种继电器构成电流速断保护?电流速断和过负荷保护应如何整定计算?

3. 在哪些电动机上应装设纵差保护?画出其原理图,说明其整定计算的原则。

4. 在什么情况下电动机应装设单独的单相接地保护?画出其原理图,说明其整定计算的原则。

5. 电动机中为什么要装设低电压保护?说明电动机低电压保护实施的原则。

6. 同步电动机的失步保护的构成原理有哪几种?绘出原理接线图并说明其工作原理。

7. 某大型给水泵高压电动机参数为:$U_{N\cdot M}=6$ kV,$P_{N\cdot M}=2\ 000$ kW,$I_{N\cdot M}=230$ A,$K_{ss}=6$,电动机出口处两相短路电流为6 000 A,自启动时间$t_{ss}=8$ s。拟采用感应型电流继电器构成电动机无时限电流速断保护,保护采用两相不完全星形接线,电流互感器变比$n_{TA}=400/5$,试整定上述保护的动作电流、动作时限并校验灵敏度。

第 11 章　电力电容器的继电保护

教学要求

了解电力电容器组故障的特点及保护配置；掌握电容器的电流保护、过电压保护工作原理及整定方法；了解横差动保护工作原理。

11.1　电力电容器的故障类型及保护措施

并联电容器组的主要作用是利用其无功功率补偿工频交流电力系统中的感性负荷，提高电力系统的功率因数，改善电压质量，降低线路损耗。电容器组由许多单台小容量的电容器串、并联组成。安装时可集中于变电站（集中补偿），也可分散到用户（就地补偿）。接线方式是并联在交流电气设备、配电网及电力线路上。为了抑制高次谐波电流和合闸涌流，并能同时抑制开关熄弧后的重燃，一般在电容器组主回路中串接一只小电抗器。为了确保电容器组停运后的人身安全，电容器组均装有放电装置，低压（0.4 kV）电容器组一般通过放电电阻放电；高压（6 ~ 35 kV）电容器组通常用电抗器或电压互感器作放电装置。为了保证电容器组的安全运行，应配置适当的保护。

11.1.1　电力电容器的故障类型及保护措施

（1）对电容器组与断路器之间连线的短路，应采用带短延时的过电流保护而不宜采用电流速断保护，因为速断保护要考虑躲过电容器组合闸冲击电流及对外放电电流的影响，其保护范围和效果不能充分利用。

（2）电容器组的故障指的是电容器内部连线上的短路故障以及电容器组中多台电容器故障。

对单台电容器内部绝缘损坏而发生的极间短路，通常是对每台电容器分别装设专用的熔断器，其熔丝的额定电流可取电容器额定电流的 1.5 ~ 2 倍。熔断器的选型及安装由电气一次专业完成，有的制造厂已将熔断器装在电容器壳内。

电容器组中多台电容器故障包括电容器的内部故障及电容器之间连线上的故障。如果仅仅一台电容器故障，由其专用的熔断器切除，而对整个电容器组无多大影响，因为电容器具有一定的过载能力；多台电容器故障并切除后，可能使继续运行的电容器严重过载或过电压，这是不允许的。电容器之间连线上的故障同样会产生严重后果。为此，需考虑保护措施。

电容器组的保护方式随接线不同而不同。常用的保护有：零序电压保护、电压差动保护、电桥差电流保护、中性点不平衡电流或不平衡电压保护、横差保护等。

11.1.2 并联电容器组的不正常运行状态及保护配置

11.1.2.1 **电容器组过负荷**

电容器组过负荷是由系统过电压及高次谐波所引起的。按规定，电容器应能在有效值为 1.3 倍额定电流下长期运行，对于电容量具有最大正偏差的电容器，过电流允许达到 1.43 倍额定电流。

由于按规定电容器组必须装设反映母线电压稳态升高的过电压保护，又由于大容量电容器组一般需装设抑制高次谐波的串联电抗器，故可以不装设过负荷保护。仅当系统高次谐波含量较高，或电容器组投运后经实测其回路中的电流超过允许值时，才装设过负荷保护，延时动作于信号。为了与电容器的过载特性相配合，宜采用反时限特性的继电器。当采用反时限特性继电器时，可与前述过电流保护结合起来。

11.1.2.2 **母线电压升高**

电容器组只允许在 1.1 倍额定电压下长期运行，当系统引起母线稳态电压升高时，为保护电容器组不致损坏，应装设母线过电压保护，延时动作于信号或跳闸。

11.1.2.3 **电容器组失压**

当系统故障线路断开引起电容器组失去电源，而线路重合又使母线带电，电容器组端子上残余电压又未放电到 0.1 倍额定电压时，可能使电容器组承受高于长期允许的 1.1 倍额定电压的合闸过电压，而使电容器组损坏，因而应装设失压保护。

11.2 电力电容器组的过电流保护

11.2.1 电力电容器组使用熔断器保护的接线

电容器的熔断器保护用于反映电容器的内部故障。当电容器数量不多时，可在每台电容器上装设熔断器；当电容器数量较多时，可将电容器分成若干组，在每组上装设熔断器对其进行保护。

当电容器数量不多时，可在每台电容器的外部装设一个熔断器，如图 11-1(a)所示。当某台电容器内部的串联元件击穿时，熔断器熔断将该台电容器断开，使与其并联的各台电容器仍能继续运行。

当电容器数量较多时，可按电容器的容量大小和熔断器的断流容量将每相中的电容器分成若干组，每组不宜多于 5 台电容器，每个熔断器保护其中的一组电容器，如图 11-1(b)所示。当其中的一台电容器击穿损坏时，熔断器熔断将该组电容器全部断开，以防止故障的发展。

目前，户内式电容器采用的熔断器是 RN1 型，户外式电容器可采用 RW 型跌落式熔断器。采用单台保护形式时，熔断器熔体额定电流按电容器额定电流的 1.5 ~ 2.0 倍选取；采用分组保护形式时，熔断器熔体电流按电容器组额定电流的 1.3 ~ 1.8 倍选取。

11.2.2 电力电容器组的过电流保护

电力电容器组的过电流保护反映电容器组与断路器之间连线上的相间短路，也可作

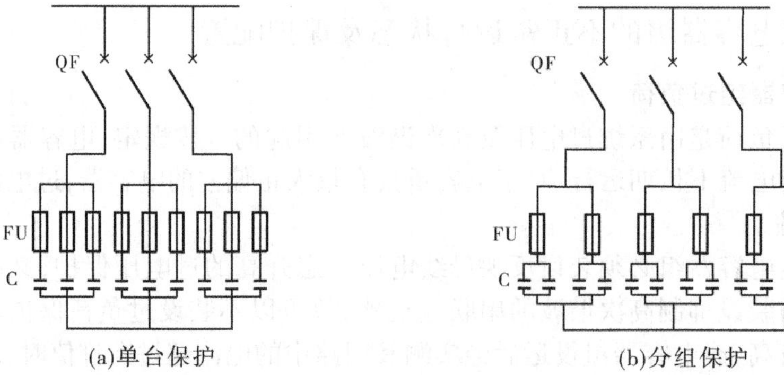

图 11-1　电容器的熔断器保护

为电容器内部故障的后备保护。过电流保护可采用两相两继电器不完全星形接线或两相一继电器电流差接线，也可以采用三相三继电器完全星形接线，两相两继电器不完全星形接线的过电流保护原理图如图 11-2 所示。

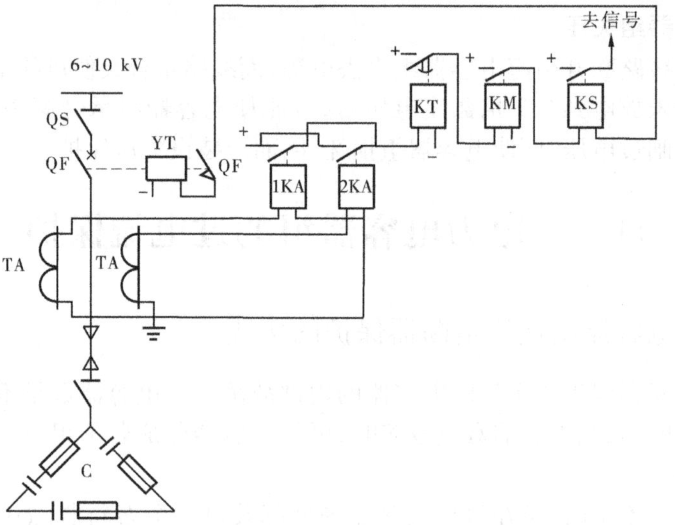

图 11-2　两相两继电器电容器组过电流保护原理图

当电容器组和断路器之间连线发生短路时，故障电流使电流继电器动作，其常开触点闭合，接通 KT 线圈回路，KT 触点延时闭合，使中间继电器 KM 动作，其触点接通跳闸线圈 YT，使断路器 QF 跳闸。

保护动作电流按躲过电容器的额定电流整定，即

$$I_{op} = K_{rel} I_N$$

电流继电器的动作电流为

$$I_{op} = K_{rel} K_{con} I_N / n_{TA} \tag{11-1}$$

式中，K_{rel}为可靠系数，时限在 0.5 s 以下时取 2 ~ 2.5，时限较长时取 1.3；K_{con}为电流保护接线系数，三相三继电器接线或两相两继电器接线时取 1，两相一继电器电流差接线时取 $\sqrt{3}$；n_{TA}为电流互感器变比。

保护的灵敏系数为

$$K_{sen} = \frac{I_{k\cdot min}^{(2)}}{I_{op}} \geqslant 2 \qquad (11\text{-}2)$$

式中，$I_{k\cdot min}^{(2)}$为最小运行方式下，电容器首端两相短路时流过继电器的最小电流。

根据规程规定，最小灵敏系数不小于 2。

11.3 电力电容器组的横差保护

11.3.1 电力电容器组横差保护的工作原理

电容器组的横差保护用于保护双三角形连接电容器组的内部故障，其原理接线如图 11-3 所示。在 A、B、C 三相中，每相都分成两个臂，在每个臂中接入一只电流互感器，同一相两臂电流互感器二次侧按电流差接线，即流过每一相电流继电器的电流是该相两臂电流之差，因此叫做差动保护。各相差动保护分相装设，而三相电流继电器触点并联。

电容器组正常运行时，各相两臂中的电流相等，流过电流继电器的电流为较小的不平衡电流，三个电流继电器均不动作。如果在运行中任意一个臂中的某一台电容器的内部有部分串联元件击穿，则该臂中的电容量增大，容抗减小，电流增大，当流过电流继电器的电流大于其整定值时，电流继电器动作，延时作用于跳闸。

11.3.2 整定计算

横差保护的动作电流按以下两个原则进行整定：

(1)躲过正常运行时电流互感器二次回路中由于各臂电容量配置不一致而引起的最大不平衡电流，即

$$I_{op} = K_{rel} I_{unb\cdot max} \qquad (11\text{-}3)$$

式中，K_{rel}为可靠系数，取 2；$I_{unb\cdot max}$为正常运行时二次回路中最大不平衡电流。

(2)在某台电容器内部有 50% ~70% 串联元件击穿时，保证保护有足够的灵敏度，即

$$I_{op} = \frac{I_d}{K_{sen}} \qquad (11\text{-}4)$$

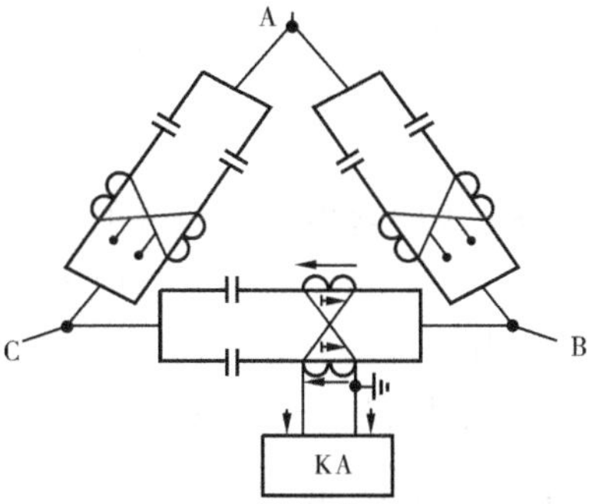

图 11-3 双三角形接线电容器组横差保护原理接线

式中，I_d 为一台电容器内部 50% ~70% 串联元件击穿时，二次回路中的差电流；K_{sen}为横差保护的灵敏系数，取 1.8。

为了躲开电容器投入合闸瞬间的充电电流，以免引起保护误动作，横差保护需要延时 0.2 s 动作。

11.4 电力电容器组的中性点电流平衡保护和电压保护

11.4.1 电容器组的中性点电流平衡保护

中性点电流平衡保护(也叫单继电器式横差保护)用于保护双星形接线电容器组的

内部故障,其原理接线如图 11-4 所示。

从图 11-4 可以看出,当两组电容器各对应相电容量比值相等,即 $C_{A1}/C_{A2}=C_{B1}/C_{B2}=C_{C1}/C_{C2}$ 时,中性点上的电流为零,而当其中任一台电容器内部故障,有 70% ~80% 串联元件击穿时,中性点上出现故障电流使电流继电器动作,先后启动时间继电器和中间继电器,使断路器跳闸。

电流继电器动作电流按下面两式计算,从中选取较大的作为整定值

$$I_{op}=K_{rel}I_d \tag{11-5}$$

$$I_{op}=\frac{I_d}{K_{sen}} \tag{11-6}$$

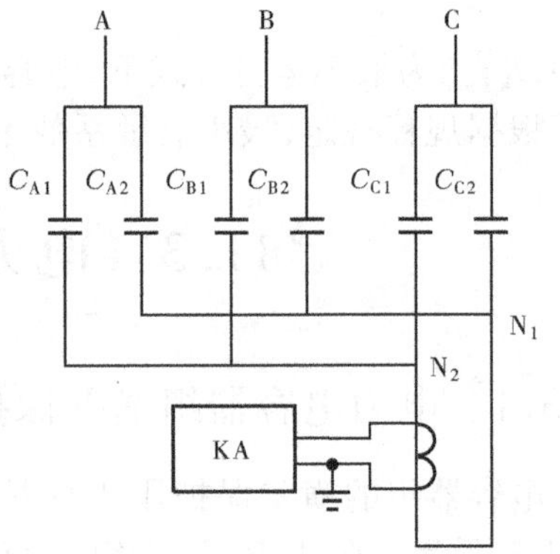

图 11-4　电容器组中性点电流平衡保护原理接线图

式中,I_d 为一台电容器内部 70% ~80% 串联元件击穿时,电流互感器二次回路中的电流;K_{rel} 为可靠系数,取 1.5;K_{sen} 为灵敏系数,取 1.8。

11.4.2　电容器组的过电压保护

当电容器组所接母线电压升高时,为保护电容器组不致损坏,过电压保护延时动作于信号或跳闸。保护的动作电压按下式整定

$$U_{op}=\frac{K_U(1-A)}{n_{TV}}U_N \tag{11-7}$$

式中,K_U 为电容器长期允许的过电压倍数;A 为电容器组每相感抗(X_L)与每相容抗(X_C)的比值,即 $A=X_L/X_C$;U_N 为电容器组接入母线的额定电压;n_{TV} 为电压互感器变比。

过电压保护宜采用反时限特性继电器。当电容器组设有以电压为判据的自动投切装置时,可不另设过电压保护。

11.4.3　电容器组的低电压保护

当供电电压消失时,电容器组失去电源,开始放电,电容器组上的电压逐渐降低。若残余电压未放电到 0.1 倍额定电压就恢复供电,则电容器组上将承受高于 1.1 倍额定电压的合闸过电压,导致电容器组的损坏,因而需装设低电压保护。低电压保护动作后,将电容器组切除,待电荷放完后才能再投入。

电容器组低电压保护逻辑框图如图 11-5 所示,只有当三相电压同时降低到低电压动作值时,保护才可动作,同时保护经电流闭锁(供电电压消失时电容器组无电流)、断路器跳闸闭锁。

低电压动作电压为

$$U_{op}=\frac{K_{min}U_N}{n_{TV}} \tag{11-8}$$

式中,K_{min} 为系统正常运行时可能出现的最低电压系数,一般取 0.5;U_N 为供电高压侧母线额定电压;n_{TV} 为电压互感器变比。

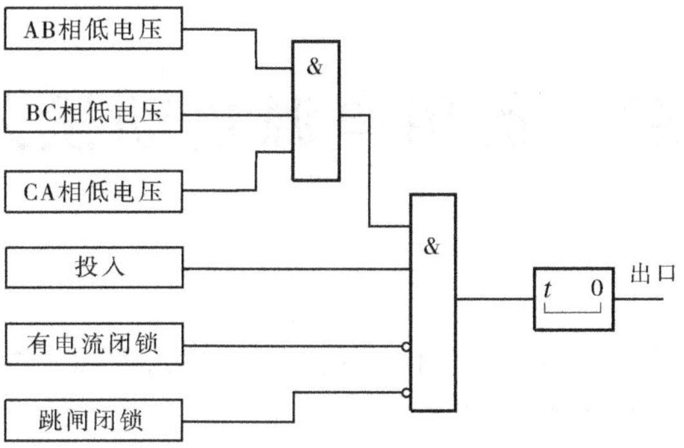

图 11-5 电容器组低电压保护逻辑框图

低电压保护的动作时限应小于供电电源重合闸的最短时限。

小 结

电容器的熔断器保护用于反映电容器的内部故障，当电容器数量不多时可在每台电容器上装设熔断器；当电容器数量较多时，可将电容器分成若干组，在每组上装设熔断器对其进行保护。

电容器组与断路器之间的短路保护，容量超过 400 kvar 时应采用带有短延时的过电流保护。过电流保护可采用两相两继电器不完全星形接线或两相一继电器电流差接线，也可以采用三相三继电器完全星形接线。过电流保护也可用做电容器内部故障的后备保护，但只有在一台电容器内部串联元件全部击穿而发展成相间故障时才能动作。

电容器组的横差保护用于保护双三角形连接电容器组的内部故障，而中性点电流平衡保护(也叫单继电器式横差保护)用于保护双星形接线电容器组的内部故障。

当电容器组所接母线电压升高时，为保护电容器组不致损坏，过电压保护延时动作于信号或跳闸。当供电电压消失时，电容器组放电，其电压逐渐降低；若残余电压未放电到 0.1 倍额定电压就恢复供电，将导致电容器组的损坏，则需装设低电压保护。

习 题

1. 电力电容器的熔断器保护的主要形式有哪几种？熔断器保护起什么作用？
2. 电力电容器过电流保护起什么作用？
3. 说明横差保护的工作原理。在什么情况下电力电容器组可装设横差保护？
4. 横差保护的动作电流是怎样决定的？
5. 电力电容器组为什么要装设过电压保护？过电压继电器从哪里取得电压？

第 12 章　备用电源自动投入装置

教学要求

了解备用电源自动投入装置的作用和要求，掌握备用电源自动投入的一次接线方案，了解微机型 AAT 装置及 AAT 参数整定。

12.1　备用电源自动投入装置的作用和要求

12.1.1　备用电源自动投入装置的含义和作用

在电力系统中，许多用户和用电设备是由单电源的辐射形网络供电的。当某母线或线路供电电源中断时，连接在它上面的用户和用电设备将失去电源，使正常供电受到破坏，给生产和生活造成不同程度的影响或损失。为了保证用户的连续供电，在发电厂和变配电所中广泛采用了备用电源自动投入（AAT）装置。

备用电源自动投入装置是指当工作电源因故障被断开后，能迅速、自动地将备用电源投入或将用电设备自动切换到备用电源上去，使用户不至于停电的一种自动装置，简称 AAT 装置。一般在下列场合下应装设 AAT 装置：

（1）发电厂的厂用电和变电所的所用电。

（2）由双电源供电的变电所和配电所，其中一个电源作为备用电源。

（3）降压变电所内装有备用变压器或互为备用的母线段。

（4）生产过程中某些重要的备用机组。

在电力系统中，不少重要的用户是不允许停电的。因此，常设置两个及以上的独立电源供电，一个工作，另一个备用，或互为备用。

当工作电源消失时，备用电源的投入，可以手动操作，也可用 AAT 自动操作。手动操作动作较慢，中断供电时间较长，对正常生产有很大影响，手动投入备用电源不能满足要求。采用 AAT 装置自动投入，中断供电时间只是自动装置的动作时间，时间很短，对生产无明显影响，故 AAT 装置可大大提高供电的可靠性。

由于 AAT 装置结构简单，造价便宜，能较好地提高供电的可靠性，因此在变配电所中得到了广泛应用。

12.1.2　备用方式

AAT 装置从其电源备用方式上可分明备用和暗备用两种方式。图 12-1（a）中，变压器 T1 和 T2 正常工作时处于工作状态，断路器 QF_1、QF_2、QF_6、QF_7 处于合闸位置，分别向Ⅰ段母线和Ⅱ段母线供电；变压器 T3 处于备用状态，断路器 QF_3、QF_4、QF_5 断开。当 T1

或 T2 发生故障时，变压器保护将其两侧断路器断开，然后由 AAT 装置动作，将 T3 迅速投入合闸，母线恢复供电。这种接线称为明备用。

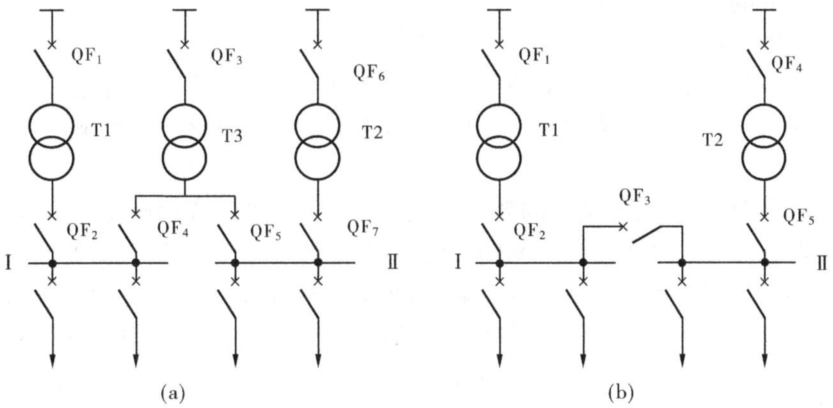

图 12-1　应用 AAT 装置的一次接线示意图

图 12-1(b)中，在正常运行时，断路器 QF_1、QF_2、QF_4、QF_5 处于合闸位置，变压器 T1 和 T2 分别向Ⅰ、Ⅱ段母线供电，分段断路器 QF_3 断开，母线分段运行。当变压器 T1 故障由保护断开后，由 AAT 装置自动将 QF_3 投入，Ⅰ段母线的负荷转移到由 T2 供电；同理，变压器 T2 故障由保护切除后，Ⅱ段母线负荷转移到由 T1 供电。这种靠分段断路器 QF_3 取得互为备用的方式称为暗备用。

由分析可知，采用 AAT 装置是一种安全、经济的措施。采用 AAT 装置后，有如下优点：

(1)提高供电的可靠性，节省建设投资。

(2)简化继电保护装置。因采用 AAT 装置后，环形网络可以开环运行、变压器可以分列运行，可以采用比较简单的保护，因此继电保护装置得到简化。

(3)限制短路电流，提高母线残余电压。如图 12-1(b)所示，变压器分列运行后，将使短路电流受到一定的限制，出线可不装电抗器，既节省投资，又使运行维护更加方便。

12.1.3　对 AAT 装置的基本要求

(1)工作母线突然失去电源时 AAT 装置应能动作。

工作母线突然失压的主要原因有：工作变压器发生故障，保护将故障变压器切除；接在工作母线上的引出线发生故障，由变压器后备保护切除故障，造成工作变压器断开；工作母线故障；工作电源断路器操作回路故障将电源断开；工作电源突然停止供电；误操作造成工作变压器退出运行。这些原因都应使 AAT 装置动作，使备用电源迅速投入恢复供电。

(2)工作电源断开后，备用电源才投入。

其主要的目的是提高备用电源自动投入装置的动作成功率。若故障点未被切除，就投入备用电源，实际上就是将备用电源投入到故障的元件上，将造成事故的扩大。

(3)AAT 装置应保证只能动作一次。

当工作母线发生永久性短路故障时，AAT 动作将备用电源投入后，由于故障仍然存在，保护动作将备用电源断开。若再次将备用电源投入，对系统造成不必要的冲击，同时还可能造成事故的扩大。

(4) AAT 装置的动作时间以尽可能短为原则。

从工作母线失去电压到备用电源投入为止，其工作母线上有一段停电时间，这段时间为中断供电时间。停电时间愈短，电动机愈容易自启动，对一般用户影响也小一些，甚至没有影响。

但中断供电时间过短，电动机的残压可能很高，当 AAT 装置动作使备用电源投入时，如果备用电源电压和电动机残压之间的相角差又较大，将会产生很大的冲击电流而造成电动机的损坏。为了减小冲击电流的影响，可采取在母线残压降到较低的数值时，再投入备用电源。而高压大容量电动机因其残压衰减慢，幅值又大，因此其工作母线中断供电的时间应在 1 s 以上。运行实践证明，AAT 装置的动作时间以 1 ~ 1. 5 s 为宜，低电压场合可减小到 0. 5 s。

(5) 手动断开工作电源时，备用电源自动投入装置不应动作。

(6) 应具有闭锁备用电源自动投入装置的功能。

设立备用电源自投闭锁功能的目的是防止备用电源投入到故障元件上，造成事故扩大的严重后果。

(7) 备用电源不满足有电压条件时，备用电源自投装置不应动作。

(8) 工作母线失去电压时还应检查工作电源无电流，防止电压互感器二次断线造成误动作。

12. 2　备用电源自动投入的一次接线方案

备用电源自动投入装置主要用于 110 kV 以下的中低压配电系统中，因此备用电源自动投入装置的接线方案是根据发电厂、厂用电及中低压变电所主要一次接线方案设计的。

12. 2. 1　低压母线分段断路器自投方案

低压母线分段断路器自投方案的主接线图如图 12-2 所示。

由图 12-2 可知，当主变 T1、T2 同时运行，而分段断路器 QF_3 断开时，一次系统中 T1 和 T2 互为备用电源，此方案称为暗备用接线方案。

主变 T1 故障，保护跳开 QF_1，或者主变 T1 高压侧失压，都会引起 Ⅰ 段母线失压，I_1 为 0 且 Ⅱ 段母线有电压，即断开 QF_1，合上 QF_3。Ⅰ 段、Ⅱ 段母线上的负荷由主变 T2 供电。自投条件是 Ⅰ 段母线失去电压、I_1 为 0，Ⅱ 段母线有电压、QF_1 确已断开。与常规电磁型备用电源自动投入装置相比，多了一项检查 I_1 为 0 条件，其目的是防止 Ⅰ 段母线电压互感器 TV1 断线而引起备用电源自投的误动作。

同样的道理，当发生主变 T2 故障等相类似的问题，Ⅱ 段母线失去电压，I_2 为 0 且 Ⅰ 段母线有电压时，即断开 QF_2，合上 QF_3。自投条件是 Ⅱ 段母线失去电压，I_2 为 0 且 Ⅰ 段母线有电压，QF_2 确已断开。

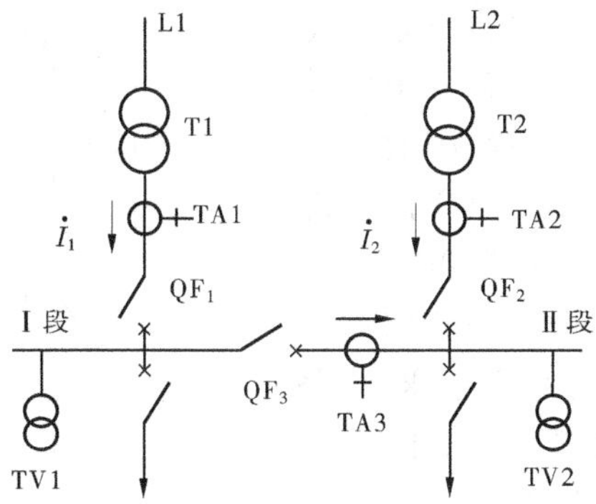

图 12-2　低压母线分段断路器自投方案的主接线图

12.2.2　内桥断路器的自投方案

内桥断路器自投方案的主接线图如图 12-3 所示。

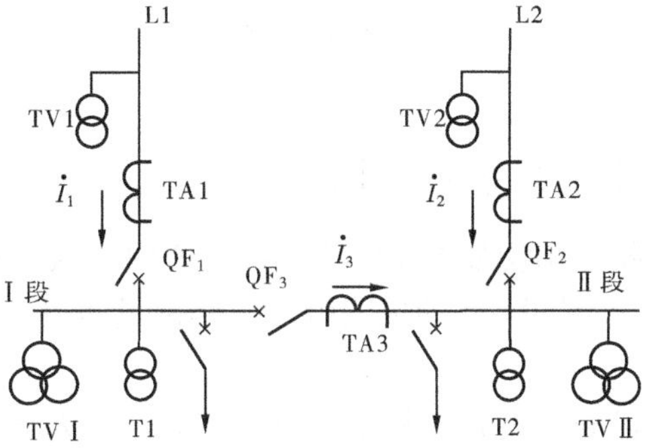

图 12-3　内桥断路器自投方案的主接线图

由图 12-3 可知，当 L1 进线带Ⅰ、Ⅱ段运行，即 QF_1、QF_3 在合闸位置，QF_2 在分闸位置时，线路 L2 是备用电源。当 L2 进线带Ⅰ、Ⅱ段运行，即 QF_2、QF_3 在合闸位置，QF_1 在分闸位置时，线路 L1 是备用电源。显然此两种运行方式都有一个共同的特点，一回线路运行，另一回线路作为备用，此运行方式称为明备用接线方案。L1 为运行状态，L2 为备用状态的自投条件是：Ⅰ段母线失去电压、I_1 为 0，L2 线路有电压、QF_1 确已断开时合 QF_2。

L2 为运行状态，L1 为备用状态的自投条件是：Ⅱ段母线失去电压、I_2 为 0，L1 线路有电压、QF_2 确已断开时合 QF_1。

如果两段母线分列运行，即桥断路器 QF_3 在分闸位置，而 QF_1、QF_2 在合闸位置，此时 L1 和 L2 互为备用电源，显然是暗备用接线方案。此种暗备用方案与低压母线分段断路器自投方案及其运行方式完全相同。

12.2.3　线路备用电源自投方案

线路备用电源自投方案接线图如图 12-4 所示。一般在农网配电系统、小型化变电所或厂用电系统中使用。

图 12-4 所示的备用电源自投方案接线是明备用方案接线。L1 和 L2 中只有一个断路器在合闸位置，另一个在分闸位置，因此当母线失压，备用线路有电压，且 I_1（或 I_2）为 0，即可断开 QF_1（或 QF_2），合上 QF_2（或 QF_1）。该明备用方案的自投条件类似于内桥断路器自投方案中的明备用方案。即母线无电压，线路 L2 有电压，I_1 为 0，QF_1 确已断开，合上 QF_2；或者母线无电压，线路 L1 有电压，I_2 为 0，QF_2 确已断开，合上 QF_1。

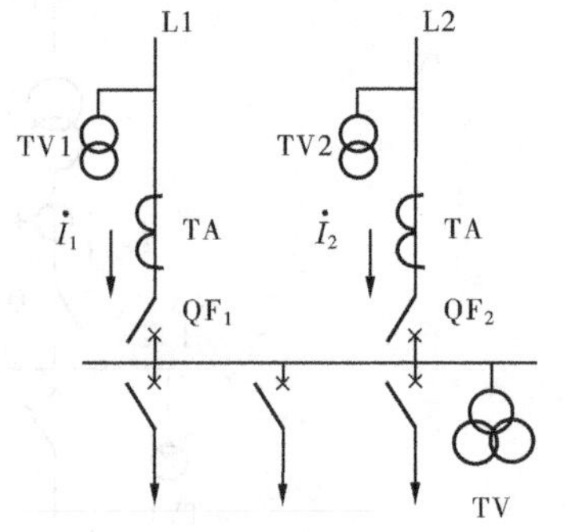

图 12-4　线路备用电源自投方案接线图

12.3　微机型 AAT 装置

微机型 AAT 装置不但重量轻、可靠性高，而且能够根据设定的运行方式自动识别现行运行方案、选择自投方式。自动投入过程还带有过流保护和加速功能及自投后过负荷联切功能。

12.3.1　微机型 AAT 装置的硬件结构

微机型 AAT 装置的硬件结构如图 12-5 所示，装置的输入模拟量包括母线Ⅰ、Ⅱ的三相电压幅值、频率和相位，母线Ⅰ、Ⅱ的进线电流。模拟量通过隔离变换后经滤波整形，进入 A/D 模数转换器，再送入 CPU 模块。

由于微机型 AAT 装置的功能并不复杂，采样、逻辑功能及人机接口由同一个 CPU 完成。同时，装置对采样速度要求不高，因此硬件中模数转换器可以不采用 VFC 类型，宜采用普通的 A/D 模数转换器。开关量输入输出仍要求经光电隔离处理，以提高抗干扰能力。

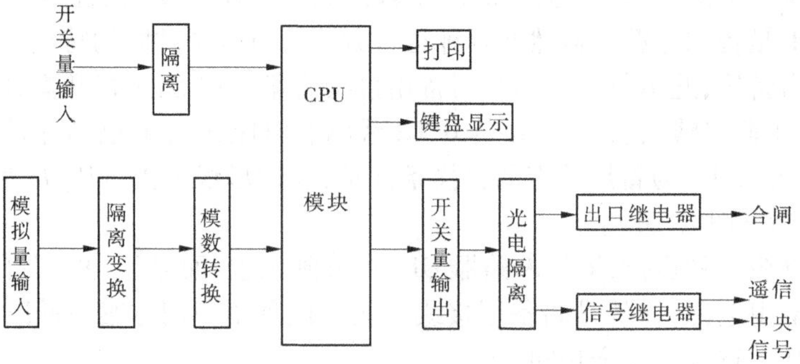

图 12-5　微机型 AAT 装置硬件结构图

12.3.2 微机型 AAT 装置软件原理

微机型 AAT 装置软件逻辑框图如图 12-6 所示。下面以图 12-1(b)所示暗备用方式进行分析。正常时母线Ⅰ、Ⅱ分开运行,QF_3 断开。

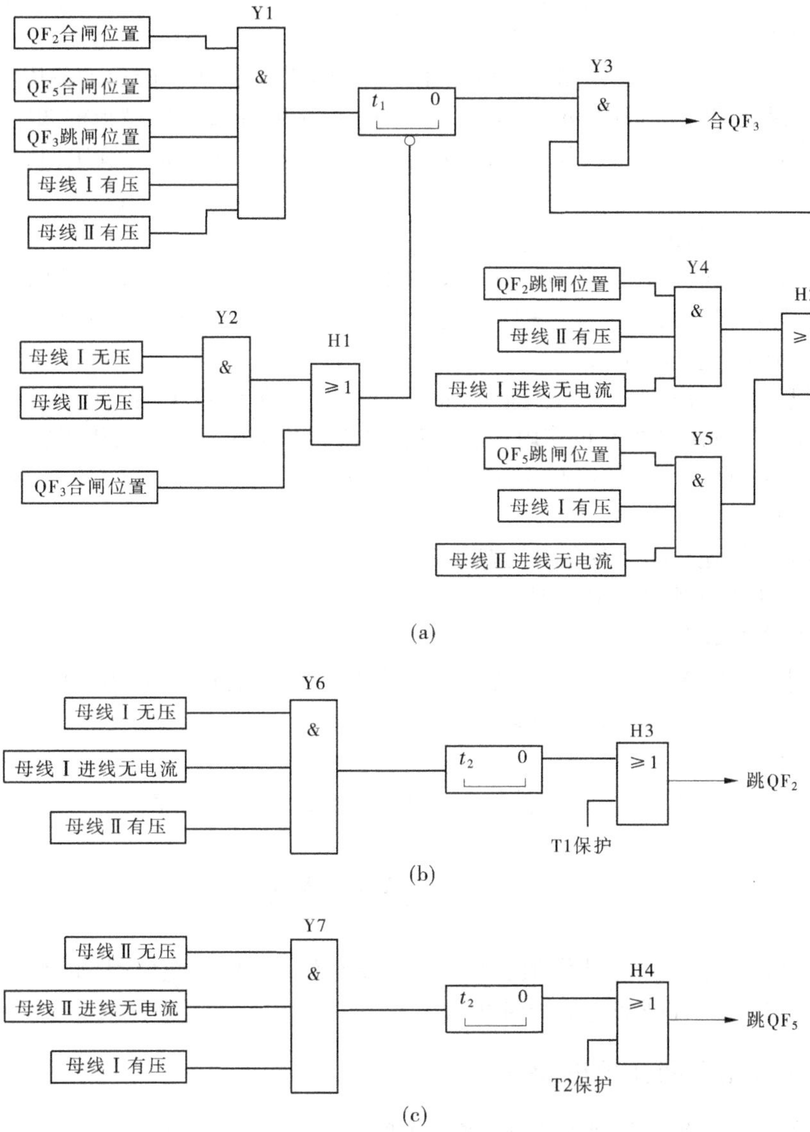

图 12-6 微机型 AAT 装置软件逻辑框图

12.3.2.1 装置的启动方式

方式一:由图 12-6(a)分析可知,当 QF_2 在跳闸状态,并满足母线Ⅰ进线无电流,母线Ⅱ有电压的条件,Y4 动作,H2 动作,在满足 Y3 另一输入条件时合 QF_3,此时 QF_2 处于跳闸位置,而其控制开关仍处于合闸位置,即当二者不对应就启动备用电源自动投入装置,这种方式为装置的主要启动方式。

方式二:当电力系统侧各种故障导致工作母线Ⅰ失去电压(如系统侧故障,保护动作使 QF_1 跳闸)时,分析图12-6(b)可知,在满足母线Ⅰ进线无电流,备用母线Ⅱ有电压的条件下,Y6动作,经过延时,跳开 QF_2,再由方式一启动备用电源自动投入装置,使 QF_3 合闸。这种方式可看做是对方式一的辅助。

以上两种方式保证无论任何原因导致的工作母线Ⅰ失去电压均能启动备用电源自动投入装置,并且保证 QF_2 跳闸后 QF_3 才合闸的顺序,并且从图12-6的逻辑框图中可知,工作母线Ⅰ与备用母线Ⅱ同时失去电压时,装置不会动作;备用母线Ⅱ无电压,装置同样不会动作。

12.3.2.2　AAT 装置的闭锁

微机型AAT装置的逻辑回路中设计了类似于电容的"充放电"过程,在图12-6(a)中以时间元件 t_1 表示"充放电"过程,只有在充电完成后,装置才进入工作状态,Y3才有可能动作。其"充放电"过程分析如下。

"充电"过程:从图12-6(a)中看到,当满足 QF_2、QF_5 在合闸状态,QF_3 在跳闸状态,工作母线Ⅰ有电压,备用母线Ⅱ也有电压,并且无装置的"放电"信号时,则Y1动作,使 t_1"充电",经过10~15 s的充电过程,为Y3的动作做好了准备。一旦Y3的另一输入信号满足条件,装置即动作,合上 QF_3。

"放电"过程:当满足 QF_3 在合闸状态或者工作母线Ⅰ及备用母线Ⅱ无电压时,则 t_1 瞬时"放电",Y3不能动作,即闭锁装置。

12.3.2.3　合闸于故障母线上

当AAT动作,QF_3 合闸后 t_1 瞬时"放电",若合闸于故障母线上,则 QF_3 的继电保护加速动作使 QF_3 立即跳闸,此时工作母线Ⅰ无电压,t_1 不能"充电",装置不能动作,保证了装置只动作一次。

微机型AAT装置能完全满足对备用电源自动投入装置的基本要求。

12.4　AAT 参数整定

整定的参数有低电压元件动作值、过电压元件动作值、AAT充电时间、AAT动作时间、低电流元件动作值、合闸加速保护时间。

12.4.1　低电压元件动作值的整定

低电压元件用于监视工作母线失压,当工作母线失压时应能可靠动作。所以,低电压元件的动作电压应低于工作母线出线短路故障切除后电动机自启动时的最低母线电压;工作母线(包括上一级母线)上的电抗器或变压器后发生短路时,低电压元件不应动作。

考虑上述两种情况,低电压元件动作值取额定工作电压的25%。

12.4.2　过电压元件动作值的整定

过电压元件用来检测备用母线是否有电压的情况。如图12-1(a)中,当正常运行时

工作母线和备用母线在最低工作电压，过电压元件应保持动作状态，因此过电压元件动作电压为

$$U_{op} = \frac{U_{min}}{n_{TV}K_{rel}K_{re}} \tag{12-1}$$

式中，n_{TV}为电压互感器变比；K_{rel}为可靠系数，取1.2；K_{re}为返回系数，取0.9。

一般过电压元件动作电压U_{op}不应低于额定电压的70%。

12.4.3　AAT充电时间的整定

图12-1(b)所示电路以T1、T2分开、QF_3断开方式运行，当备用电源动作于故障上时，则由设在QF_3上的加速保护将QF_3跳闸。如果故障为瞬时性的，则可立即恢复原有备用方式。为保证断路器切断能力的恢复，AAT的充电时间应不小于断路器第二个“合闸→跳闸”的时间间隔，一般间隔时间取10～15 s。

12.4.4　AAT动作时间的整定

AAT动作时间是指由于电力系统内的故障使工作母线失压跳开工作母线受电侧断路器的延时时间。

因为网络中短路故障时低电压元件可能动作，显然此时AAT不能动作，所以设置延时是保证AAT动作选择性的重要措施。AAT的动作时间t_{op}为

$$t_{op} = t_{k\cdot max} + \Delta t \tag{12-2}$$

式中，$t_{k\cdot max}$为工作母线上各元件继电保护动作时限的最大值；Δt为时限级差，取0.4 s。

12.4.5　低电流元件动作值的整定

设置低电流元件用来防止电压互感器二次回路断线时AAT误启动，同时兼作断路器跳闸的辅助判据。低电流元件动作值可取电流互感器二次额定电流的8%(如TA二次额定电流为5 A时，低电流元件动作值为0.4 A)。

12.4.6　合闸加速保护时间的整定

合闸加速保护电流元件的动作值应保证该母线上发生短路故障时不低于1.5的灵敏度；当加速保护由复合电压启动时，负序电压可取7 V(相电压)、正序电压可取50～60 V(在上述短路点故障灵敏度不低于2.0的情况下)；加速时间取3 s。

小　结

备用电源自动投入装置是指当失去工作电源后，能迅速、自动地将备用电源投入或将用电设备自动切换到备用电源上去的装置。本章主要介绍了备用电源自动投入装置的作用及基本要求，分析了微机型AAT装置的基本原理、装置中各元件动作参数的整定方法。

备用电源自动投入装置结构简单，成本费用低，但可以大大提高供电的可靠性，被广泛应用于发电厂厂用电系统及厂矿企业的变、配电所的所用电系统中。

习 题

一、填空题

1. 备用电源自动投入装置只允许动作________。

2. 备用电源自动投入接线方式有________和________。

3. 为防止电压互感器熔断器熔断时AAT误动作,低压启动采用________且接点________。

4. 备用电源自动投入装置为提高AAT动作成功率,应保证工作电源________,备用电源________。

5. 采用AAT装置后,可提高________可靠性,可简化________和________。

6. 在正常情况下,一路电源工作,另一路电源断开备用,当工作电源因故断开时,备用电源投入工作,这种备用方式称为________。

7. 正常情况下,两个电源同时工作,当任一个电源因故断开时,由另一个电源带全部负荷,这种备用方式称为________。

二、判断题

1. AAT装置采用两只低压元件的目的是防止TV熔断器熔断时引起装置误动。 ( )

2. 为防止电力系统事故时工作母线和备用母线同时失压造成AAT动作,AAT装置采用过压元件。 ( )

3. 要保证工作电源断开后,AAT装置才动作,备用电源的断路器合闸部分应由供电元件受电侧断路器的常闭触点启动。 ( )

4. 要实现工作母线上的电压不论因任何原因消失时AAT装置都应动作,则AAT装置可装设独立的低电压启动部分。 ( )

5. 为了使用户的停电时间尽可能短,备用电源自动投入装置可以不带时限。 ( )

三、选择题

1. AAT装置低电压继电器的动作电压一般整定为( )可满足要求。

A. 额定工作电压的25%　　B. 额定工作电压的50%

C. 额定工作电压的70%　　D. 不应低于额定工作电压的70%

2. AAT装置过电压继电器的动作电压一般整定为( )可满足要求。

A. 额定工作电压的25%　　B. 额定工作电压的50%

C. 额定工作电压的70%　　D. 不应低于额定工作电压的70%

3. AAT装置的动作时间为( )。

A. 以1~1.5 s为宜　　B. 0 s

C. 较长时限　　　　　　　　　D. 5 s

4. 停用 AAT 装置时应(　　)。

A. 先停交流,后停直流　　　　　B. 先停直流,后停交流

C. 交、直流同时停

四、问答题

1. 备用电源自动投入装置有什么用途?
2. 备用电源失电时为何闭锁 AAT 装置?
3. AAT 装置为何只能动作一次?
4. AAT 装置参数整定需要考虑哪些因素?
5. 结合图 12-6 分析微机型备用电源自动投入装置的动作过程。

第 13 章　自动重合闸装置

教学要求

了解自动重合闸装置的作用和要求；掌握单侧电源线路的三相一次自动重合闸，双侧电源线路的三相自动重合闸；了解自动重合闸与继电保护的配合。

13.1　自动重合闸装置的作用和要求

13.1.1　自动重合闸装置的作用

在电力系统中，由于输电线路最容易发生故障，所以想办法提高输电线路供电的可靠性是非常重要的，而自动重合闸正是提高输电线路供电可靠性的一种措施。

输电线路的故障可分为瞬时性故障和永久性故障两种。电力系统运行经验表明，80% ~90%以上的故障是瞬时性故障，例如由雷电引起的绝缘子表面闪络、大风引起的短时碰线、通过鸟类身体的放电及树枝等物掉落在导线上引起的短路等。对于这类故障，由继电保护动作断开电源后，故障点的绝缘水平可自行恢复，故障随即消失，此时，如果重新合上线路断路器，就能恢复正常供电。而永久性故障，如线路倒杆、断线、绝缘子击穿或损坏等，在故障线路电源被断开后，故障点的绝缘强度不能恢复，故障仍然存在，即使重新合上线路断路器，又要被继电保护装置再次断开。由于输电线路的故障大多是瞬时性故障，因此若线路因故障被断开之后再进行一次重合，其恢复供电成功的可能性是相当大的，自动重合闸装置就是指输电线路发生故障而使被跳闸的断路器自动、迅速地重新自动投入的一种自动装置，简称 AAR。

运行资料统计表明，输电线路 AAR 装置的动作成功率一般可达 70% ~90%。可见采用自动重合闸装置来提高供电可靠性的效果是很明显的。

自动重合闸装置在电力系统中的主要作用如下：

(1)提高输电线路供电可靠性，减少因瞬时性故障停电所造成的损失。

(2)提高电力系统并列运行的稳定性，从而提高线路的输送容量。

电力系统并列运行，在系统之间的联络线事故跳闸后，各系统都可能出现功率不平衡。对功率不足的系统，则将发生系统频率和电压的严重下降；对功率过剩的系统，将造成系统频率和电压的剧烈上升。如果采用 AAR 装置，在转子位置角还未拉得很大时将线路重合成功，则整个系统将迅速恢复同步，保持稳定运行。

(3)加快事故处理后电力系统电压恢复速度。

自动重合闸过程中断电时间很短，因为从输电线路发生事故后，断路器跳闸到重合闸重合成功，整个循环过程只需要几秒，电动机还没有完全制动，电压就已恢复，此时电动机自启动时的自启动电流要比直接启动时电流小得多,有利于系统电压的恢复。

(4)弥补输电线路耐雷水平降低的影响。

在电力系统中,10 kV 线路一般不装设避雷线,35 kV 线路一般只在进线段 1 ~ 2 km 范围内装设避雷线,线路耐雷水平较低。为了减少架空输电线路因雷电过电压造成的停电次数,各电压等级的输电线路应尽可能采用 AAR 装置。

(5)对断路器的误跳闸能起纠正作用。

由于断路器操作机构不良、继电保护误动作等原因引起断路器跳闸,AAR 装置使断路器迅速重新投入,对这种误动作引起的跳闸能起纠正作用。

由于 AAR 装置本身的投资很低,带来的效益可观,而且装置本身结构简单、工作可靠,因此在电力系统中得到了广泛的应用。规程规定:"1 kV 及以上的架空线路和电缆与架空混合线路,在具有断路器的条件下,应装设 AAR 装置;旁路断路器和兼作旁路的母线断路器或分段断路器,宜装设 AAR 装置;低压侧不带电源的降压变压器,应装设 AAR 装置;必要时,母线可采用母线 AAR 装置。"

在采用重合闸以后,当重合于永久性故障上时,也将带来一些不利的影响,如:

(1)使电力系统又一次受到故障的冲击,可能引起电力系统的振荡。

(2)使断路器工作条件恶化,因为在很短时间内断路器要连续两次切断短路电流。

对于断路器的开断电流,就空气断路器而言,在重合闸过程中可认为不受影响。但在短路容量比较大的电力系统中,上述不利条件往往限制了重合闸的使用。

13.1.2 自动重合闸装置的类型

(1)按其构成原理,可分为机械式 AAR、电气式 AAR 两种。

机械式 AAR 主要有重合跌落保险、重锤或弹簧机械式自动重合闸;电气式 AAR 一般由电磁型继电器与阻容元件构成。

(2)按其应用的线路结构分,可分为单侧电源线路 AAR、双侧电源线路 AAR。

对于双侧电源线路的三相自动重合闸,按不同的重合闸方式,又可分为三相快速 AAR、非同步 AAR、无压检定和同步检定的 AAR、检查平行线路有电流的 AAR、解列 AAR 和自同步 AAR。

(3)按其功能分,可分为三相 AAR、单相 AAR 和综合 AAR 三种。

三相 AAR 是指线路上无论发生单相短路还是相间短路,继电保护装置均将线路三相断路器断开,然后启动自动重合闸同时合三相断路器的方式。若故障为瞬时性的,则重合闸成功;否则保护再次动作,跳三相断路器。

单相 AAR 是指线路上发生单相接地故障时,保护动作只断开故障相的断路器,然后进行单相重合。如果故障是瞬时性的,则重合闸后,便可恢复三相供电;如果故障是永久性的,而系统又不允许长期非全相运行,则重合后,保护动作,使三相断路器跳闸,不再进行重合。如果线路上发生相间故障,单相 AAR 一般都跳三相断路器,不进行重合。单相 AAR 只限用于 220 kV 及以上装有分相操作机构的断路器的输电线路。

综合 AAR 是指线路上发生单相接地故障时,断开故障相的断路器,进行一次单相重合。若为永久性故障,则断开三相不再重合。当线路上发生相间短路时,断开三相,进行一次三相重合。综合 AAR 一般适用于 220 kV 及以上的重要联络线路。

(4)按允许的动作次数分,可分为一次 AAR、二次 AAR、多次 AAR 三种。

13.1.3 对自动重合闸装置的基本要求

(1)AAR 装置动作应迅速。

为了尽量减少对用户停电造成的损失,要求 AAR 装置动作时间愈短愈好。但 AAR 装置动作时间必须考虑保护装置的复归、故障点去游离后绝缘强度的恢复、断路器操作机构的复归及其准备好再次合闸的时间。

(2)手动跳闸时 AAR 装置不应重合。

当运行人员手动操作(或通过遥控装置)使断路器跳闸时,属于正常运行操作,AAR 装置不应动作。

(3)手动合闸于故障线路时,AAR 应闭锁。

手动合闸于故障线路时,继电保护动作使断路器跳闸后,AAR 装置不应重合。因为在手动合闸前,线路上还没有电压,如果合闸到已存在有故障的线路,则线路故障多属于检修质量不合格或忘拆接地线等原因造成的永久性故障,即使重合也不会成功。

(4)在断路器事故跳闸时,AAR 装置应启动。

重合闸的启动有两种方式:控制开关与断路器位置不对应启动方式和保护启动方式。

重合闸的位置不对应启动方式就是控制开关 SA 处“合闸后”状态、断路器处跳闸状态,两者位置不对应启动重合闸。

用位置不对应启动重合闸的方式,线路发生故障保护将断路器跳开后,出现控制开关与断路器位置不对应,从而启动重合闸;如果由于某种原因,例如工作人员误碰断路器操作机构、断路器操作机构失灵、断路器控制回路存在问题以及保护装置出口继电器的触点因撞击振动而闭合等,致使断路器发生误跳,则位置不对应同样能启动重合闸。可见,位置不对应启动重合闸可以纠正各种原因引起的断路器误跳。

这种位置不对应启动重合闸的方式简单可靠,在各级电网的重合闸中有着良好的运行效果,对提高供电可靠性和系统的稳定性具有重要意义。

重合闸的保护启动方式就是用线路保护跳闸出口触点来启动重合闸,在保护动作发出跳闸命令后,重合闸才发合闸命令。因为是采用跳闸出口触点来启动重合闸的,重合闸保护启动方式可纠正继电器保护误动作引起的误跳闸,但不能纠正断路器的误跳。

(5)重合次数应符合规定。

AAR 的动作次数应按预先的规定进行,在任何情况下均不应使断路器重合的次数超过规定值。因为当 AAR 多次重合于永久性故障后,系统遭受多次冲击,断路器可能损坏,并会发生扩大事故。

(6)AAR 装置动作后,应自动复归。

AAR 装置动作后自动复归,为下一次动作做好准备,这对于雷击机会较多的线路是非常必要的。

(7)AAR 装置应与继电保护配合动作。

AAR 装置应能在重合闸动作后或重合闸动作前,加速继电保护的动作,即采用 AAR

前加速或后加速。AAR 装置与继电保护相互配合,可加速切除故障,并加快跳闸—重合闸循环过程,减轻第二次事故跳闸的后果。

(8)AAR 装置应方便调试和监视。

AAR 装置在线路运行时应方便退出或进行完好性试验。另外,动作时应有信号。

13.2 单侧电源线路的三相一次自动重合闸

单侧电源线路广泛采用三相一次重合闸方式。所谓三相一次重合闸方式,是指不论在输电线路上发生相间短路还是接地短路,继电保护装置都应动作,将三相断路器同时断开,然后 AAR 装置启动,经预定延时将三相断路器重新合上。若故障为瞬时性故障,则重合成功;若为永久性故障,则继电保护再次动作跳开三相断路器,AAR 不再重合。

13.2.1 单侧电源线路三相一次自动重合闸装置

图 13-1 所示为单侧电源线路三相一次自动重合闸装置的原理接线,主要由 DH-2A 型重合闸继电器 KR、防跳继电器 KCF、加速继电器 KAC、信号继电器 KS、切换片 XB1 等元件组成。

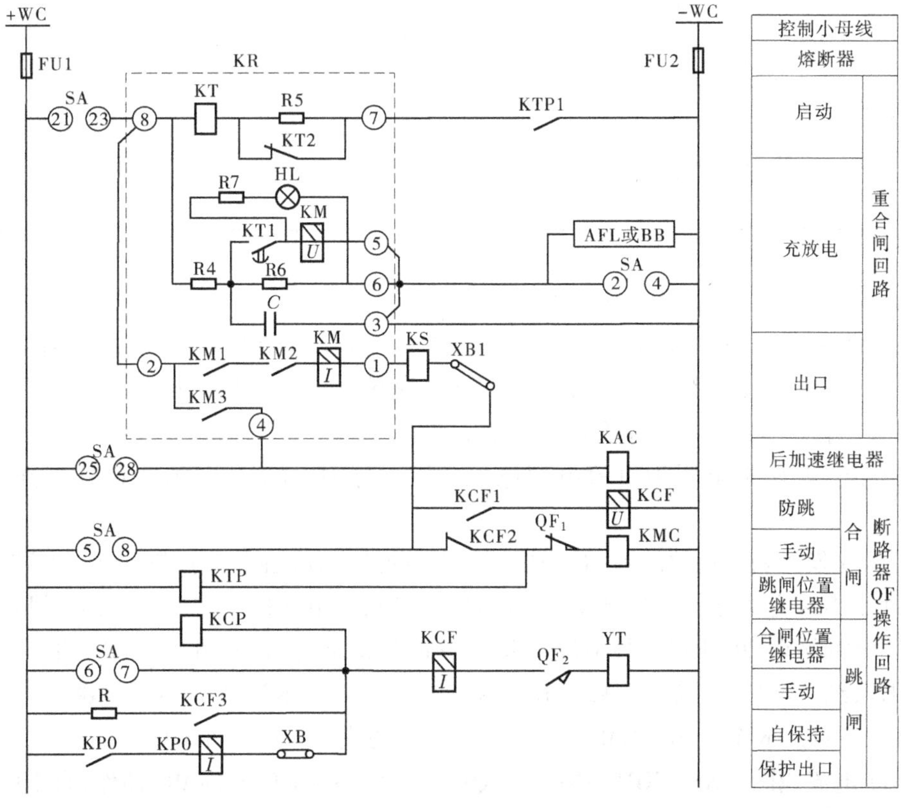

图 13-1 三相一次自动重合闸装置接线

图中虚线框内为重合闸继电器 KR 的内部接线，由时间继电器 KT、中间继电器 KM、电容 C、充电电阻 R4、放电电阻 R6 及信号灯 HL 等组成。

KTP 为断路器跳闸位置继电器，当断路器处于分闸位置时，KTP 线圈通过断路器常闭辅助触点 QF_1 及合闸接触器 KMC 的线圈而励磁，KTP 常开触点闭合。由于 KTP 电压线圈的限流作用，流过 KMC 的电流很小，此时 KMC 不会动作，无法去合断路器。

防跳继电器 KCF 用于防止因 KM 的触点粘住引发的断路器多次重合于永久性故障线路。

加速继电器 KAC 是加速保护动作的中间继电器，具有瞬时动作、延时返回的特点，保证快速切除故障。

电容 C 用来获得重合闸脉冲，其充放电回路具有充电慢、放电快的特点。这种方式既能保证 AAR 动作后自动复归，也能保证 AAR 在规定时间内只发一次重合闸脉冲，而接通电容 C 的放电回路就可闭锁重合闸。所以，利用电容充放电原理构成的重合闸具有工作可靠、结构简单、控制容易的优点，在系统中得到普遍的应用。

SA 是手动操作的控制开关，其触点的通断状况见表 13-1，“×”表示通，“—”表示断。

表 13-1　SA 触点通断状况

操作状态		手动合闸	合闸后	手动跳闸	跳闸后
SA 触点号	2－4	—	—	—	×
	5－8	×	—	—	—
	6－7	—	—	×	—
	21－23	×	×	—	—
	25－28	×	—	—	—

下面说明自动重合闸装置的工作原理。

(1)线路正常运行时：控制开关 SA 和断路器均处于合闸的对应位置，断路器的常开辅助触点 QF_2 闭合、常闭辅助触点 QF_1 断开，跳闸位置继电器 KTP 失电，其常开触点 KTP1 断开。控制开关 SA 处于合闸后位置，其触点 SA_{21-23} 接通，触点 SA_{2-4} 断开，电容 C 经 R4 充满电，其两端电压为直流电源电压。指示灯 HL 亮，重合闸装置处于准备动作状态。

(2)线路发生瞬时性故障或由于其他原因使断路器误跳闸时：控制开关 SA 和断路器的位置处于不对应状态。当线路发生瞬时性故障时，继电保护动作将断路器跳开后，断路器的常闭辅助触点 QF_1 闭合，跳闸位置继电器 KTP 得电，其常开触点 KTP1 闭合，启动时间元件 KT，经一定延时，其常开触点 KT1 闭合。电容 C 经 KT1、KM 电压线圈放电，KM 启动后，其常开触点 KM1、KM2、KM3 闭合，接通合闸接触器回路（$+$WC→SA_{21-23}→KM1→KM2→KM 电流线圈→KS→XB1→KCF2→QF_1→KMC→$-$WC），KMC 动作，合上断路器。重合闸动作时，因 KT1 闭合，信号灯 HL 失电而熄灭。

KM 电流线圈起着自保持作用，只要 KM 被电压线圈短时启动一下，便可通过自保持电流线圈使 KM 在合闸过程中一直处于动作状态，以保证断路器可靠合闸。

断路器重合成功后，QF_1 断开，KM 失电返回，KTP 也复归，KTP1 断开，使 KT 返回，KT1 断开，电容 C 开始重新充电，经 15 ~25 s 后电容 C 充满电，准备好下一次的动作。

(3)线路发生永久性故障时：重合闸装置的动作过程与发生瞬时性故障时相同。由于是永久性故障，保护将再次动作使断路器第二次跳闸，自动重合闸再次启动。KT 再次启动，KT1 经延时闭合接通电容 C 放电回路，电容 C 向 KM 电压线圈放电。由于电容 C 充电时间短，电压较低，不能使 KM 动作，断路器无法再次重合，保证了断路器只重合一次。这时电容 C 也不能继续充电，因 QF 不再重合，KT1 触点一直闭合，+ WC→R4→KT1→KM 电压线圈→ - WC 形成通路，但由于 R4 阻值很大（几兆欧），而 KM 电压线圈电阻只有几千欧，KM 电压线圈承受的分压值很小，电容 C 与 KM 电压线圈并联，电容电压远小于 KM 动作电压，故 KM 不动作。

(4)手动跳闸时：控制开关 SA 和断路器均处于断开对应位置，AAR 不动作。用控制开关 SA 手动跳闸时，其触点 SA_{6-7}通，接通断路器的跳闸回路；SA_{21-23}断，装置无法启动。跳闸后，SA_{2-4}通，接通了电容 C 对电阻 R6 的放电回路。由于 R6 阻值仅为几百欧，所以电容 C 放电后的电压接近于零，保证下次手动合闸于故障线路时，AAR 装置不会动作。

(5)手动合闸于故障线路时：用 SA 手动合闸时，触点 SA_{5-8}通，合闸接触器 KMC 启动合闸；SA_{21-23}通，SA_{2-4}断，电容 C 开始充电。同时 SA_{25-28}通，使加速继电器 KAC 动作。当合闸于故障线路时，继电器保护动作，经 KAC 延时返回常开触点使断路器瞬时跳闸。这时，因电容 C 充电时间短，电压很低，电容 C 放电不足以启动 KM，从而保证 AAR 装置可靠不动作。

(6)闭锁重合闸装置动作时：在某些情况下，断路器跳闸后不允许自动重合闸。如按频率自动减负荷装置 AFL 或母线差动保护 BB 动作时，应将 AAR 装置闭锁，使之退出工作。实现的方法就是将 AFL 装置或 BB 的出口触点与 SA_{2-4}并联，当 AFL 装置或 BB 动作时，其出口触点闭锁，电容 C 经电阻 R6 放电，使 AAR 装置无法动作，以达到闭锁 AAR 装置的目的。

(7)防止断路器多次重合于永久性故障的措施：如果线路发生永久性故障，且重合闸第一次动作时就出现了 KM1、KM2 触点粘牢或卡住现象，保护将再次动作跳闸，若没有防跳继电器 KCF，则合闸接触器 KMC 通电而使断路器第二次重合。如此反复，断路器将发生多次重合，形成“跳跃现象”。为此装设了防跳继电器 KCF，KCF 在其电流线圈通电时启动，电压线圈有电压时自保持。当断路器第一次跳闸时，虽然串在跳闸线圈回路中的 KCF 电流线圈通电而使 KCF 动作，但因 KCF 电压线圈没有自保持电压，断路器跳闸后，KCF 自动返回。当断路器第二次跳闸时，KCF 电流线圈通电而使 KCF 动作，回路为：+ WC→SA_{21-23}→KM1→KM2→KM 电流线圈→KS→XB1→KCF1→KCF 电压线圈→ - WC，KCF 自保持，其触点 KCF2 断开，切断重合闸的合闸回路，使断路器不会多次合闸。

同样，当手动合闸于故障线路时，如果控制开关 SA_{5-8}粘牢，在保护动作使断路器跳闸后，KCF 启动，并经 SA_{5-8}、KCF1 接通 KCF 电压自保持回路，使 SA_{5-8}断开之前 KCF 不能返回，并借助 KCF2 切断合闸回路，使断路器不能重合。

13.2.2 软件实现的重合闸

13.2.2.1 重合闸充电

线路发生故障时,AAR 动作一次,表示断路器进行了一次“跳闸—合闸”过程。为保证断路器切断能力的恢复,断路器进入第二次“跳闸—合闸”过程须有足够的时间,否则切断能力会下降。为此,一般这一间隔时间取 15 ~25 s。另外,线路上发生永久性故障时,AAR 动作后,也应经一定时间后 AAR 才能再次动作,以免 AAR 的多次动作。

为满足上述两方面的要求,重合闸充电时间取 15 ~25 s。

重合闸的充电条件应是:

(1)重合闸投入运行处正常工作状态,说明保护装置未启动。

(2)在重合闸未启动情况下,三相断路器处于合闸状态,断路器跳闸位置继电器未动作。断路器处于合闸状态,说明控制开关处于合闸后位置,断路器跳闸位置继电器未动作。

(3)在重合闸未启动情况下,断路器正常状态下的气压或油压正常,这说明断路器可以进行跳合闸,允许充电。

(4)没有闭锁重合闸的输入信号。

(5)在重合闸未启动情况下,没有 TV 断线失压信号。当 TV 断线失压时,保护装置工作不正常,重合闸装置对无压、同步的检定也会发生错误。在这种情况下,装置内部输出闭锁重合闸的信号,实现闭锁,不允许充电。

13.2.2.2 三相一次重合闸的程序流程图

在使用三相自动重合闸的中、低压线路上,自动重合闸是由该线路微机保护测控装置中的一段程序来完成的。该程序是模拟了电气式自动重合闸装置中的电容充放电原理来设计的。图 13-2 所示为三相一次重合闸的程序流程图。

在数字式重合闸中(程序实现的重合闸),模拟电容器充电是用一个计数器来完成的,计数器计数相当于电容器充电,计数器清零相当于电容器放电。重合闸充电条件同前述。

从线路投运开始,程序就开始做重合闸的准备。在微机保护测控装置中,常采用一个计数器计时是否满 20 s(该值就是重合闸的复归时间定值,并且是可以整定的,为便于说明,这里先假设为固定值)来表明重合闸是否已准备就绪。当计数器计时满 20 s 时,表明重合闸已准备就绪,允许重合闸。否则,当计数器计时未满 20 s 时,即使其他条件满足,也不允许重合闸。如果在计数器计时的过程中,或计数器计时已满 20 s 后,有闭锁重合闸的条件出现,程序会将计数器清零,并禁止计数。程序检测到计数器计时未满,则禁止重合。许多产品说明书中仍以“充电”是否完成来描述重合闸是否准备就绪。以后,我们把该计数器称为“充电”计数器。

重合闸启动后,并不立即发合闸命令,而是当重合闸动作时限的延时结束后才发合闸命令。在发合闸命令的同时,还要发加速保护的命令。

当断路器合闸后,重合闸“充电”计数器重新开始计时。如果是线路发生瞬时性故障引起的跳闸或断路器误跳闸,重合命令发出后,重合成功,重合闸“充电”计数器重新从零

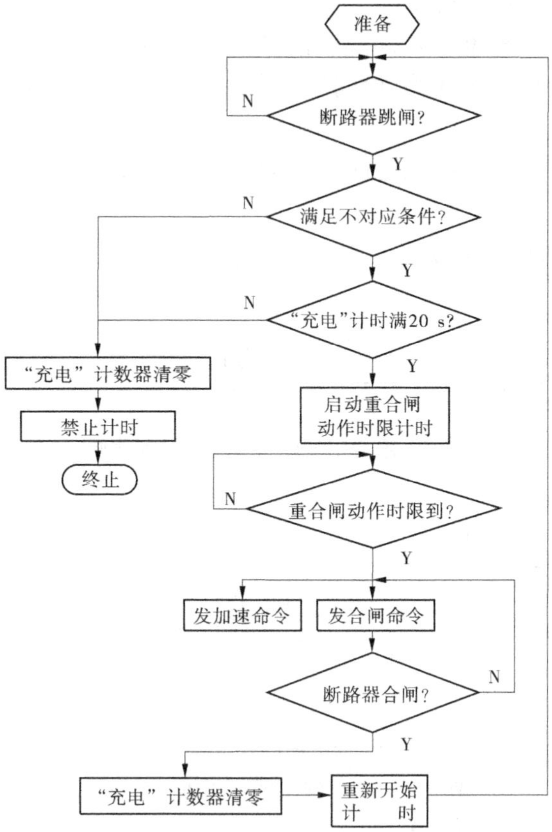

图 13-2　三相一次重合闸的程序流程图

开始计时，经 20 s 后计时结束，准备下一次动作。如果是线路永久性故障引起的跳闸，则断路器会被线路保护再次跳开，程序将循环执行。当程序开始检测重合闸是否准备就绪时，由于重合闸"充电"计数器的计时未满 20 s（这是由于在断路器重合闸后，重合闸"充电"计数器是从零重新开始计时的，虽然经线路保护动作时间和断路器跳闸时间，但由于保护已被重合闸加速，所以它们的动作时间总和很短，故"充电"计数器计时不足 20 s），程序将"充电"计数器清零，并禁止重合。

在微机保护测控装置中，常常兼用两种启动方式（注意：在有些保护装置中这两种方式不能同时投入，只能经控制字选择一种启动方式）。图 13-2 中仅画出了不对应启动方式的启动过程。

当微机保护测控装置检测到断路器跳闸时，先判断是否符合不对应启动条件，即检测控制开关是否在合位。如果控制开关在分位，那么就不满足不对应条件（即控制开关在分位，断路器也在跳闸位置，它们的位置对应），程序将"充电"计数器计时清零，并退出运行。如果没有手动跳闸信号，那么说明不对应条件满足（即控制开关在合位，而断路器在跳闸位置，它们的位置不对应），程序开始检测重合闸是否准备就绪，即"充电"计数器计时是否满 20 s。如果"充电"计数器计时不满 20 s，程序将"充电"计数器清零，并禁止重合；如果计时满 20 s，则立即启动重合闸动作时限计时。

13.2.2.3　**软件重合闸的动作逻辑**

三相一次重合闸有三种重合闸，可采用无条件重合闸、检同步重合闸、检无压重合闸，无条件重合闸适用于单侧电源线路，检同步重合闸和检无压重合闸适用于双侧电源线路（其原理见13.3节）。

为了保证重合闸的可靠性和稳定性，设置了充电条件，只有充电条件满足后，才可能启动重合闸。

充电条件完成的动作逻辑如图13-3所示，重合闸保护元件的动作逻辑如图13-4所示。

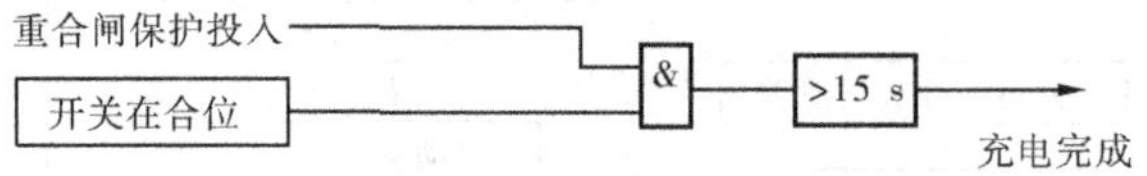

图13-3　重合闸充电条件完成动作逻辑

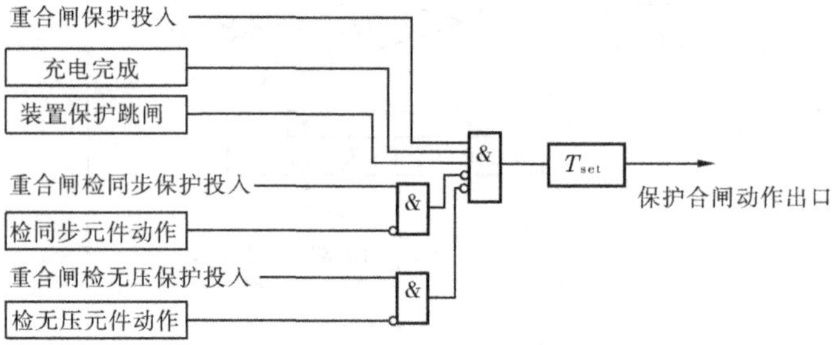

图13-4　重合闸保护元件动作逻辑

图中，T_{set}为重合闸动作时限定值。

重合闸检同步元件动作判据：线路抽取线电压和母线电压满足相位差在允许范围内。

重合闸检无压元件动作判据：（线路抽取线电压）$U_{XAB} \leqslant U_{set}$（检无压电压定值）。

后加速保护元件的动作逻辑如图13-5所示。

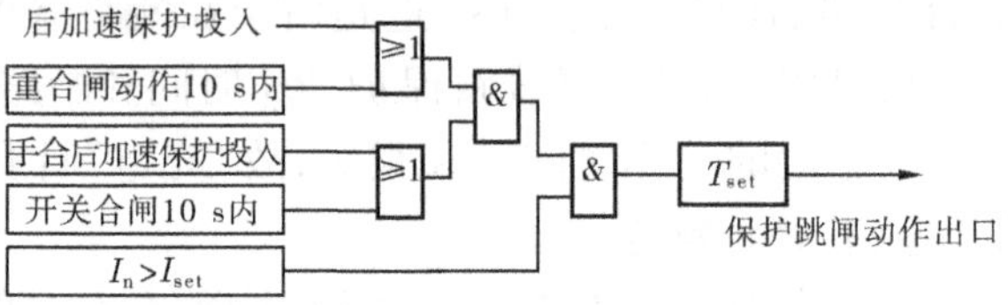

图13-5　后加速保护元件动作逻辑

图中，I_{set}为过电流保护定值；T_{set}为后加速保护时限定值；I_n为任一相保护电流。

13.2.2.4　**自动重合闸的闭锁**

在某些情况下，断路器跳闸后不允许自动重合，因此应将重合闸装置闭锁。重合闸闭锁就是将重合闸“充电”计数器瞬间清零（使电容器放电）。闭锁重合闸主要用于以下场合：

（1）手动跳闸或通过遥控装置跳闸。当手动操作合闸时，如果合到的是故障线路，保护会立刻动作将断路器跳闸，此时重合闸不允许启动。程序开始检测重合闸是否准备就绪时，由于重合闸“充电”计数器的计时未满20 s，程序将“充电”计数器清零，并禁止重合。

(2)按频率自动减负荷动作跳闸、低电压保护动作跳闸、过负荷保护动作跳闸、母线保护动作跳闸。

(3)当选择检无压或检同步工作时,检测到母线 TV、线路侧 TV 二次回路断线失压。

(4)检线路无压或检同步不成功时。

(5)断路器液(气)压操作机构的液(气)压降低到不允许合闸的程度,或断路器弹簧操作机构的弹簧未储能。

(6)断路器控制回路发生断线。

(7)重合闸停用断路器跳闸。

(8)重合闸发出重合脉冲的同时,闭锁重合闸。

13.2.3 自动重合闸装置参数的整定

13.2.3.1 自动重合闸装置的动作时限整定

重合闸的动作时限是指从断路器主触头断开故障到断路器收到合闸脉冲的时间(在电磁式重合闸中指 KT 的延时)。为了尽可能缩短停电时间,重合闸的动作时限原则上应越短越好。但考虑到如下两方面的原因,重合闸的动作又必须带一定的时延。

(1)故障点灭弧时间(计及负荷侧电动机反馈对灭弧时间的影响)及周围介质去游离时间。必须在这个时间以后进行重合才有可能成功,否则,即使在瞬时性故障情况下,重合闸也不会成功。当采用三相重合闸时,对 6~10 kV 线路,故障点的断电时间应大于 0.1 s,对 35~66 kV 线路应大于 0.2 s,对 110~220 kV 线路应大于 0.3 s,对 330~500 kV 线路应大于 0.4 s。

(2)断路器及操作机构准备好再次动作的时间。重合闸必须在这个时间以后才能向断路器发出合闸脉冲。

对单电源辐射状线路,重合闸动作时限 t_{op}^{AAR} 为

$$t_{op}^{AAR} = t_{dis} + t_{on} + \Delta t \tag{13-1}$$

式中,t_{dis}是故障点的去游离时间;t_{on}是断路器的合闸时间;Δt 是时间裕度,取 0.3~0.4 s。

如果重合闸是利用继电保护跳闸出口启动的,其动作时间还应该加上断路器的跳闸时间。根据我国一些电力系统的运行经验,重合闸的最短时间为 0.3~0.4 s。

13.2.3.2 重合闸复归时间的整定

重合闸复归时间就是从一次重合结束到下一次允许重合之间所需的最短间隔时间(在图 13-1 中,就是指电容 C 上电压从零充到 KM 电压线圈动作电压所需的时间)。复归时间的整定需考虑以下两个方面因素。

(1)保证当重合到永久性故障,由最长时限的保护切除故障时,断路器不会再次重合。考虑到最严重情况下,断路器辅助触点可能先于主触头切换,提前的时间为断路器的合闸时间。于是重合闸的复归时间 t_{re}^{AAR} 为

$$t_{re}^{AAR} = t_{op\cdot max} + t_{on} + t_{op}^{AAR} + t_{off} + \Delta t \tag{13-2}$$

式中,$t_{op\cdot max}$是保护最长动作时限;t_{on}是断路器的合闸时间;t_{off}是断路器的跳闸时间;Δt 是

时间裕度。

(2)保证断路器切断能力的恢复。当重合闸动作成功后,复归时间不小于断路器第二个“跳闸—合闸”过程的间隔时间。

重合闸复归时间一般取 15 ~ 25 s 即可满足以上要求。

13.3 双侧电源线路的三相自动重合闸

双侧电源线路是指两个或两个以上电源间的联络线路。在这种线路上实现重合闸时要考虑断路器跳闸后,电力系统可能分列为两个独立的部分,有可能进入非同期运行状态,因此除需满足前述基本要求外,还必须考虑以下两个问题。

第一,故障点的断电时间问题。线路发生故障时,线路两侧的继电保护可能以不同的时限跳开两侧的断路器,这种情况下只有两侧的断路器都跳开后,故障点才完全断电。为保证故障点有足够的断电时间,以提高重合闸成功的可能性,先跳闸一侧的断路器重合动作,应在故障点有足够断电时间的情况下进行。

第二,同期问题。线路发生故障时,两侧断路器跳闸后,线路两侧电源之间电势夹角摆开,甚至有可能失去同期。因此,后重合一侧的断路器在进行重合时应考虑是否允许非同期合闸和进行同期检定的问题。

所以,双侧电源线路上的三相自动重合闸,应根据电网的接线方式和运行情况,采用不同的重合闸方式。

13.3.1 双侧电源线路 AAR 的类型

双侧电源线路的重合闸方式很多,可归纳为如下两类:

(1)检查同步重合闸。

检查同步重合闸如检查无电压重合闸和检查同步重合闸。这类重合闸在故障线路跳闸后,其一侧断路器可在检查线路无电压的条件下先重合,另一侧断路器则检查频率差在允许范围时重合。

(2)不检查同步的重合闸。

不检查同步的重合闸如非同步重合闸、快速重合闸及自同步重合闸等。

非同步重合闸是指双侧电源线路两侧断路器在事故跳闸后,只要两个解列系统的频率差、电压差在允许范围内,非同步合闸所产生的冲击电流不超过规定值,即可不检查同步条件,按“不对应”启动条件,将线路断路器重合。

快速重合闸是指 110 kV 及以上线路全线继电保护为速动保护,而且断路器使用快速断路器。在 0.6 ~0.7 s 内完成跳闸—重合闸循环时,因两侧电势的相角可能尚未拉开到危及电力系统稳定的程度,便可采用快速重合闸。

自同步重合闸是指电站机组采用自同步并列方式,并以单回线路与电力系统连接,则在线路故障跳闸后,电力系统侧先检查无电压重合,然后在电站侧实行自同步重合,即在未给励磁的发电机转速达 80% 时将断路器重合,联动加上励磁,将发电机拉入同步。

13.3.2 无电压检定和同步检定的三相自动重合闸

无电压检定和同步检定的三相自动重合闸就是当线路两侧断路器跳闸后，先重合侧检定线路无电压而重合，后重合侧检定同步后再进行重合。前者常被称为无压侧，后者常被称为同步侧。因为这种重合闸方式不会产生危及电气设备安全的冲击电流，也不会引起系统振荡，重合后能很快进入同步运行状态，所以在没有条件或不允许采用三相快速重合闸、非同步自动重合闸的双电源联络线上，可以采用这种重合闸方式。

13.3.2.1 工作原理

图 13-6 为双侧电源线路无电压检定和同步检定的三相自动重合闸示意图。线路 MN 两侧各装一套带同步检定继电器 KSY 和无电压检定低电压继电器 KV 的 AAR 装置。无压侧（M 侧）的无压、同步连接片投入，同步侧（N 侧）仅投入同步连接片。

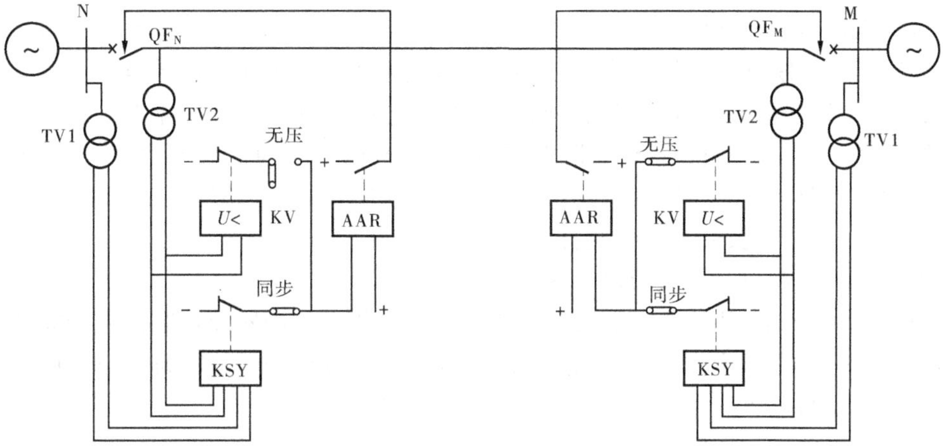

图 13-6 双侧电源线路无电压检定和同步检定的三相自动重合闸示意图

（1）线路上发生瞬时性故障时，保护动作将两侧断路器跳闸，线路无电压，两侧的同步检定继电器 KSY 不工作，常闭触点打开。无压侧的无电压检定低电压继电器 KV 检定线路无电压而动作，触点闭合，经连接片启动 AAR，经预定时间，QF_M 合闸。QF_M 合闸后，同步侧线路有电压，同步侧 KSY 开始工作，检测同步条件，待两侧电压满足同步条件时，KSY 常闭触点闭合时间足够长，启动 AAR，使同步侧断路器 QF_N 合闸，线路恢复正常供电。

若 QF_N 两侧的电压不符合同步要求，N 侧的 AAR 不会启动重合，断路器 QF_N 不能重合。由此可见，当线路发生瞬时性故障而跳开两侧断路器后，总是无压侧检定线路无电压而先重合，待无压侧重合成功后，同步侧检定线路两侧电压满足同步条件而后重合。

（2）线路上发生永久性故障时，两侧断路器跳闸以后，由无压侧断路器 QF_M 先重合，由于是永久性故障，立即由无压侧的后加速保护装置动作，使断路器 QF_M 再次跳闸，而同步侧断路器 QF_N 始终不能合闸。由此可见，无压侧的断路器将连续两次切断短路电流，其工作条件比同步侧恶劣。

（3）因误碰或继电保护装置误动作造成断路器跳闸时，若这种情况发生在同步侧，借助 KSY 同步检定继电器启动重合闸,断路器 QF_N 能自动合上,恢复同步运行。若这种情况发生在无压侧,因线路侧有电压存在,不满足低电压启动条件,如果不设置同步检定启动重合闸,断路器 QF_M 无法自动重合。为此,在无压侧必须设置同步检定装置,保证在这种情况下也能自动重合,恢复同步运行。

由以上分析可知,要均衡两侧断路器的工作条件,两侧均装设无电压检定和同步检定,并定期轮换两侧重合闸方式,即在一段时间内 M 侧改为同步侧,N 侧改为无压侧。但在运行中要注意,在作为同步侧时,该侧的无电压检定装置无压是不能投入工作的,只有切换为无压侧时,无电压检定装置才能投入工作,否则两侧无电压检定装置均动作,启动重合闸,将可能造成非同步合闸的严重后果。

当然,线路两侧的无电压检定装置是不允许同时切除的,否则会造成两侧重合闸拒动。

13.3.2.2 检定同步的工作原理

在设置无电压检定和同步检定装置的三相自动重合闸的线路上,为了限制同步检定合闸的断路器闭合瞬间在系统中产生的冲击电流,同时为了避免该断路器闭合后系统产生振荡,必须限制断路器闭合瞬间线路两侧电压的幅值差、相角差和频率差。这种重合方式中的同步条件检定就是检定断路器闭合瞬间线路两侧电压的幅值差、相角差和频率差是否都在允许的范围内。当同步条件满足时,才允许重合闸将断路器合上。否则,当同步条件中有一个不能满足,就不允许重合闸将断路器合上。

1. 无电压检定和同步检定的逻辑原理图

在数字式 AAR 中,几乎所有的无电压检定和同步检定的逻辑原理图都是相同的。如图 13-7 所示,输入的信号有 AAR 启动信号、AAR 充电完成的信号;U_L 为线路电压低值启动元件,U_H 为线路电压高值启动元件;SYN(φ)为同步检定元件。

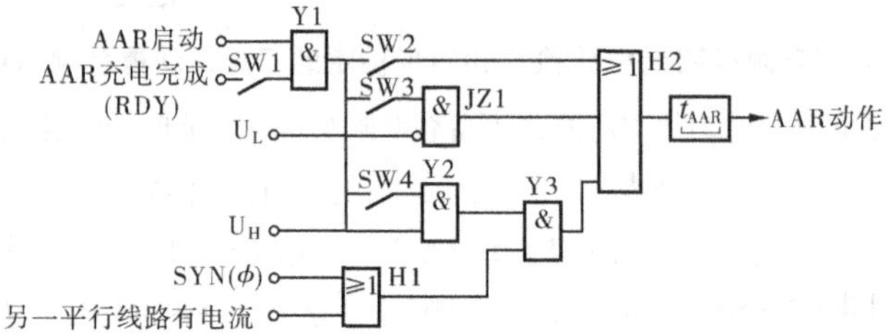

图 13-7 无电压检定和同步检定的逻辑原理图

SW1 ~ SW4 为 AAR 的功能选择开关,由定值输入时写入,置"1"(相当于图 13-7 中相应选择开关接通)或置"0"的意义为:

SW1:置"1"表示 AAR 投入,置"0"表示 AAR 退出。

SW2:置"1"表示 AAR 不无电压检定、不检同步重合,即不检定重合;置"0"表示不检定退出。

SW3:置"1"表示 AAR 检线路无压重合,置"0"表示检线路无压功能退出。

SW4:置"1"表示 AAR 检同步重合,置"0"表示同步检定功能退出。

通过控制字的设定,AAR 可得到不同的功能。

在双侧电源单回线路上,若线路两侧的 SW1 = "1"、SW2 = "1"、SW3 = "0"、SW4 =

"0",则构成了不检定重合闸。当两侧电动势相角差较小(重合闸动作时间较短)时重合,即为三相快速重合闸;当两侧电动势相角差较大时重合,即为非同步重合闸。三相快速重合闸、非同步重合闸的使用是有一定条件的,实际使用中并不能保证重合后同步成功。在单侧电源线路的电源侧,置 SW1 = "1"、SW2 = "1"、SW3 = "0"、SW4 = "0"(线路侧无 TV),就构成了单侧电源线路的三相自动重合闸。

2. 同步检定的工作情况

在图 13-7 中,两侧的重合闸功能控制字见表 13-2。

表 13-2　线路两侧 AAR 控制字

控制字名称	SW1	SW2	SW3	SW4
N 侧(同步检定)	1	0	0	1
M 侧(无电压检定)	1	0	1	1

同步检定 AAR 是在 AAR 动作合上断路器后,两侧系统很快进入同步运行状态。其同步条件为两侧频差在设定值内、两侧电压差在设定值内以及两侧电压间相角差在设定值内,同步条件满足时,AAR 发出合闸脉冲。

图 13-6 中 MN 线路发生瞬时性故障,两侧断路器跳闸后, M 侧检测到线路无电压;图 13-7 中,AAR 的启动信号经与门 Y1 、禁止门 JZ1、或门 H2 ,延时 t_{AAR}(重合闸动作时间) 令 QF_M 合闸。如果 MN 线路还存在另一平行线路,而且该平行线路仍然处在工作状态,则 M 、N 两侧电源不会失去同步,同步条件是满足的,此时因另一平行线路有电流,所以或门 H1 动作, N 侧 AAR 启动信号经与门 Y1、与门 Y2、与门 Y3、或门 H2,延时 t_{AAR} 令 QF_M 合闸,恢复平行双回线路运行。这就是检定另一平行双回线路有电流的 AAR 。

当 MN 为单回线路时, N 侧在检定同步的过程中,若满足同步条件,则 SYN(φ)为"1",根据图 13-7,当 SYN(φ)为" 1 "的时间大于 t_{AAR}时,与门 Y3 的输出"1"经或门 H2 可使时间元件 t_{AAR}动作,即 AAR 动作。

13.3.2.3　有关参数的整定

对于无电压检定和同步检定的三相自动重合闸,除了要按式(13-1)、式(13-2)整定的参数,一般还需要整定如下两个参数:

(1)检定线路无压的动作值。在无压侧,当检定到线路无电压,实际上是线路电压低于某一值时,启动该侧的重合闸。该电压值即检定线路无压的动作值。一般据运行经验整定该值为 50% 的额定电压。

(2)检定线路有电压的动作值。在同步侧,检测到线路电压恢复,实际是检测到线路电压高于某一值(如 70% U_N)时,且满足同步条件的情况下,启动该侧的重合闸。该低压值即检定线路有电压的动作值。

13.4　自动重合闸与继电保护的配合

在电力系统中,自动重合闸与继电保护配合,可以加快切除故障,提高供电的可靠性,对保证系统安全可靠运行有着重要作用。

自动重合闸与继电保护配合，主要有重合闸后加速保护和重合闸前加速保护。

13.4.1 重合闸后加速保护

重合闸后加速保护就是当线路上发生故障时，保护首先按有选择性的方式动作跳闸，而后重合闸动作合上断路器。若重合于永久性故障，则加速保护动作，瞬时切除故障，与第一次切除故障是否带有时限无关。

图 13-8 所示的单侧电源辐射形电网，线路 AB、BC 装设了阶段式电流保护和 AAR 装置，$t_1 > t_2 > t_4$。当线路 AB 或 BC 上发生故障时，线路保护 1 或保护 2 先按有选择性动作跳闸，将 QF_1 或 QF_2 断开，而后自动重合闸 AAR 将 QF_1 或 QF_2 合上。如故障为瞬时性，则重合成功，恢复供电；如故障为永久性，则加速 QF_1 或 QF_2 上的电流Ⅱ段保护瞬时将故障切除。

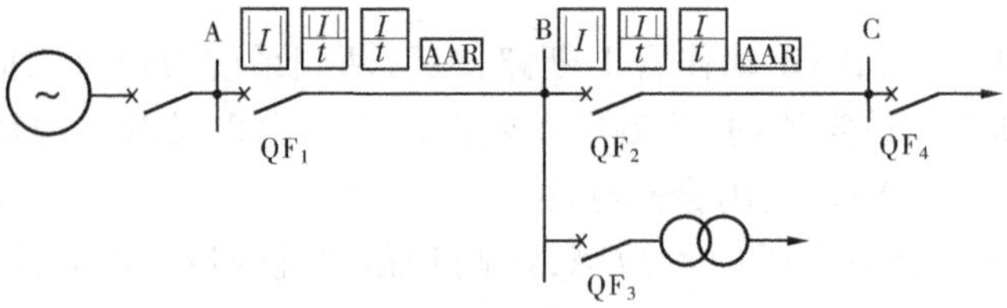

图 13-8　重合闸后加速保护动作原理说明图

被加速的保护对线路末端故障应有足够的灵敏度，一般加速第Ⅱ段，有时也可加速第Ⅲ段，这样对全线的永久性故障，AAR 动作后均可快速切除。加速的保护可以是电流保护的第Ⅱ段、零序电流保护的第Ⅱ段（或第Ⅲ段）、接地距离保护的第Ⅱ段（或第Ⅲ段）、相间距离保护的第Ⅱ段（或第Ⅲ段），或在数字保护中加速定值单独整定的零序电流加速段、电流加速段。

图 13-9 所示为重合闸后加速保护功能逻辑框图。KAZ 是被加速的零序电流继电器，KA 是被加速的电流继电器，KCT 为断路器跳闸位置继电器（KCT =“0”表示断路器已合上），RAY =“1”表示重合闸已充好电，SW1 为投零序电流保护加速的控制字，SW2 为投电流保护加速的控制字，SW3 为投前加速保护的控制字。控制字为“1”，相应功能投入；控制字为“0”，相应功能退出。手动合闸且断路器已合上时，加速保护的时间为 400 ms，当手动合闸于故障线路时，加速保护可立即跳闸。为防止断路器三相触头不同时接通产生零序电流引起零序电流保护加速段误动，可增加延时 t_1 以避免产生零序电流，可取 t_1 为 100 ms；同样取 t_2 为 100 ms，以躲过合闸时线路电容充电电流的影响。

当图 13-9 中的 SW3 置“0”时，重合闸后加速保护就投入，AAR 一动作，就将被加速的保护投入。零序电流加速段仍带 100 ms 延时，保护加速的时间可取 3 s。

重合闸后加速保护的优点是：

（1）对于重合后在短时间内发生的短路故障仍能快速切除，可提高系统的暂态稳定性。

（2）重合于故障未消失的线路时，有足够的时间可靠跳闸。

（3）重合时，有时故障有再生演变延时，此时仍可快速切除。

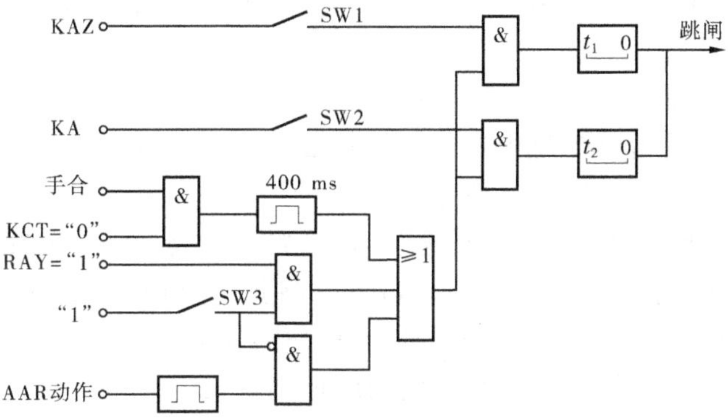

图 13-9　重合闸后加速保护功能逻辑框图

重合闸后加速保护的缺点是：

(1)每条线路的断路器上都需装设 AAR(这对数字式保护来说并不增加多大的复杂性)。

(2)首次故障的切除可能带有延时。

所以,重合闸后加速保护的优点明显,广泛应用于各级电网中。

13.4.2　重合闸前加速保护

重合闸前加速保护一般用于单侧电源辐射形电网中,重合闸仅装在靠近电源线路的一侧。重合闸前加速保护就是当线路上发生故障时,靠近电源侧的保护首先无选择性地瞬时动作跳闸,而后借助自动重合闸来纠正这种非选择性动作。当重合于故障上,无选择性的保护自动解除,保护按原有选择性要求动作。

图 13-10 所示的单侧电源辐射形电网,线路 AB、BC、CD 装设了按时限阶梯原则整定的过电流保护 2、4、5,$t_2 > t_4 > t_5$,同时线路 AB 靠电源侧还装有自动重合闸装置 3、无选择性电流速断保护 1。当线路 AB、BC 或 CD 上发生故障时,线路 AB 上的无选择性电流速断保护 1 瞬时将 QF_1 断开,而后自动重合闸 AAR 将 QF_1 合上。如故障为瞬时性,则重合成功,恢复供电;如故障为永久性,则将 QF_1 上的电流速断保护 1 退出工作,由过电流保护有选择性地将故障切除。

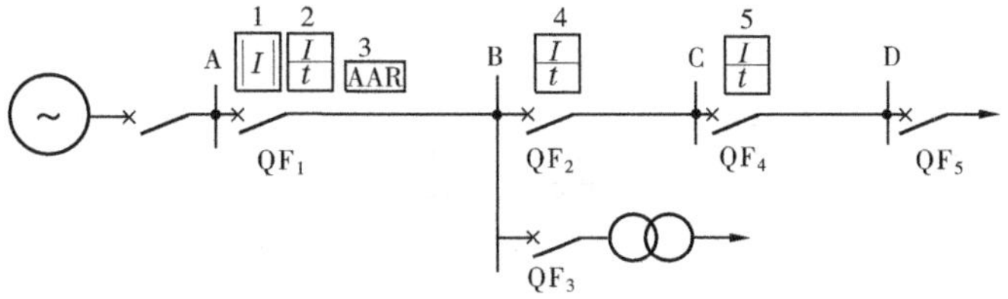

图 13-10　重合闸前加速保护动作原理说明图

当图 13-9 中的 SW3 置"1"时,实现重合闸前加速保护,重合闸动作后,RAY 立即为"0",前加速保护自动退出(SW3 = "0"时,前加速保护退出,重合闸后加速保护投入)。

采用重合闸前加速保护的优点是：

(1)能快速地切除线路上的瞬时性故障。

(2)由于能快速切除瞬时性故障,故障点发展成永久性故障的可能性小,从而提高了重合闸的成功率。

(3)使用设备少,简单经济(在数字保护中该优点不存在)。

(4)由于能快速切除故障,能保证发电厂和重要变电所的负荷少受影响。

采用重合闸前加速保护的缺点是:

(1)靠近电源一侧断路器工作条件恶化,切除故障次数与合闸次数多。

(2)当 AAR 拒动或断路器 QF_1 拒绝合闸时,将扩大停电范围,甚至在最后一级线路上的故障,也能造成除 A 母线用户外其他所有用户的停电。

(3)重合于永久性故障时,故障切除的时间可能较长。

(4)在重合闸过程中除 A 母线负荷外,其他用户都要暂时停电。

重合闸前加速保护主要用于 35 kV 以下由发电厂或重要变电所引出的不太重要的直配线上。

小　结

自动重合闸广泛应用于 1 kV 及以上的架空线路及电缆与架空混合线路中。采用自动重合闸是提高输电线路供电可靠性的有力措施。

自动重合闸装置可按不同条件进行分类。如按作用于断路器的方式,可分为三相重合闸、单相重合闸和综合重合闸;根据重合闸控制断路器连续运动次数的不同,可将重合闸分为多次重合闸和一次重合闸等。

单侧电源的线路广泛采用三相一次重合闸方式。重合闸的实现可采用电气式自动重合闸装置、软件实现的重合闸。在使用三相自动重合闸的中、低压线路上,自动重合闸是由该线路微机保护测控装置中的一段程序来完成的。

双侧电源线路的自动重合闸,在单侧电源线路重合闸的基础上要多考虑同步和时间的配合问题,主要介绍检定无电压和检定同步的三相自动重合闸,应理解它的定义、工作原理和适用条件。

自动重合闸与继电保护配合,可加速切除故障。一般采用重合闸前加速保护和重合闸后加速保护两种方式,根据不同的线路及其保护配置方式选用。

习　题

一、填空题

1. 三相一次重合闸用＿＿＿＿＿＿＿＿＿＿来保证重合闸只动作一次;手动断开线路断路器时,重合闸应＿＿＿＿＿＿＿＿＿。

2. 当母线差动保护动作时,应＿＿＿＿线路自动重合闸装置。

3. 继电保护与自动重合闸的配合方式有＿＿＿＿＿＿＿＿和＿＿＿＿＿＿＿＿

两种。

4. ________________启动方式不能对断路器误跳进行重合，________________启动方式能纠正断路器误跳。

5. 对于检定无电压、检定同步自动重合闸，为使两端断路器工作条件均等，应定期________________方式。

6. 对双侧电源线路的自动重合闸应考虑的问题是________________________________。

7. 要保证重合闸装置只动作一次，装置的准备动作时间应为__________ s。

二、判断题

1. KCF 用于防止合闸于故障线路时因 AAR 装置中 KM 触点粘住造成 QF 多次跳合闸。 (　　)

2. 重合闸前加速保护比重合闸后加速保护的重合成功率高。 (　　)

3. 检定线路无电压和检定同步重合闸装置，在线路发生永久性故障跳闸时，检定同步重合侧重合闸不动作。 (　　)

4. 为了使输电线路尽快恢复供电，AAR 动作可以不带时限。 (　　)

5. 全敷设电缆线路不应装设重合闸。 (　　)

6. 普通重合闸的复归时间取决于重合闸中电容的充电时间。 (　　)

三、选择题

1. 要保证重合闸装置只动作一次，装置的准备动作时间应为(　　)。

A. 0.8 ~ 1 s　　B. 10 ~ 15 s　　C. 15 ~ 20 s　　D. 1 ~ 10 s

2. AAR 装置本身的元件损坏以及继电器触点粘住或拒动时，一次重合闸应动作(　　)次。

A. 一次　　B. 二次　　C. 多次　　D. 任意

3. 重合闸装置若返回时间太短，可能出现(　　)。

A. 多次重合　　B. 拒绝合闸　　C. 非同步重合　　D. 同步重合

4. 为了防止断路器多次重合于故障线路，装设了防跳继电器，在(　　)过程中都能防止断路器跳跃。

A. 手动合闸　　B. 自动重合闸　　C. 试送电　　D. 手动和自动合闸

5. 检定线路无电压三相自动重合闸的低电压元件动作电压应整定为(　　)。

A. 额定电压的 50%　　B. 额定电压的 25%

C. 额定电压的 70%　　D. 不应低于额定电压的 70%

四、问答及综合分析题

1. 输电线路采用自动重合闸的作用是什么？

2. 自动重合闸有哪些类型？其使用条件和优缺点如何？

3. 对单侧电源三相自动重合闸装置有哪些基本要求？图 13-1 所示电路是如何满足

这些要求的？

4. 当线路发生永久性故障时，为什么三相一次重合闸只重合一次？

5. 双侧电源线路三相自动重合闸有哪些方式？

6. 试画出检查无电压和检查同步的重合闸示意图，说明双侧电源线路两侧为什么都要装设检查同步和检查无电压的重合闸装置。

7. 什么叫重合闸后加速保护？什么叫重合闸前加速保护？试比较重合闸后加速保护与前加速保护的优缺点及使用场合。

五、计算题

如图 13-11 所示单侧电源供电的网络中，采用自动重合闸后加速保护，它是利用电流速断保护来实现重合闸后加速保护动作的。该电流速断保护的动作时间为 0. 1 s，变电站 A、B、C 保护的动作时间分别为 1. 5 s、1 s、0. 5 s；所有断路器的合闸时间为 0. 35 s，跳闸时间为 0. 07 s；三相一次自动重合闸装置的准备动作时间为 15 s，自动重合闸整定时间为 0. 8 s。试问：

(1) 当 K_1 点发生永久性故障，QF_2 拒动，经多长时间后才能由 QF_1 切除故障？

(2) 如果 K_2 点发生瞬时性故障 14. 6 s 后，K_3 点又发生永久性故障，在 K_3 点故障几秒后才由 QF_3 切除故障？

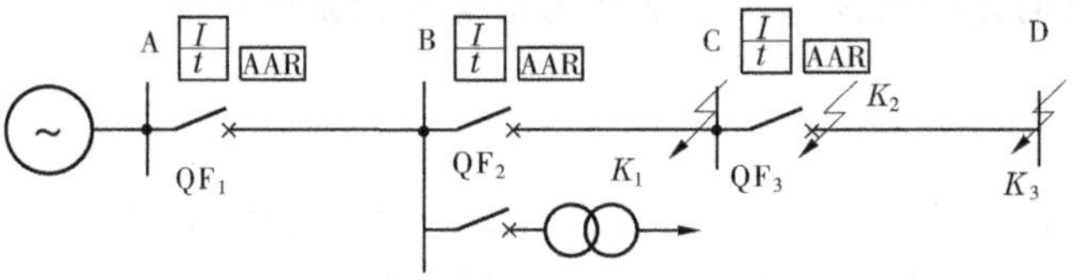

图 13-11

附　录

附表 1　电气常用图形符号

图形符号	设备名称	图形符号	设备名称
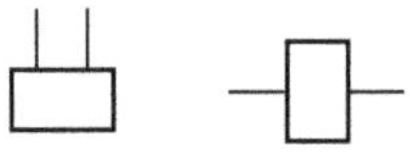	继电器线圈	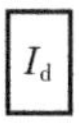	差动继电器
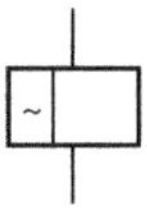	交流继电器线圈	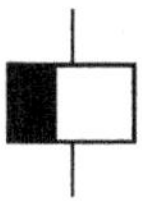	断电延时线圈
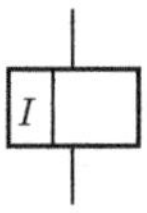	继电器电流线圈	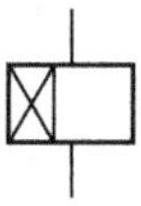	通电延时线圈
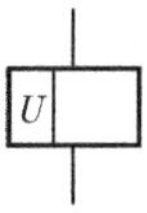	继电器电压线圈	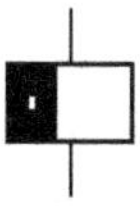	极化继电器线圈
	欠电流继电器	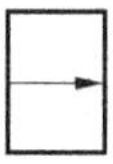	功率方向继电器
	过电流继电器	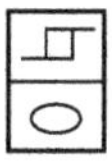	气体继电器
	欠电压继电器		备用电源自动投入装置
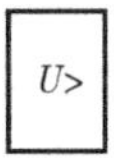	过电压继电器		自动重合闸装置
	反时限过电流继电器		低频减载装置
	动断触点		动合触点

续附表 1

图形符号	设备名称	图形符号	设备名称
	延时闭合动合触点		延时断开动断触点
	先断后合转换触点		击穿保险
	断路器	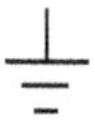	接地
	限位开关动合触点		限位开关动断触点
	接触器动合触点		接触器动断触点
	信号继电器动合触点		信号继电器动断触点
	电压互感器	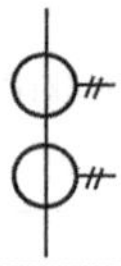	电流互感器
	电流表	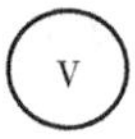	电压表
	有功功率表		无功功率表
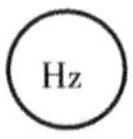	频率表		记录式电流表
	记录式有功功率表		记录式无功功率表
	无功电能表		

附表 2　电气常用文字符号

序号	名　称	符号		序号	名　称	符号	
		单字母	多字母			单字母	多字母
1	重合闸装置		AAR	31	熔断器		FU
2	备用电源自动投入装置		AAT	32	交流发电机		GA
3	振荡闭锁装置		ABS	33	蓄电池组		GB
4	中央信号装置		ACS	34	直流发电机		GD
5	低频减载装置		AFL	35	励磁机		GE
6	故障录波装置		AFO	36	同步发电机、发生器		GS
7	自动频率调节装置		AFR	37	音响指示器		HA
8	保护装置		AP	38	电铃		HAB
9	电流保护装置		APA	39	蜂鸣器,电喇叭		HAU
10	接地故障保护装置		APE	40	信号灯 (红灯/绿灯/白灯)		HLC (HR/HG/ HW)
11	电压保护装置		APV	41	合闸信号灯		HLT
12	零序电流方向保护装置		APZ	42	跳闸信号灯		HLT
13	自同步装置		AS	43	继电器		K
14	自动准同步装置		ASA	44	电流继电器		KA
15	手动准同步装置		ASM	45	负序电流继电器		KAN
16	收发信机		AT	46	过电流继电器		KAO
17	远方跳闸装置		ATQ	47	欠电流继电器		KAU
18	故障距离探测装置		AUD	48	零序电流继电器		KAZ
19	硅整流装置		AUF	49	控制(中间)继电器		KC
20	失灵保护装置		APD	50	事故信号中间继电器		KCA
21	测量变送器	B		51	合闸位置继电器		KCC
22	电容器(组)	C		52	重动继电器		KCE
23	数字集成电路和器件	D		53	防跳继电器		KCF
24	延迟线		DL	54	出口中间继电器		KCO
25	双稳态元件		DB	55	重合闸后加速继电器		KCP
26	单稳态元件		DM	56	预告信号中间继电器		KCR
27	磁芯存储器		DS	57	同步中间继电器		KCS
28	寄存器		DR	58	跳闸位置继电器		KCT
29	发热(光)器件	E		59	切换继电器		KCW
30	避雷器	F		60	差动继电器		KD

续附表 2

序号	名　称	符号		序号	名　称	符号	
		单字母	多字母			单字母	多字母
61	电流相位比较差动继电器		KDA	91	零序电压继电器		KVZ
62	母线差动继电器		KDB	92	功率方向继电器		KW
63	接地继电器		KE	93	负序功率方向继电器		KWN
64	过励磁继电器		KEO	94	同步监察继电器		KY
65	欠励磁继电器		KEU	95	失步继电器		KYO
66	频率继电器		KF	96	电动机	M	
67	差频率继电器		KFD	97	同步电动机		MS
68	过频率继电器		KFO	98	电流表		PA
69	欠频率继电器		KFU	99	(脉冲)计数器		PC
70	气体继电器		KG	100	频率表		PF
71	闪光继电器		KH	101	有功电能表		PJ
72	保持继电器		KL	102	无功电能表		PRJ
73	极化继电器		KP	103	有功功率表		PPA
74	重合闸继电器		KRC	104	无功功率表		PPR
75	干簧继电器		KRD	105	电压表		PV
76	信号继电器		KS	106	接触器,灭磁开关	Q	
77	收信继电器		KSR	107	自动开关		QA
78	停信继电器		KSS	108	断路器		QF
79	启动继电器		KST	109	刀开关		QK
80	零序信号继电器		KSZ	110	隔离开关		QS
81	时间继电器		KT	111	接地刀闸		QSE
82	分相跳闸继电器		KTF	112	电阻器,变阻器	R	
83	母联断路器跳闸继电器		KTW	113	电位器		RP
84	电压继电器		KV	114	终端开关	S	
85	绝缘监察继电器		KVI	115	控制开关	S	SA
86	负序电压继电器		KVN	116	按钮开关	S	SB
87	过电压继电器		KVO	117	测量转换开关	S	SM
88	压力监察继电器		KVP	118	自动准同步开关		SSA1
89	电源监视继电器		KVS	119	自同步开关		SSA2
90	欠电压继电器		KVU	120	解除手动准同步开关		SSM

续附表 2

序号	名　称	符号 单字母	符号 多字母	序号	名　称	符号 单字母	符号 多字母
121	手动准同步开关		SSM1	134	导线,电缆,母线,信息总线,天线,光纤	W	
122	变压器,调压器	T		135	端子,插头,插座,接线柱	X	
123	电流互感器		TA	136	连接片,切换片		XB
124	控制电路电源用变压器		TC	137	插头		XP
125	双绕组变压器,电力变压器		TM	138	测试端子		XE
126	转角变压器		TR	139	端子排		XT
127	自耦变压器		TT	140	操作线圈,闭锁器件	Y	
				141	合闸线圈		YC
128	变换器	U		142	跳闸线圈		YT
129	电流变换器		UA	143	保护和中性共用线		PEN
130	电压变换器		UV	144	直流系统电源　正	+	
131	电抗变换器		UZ		直流系统电源　负	−	
132	半导体器件:晶体管、二极管	V			直流系统电源　中间线	M	
133	接地线	E					

附表 3　电气常用系数符号

序号	文字符号	名称	序号	文字符号	名称
1	K_{rel}	可靠系数	5	K_{ss}	电动机自启动系数
2	K_{sen}	灵敏系数	6	K_{ts}	同型系数
3	K_{re}	返回系数	7	n_{TA}	电流互感器变比
4	K_{con}	接线系数	8	n_{TV}	电压互感器变比

附表 4　电气常用下标符号

序号	文字符号	名称	序号	文字符号	名称
1	max	最大	9	re	返回
2	min	最小	10	L	负荷
3	r	继电器	11	z	阻抗
4	rsd	剩余	12	sen	灵敏
5	op	动作	13	k	短路
6	w	工作	14	set	整定
7	unb	不平衡	15	n	基本
8	col	计算	16	nb	非基本

附表 5　小母线新旧文字符号及其回路标号

序号	小母线名称	原编号		新编号	
		文字符号	回路标号	文字符号	回路标号
		(一)直流控制、信号和辅助小母线			
1	控制回路电源	+KM、-KM	1、2,101、102,201、202,301、302,401、402	+、-	
2	信号回路电源	+XM、-XM	701、702	+700、-700	7001、7002
3	事故音响信号(不发遥信时)	SYM	708	M708	708
4	事故音响信号(发遥信时)	1SYM	728	M728	728
5	事故音响信号(用于配电装置)	2SYMⅠ、2SYMⅡ、2SYMⅢ	727Ⅰ、727Ⅱ、727Ⅲ	M7271、M7272、M7273	7271、7272、7273
6	事故音响信号(发遥信时)	3SYM	808	M808	808
7	预告音响信号(瞬时)	1YBM、2YBM	709、710	M709、M710	709、710
8	预告音响信号(延时)	3YBM、4YBM	711、712	M711、M712	711、712
9	预告音响信号(用于配电装置)	YBMⅠ、YBMⅡ、YBMⅢ	729Ⅰ、729Ⅱ、729Ⅲ	M729Ⅰ、M729Ⅱ、M729Ⅲ	7291、7292、7293
10	控制回路断线预告信号	KDMⅠ、KDMⅡ、KDMⅢ、KDM	713Ⅰ、713Ⅱ、713Ⅲ	M7131、M7132、M7133	

续附表 5

序号	小母线名称	原编号		新编号	
		文字符号	回路标号	文字符号	回路标号
		(一)直流控制、信号和辅助小母线			
11	灯光信号	(－)DM	726	M726(－)	726
12	配电装置信号	XPM	701	M701	701
13	闪光信号	(＋)SM	100	M100(＋)	100
14	合闸电源	＋HM、－HM		＋、－	
15	“掉牌未复归”光字牌	FM、PM	703、716	M703、M716	703、716
16	指挥装置音响	ZYM	715	M715	715
17	自动调速脉冲	1TZM、2TZM	717、718	M717、M718	717、718
18	自动调压脉冲	1TYM、2TYM	Y717、Y718	M7171、M7172	7171、7172
19	同步装置越前时间	1TQM、2TQM	719、720	M719、M720	719、720
20	同步合闸	1THM、2THM、3THM	721、722、723	M721、M722、M723	721、722、723
21	隔离开关操作闭锁	GBM	880	M880	880
22	旁路闭锁	1PBM、2PBM	881、900	M881、M900	881、900
23	厂用电源辅助信号	＋CFM、－CFM	701、702	＋701、－702	701、702
24	母线设备辅助信号	＋MFM、GMFM	701、702	＋701、－702	701、702
		(二)交流电压、同步和电源小母线			
25	同步电压(运行系统)小母线	TQM'_a、TQM'_c	A620、C620	L1′－620 L3′－620	A620、C620
26	同步电压(待并系统)小母线	TQM_a、TQM_c	A610、C610	L1－610 L3－610	A610、C610
27	自同步发电机残压小母线	TQM_j	A780	L1－780	A780
28	第一组(或奇数)母线段电压小母线	$1YM_a$、$1YM_b$(YM_b)、$1YM_c$、$1YM_L$、$1S_cYM$、YM_N	A630、B630(B600)、C630、L630、S_c630、N600	L1－630、L2－630(600)、L3－630、L－630、L3－630(试)、N－600(630)	A630、B630(600)、C630、L630、C630(试)、N600(630)
29	第二组(或偶数)母线段电压小母线	$2YM_a$、$2YM_b$(YM_b)、$2YM_c$、$2YM_L$、$2S_cYM$、YM_N	A640、B640(B600)、C640、L640、S_c640、N600	L1－640、L2－640(600)、L3－640、L－640、L3－640(试)、N－600(640)	A640、B640(600)、C640、L640、C640(试)、N600(640)

续附表 5

序号	小母线名称	原编号		新编号	
		文字符号	回路标号	文字符号	回路标号
		(二)交流电压、同步和电源小母线			
30	6~10 kV 备用线段电压小母线	$9YM_a$、$9YM_b$、$9YM_c$	A690、B690、C690	L1-690、L2-690、L3-690	A690、B690、C690
31	转角小母线	ZM_a、ZM_b、ZM_c	A790、B790(B600)、C790	L1-790、L2-790(600)、L3-790	A790、B790(B600)、C790
32	低电压保护小母线	1DYM、2DYM、3DYM	011、013、02	M011、M013、M02	011、013、02
33	电源小母线	DYM_a、DYM_N		L1、N	
34	旁路母线电压切换小母线	YQM_c	C712	L3-712	C712

注:表中交流电压小母线的符号和标号适用于电压互感器(TV)二次侧中性点接地系统,括号中的符号和标号适用于 TV 二次侧 B 相接地系统。

参 考 文 献

[1] 甘齐顺,陈金星. 电力系统自动装置[M]. 郑州:黄河水利出版社,2008.
[2] 高亮. 电力系统微机继电保护[M]. 北京:中国电力出版社,2007.
[3] 祝敏,许郁煌. 电气二次部分[M]. 北京:中国水利水电出版社,2004.
[4] 许建安,路文梅. 电力系统继电保护技术[M]. 北京:机械工业出版社,2011.
[5] 孙国凯,田有文. 电力网继电保护原理[M]. 北京:中国电力出版社,2008.
[6] 国家电网公司人力资源部. 二次回路[M]. 北京:中国电力出版社,2010.
[7] 许正亚. 变压器及中低压网络数字式保护[M]. 北京:中国水利水电出版社,2004.
[8] 黄栋,吴轶群. 发电厂及变电所二次回路[M]. 北京:中国水利水电出版社,2004.
[9] 崔明. 变电站与水电站综合自动化[M]. 北京:中国水利水电出版社,2005.
[10] 许正亚. 电力系统安全自动装置[M]. 北京:中国水利水电出版社,2006.